（a）　（b）　（c）　（d）

图 6.4　数据库实例

（a）选出人像　（b）未选出人像

图 6.6　人像筛选实例

（a）灰度图　（b）未筛选人像　（c）筛选人像

图 6.7　人像筛选着色实验结果对比

（a）灰度图　（b）基础网络　（c）模型微调　（d）最小二乘损失　（e）联合一致循环网络

图 6.8　不同改进方法着色效果对比

（a）灰度图 （b）真实的彩色人像（c）CycleGAN（d）CycleGAN+UNet（e）本章方法

图 6.9 不同方法着色结果

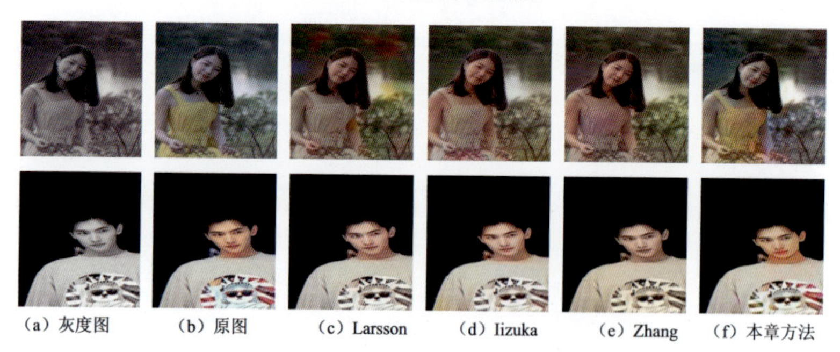

图 6.10 不同着色模型对比

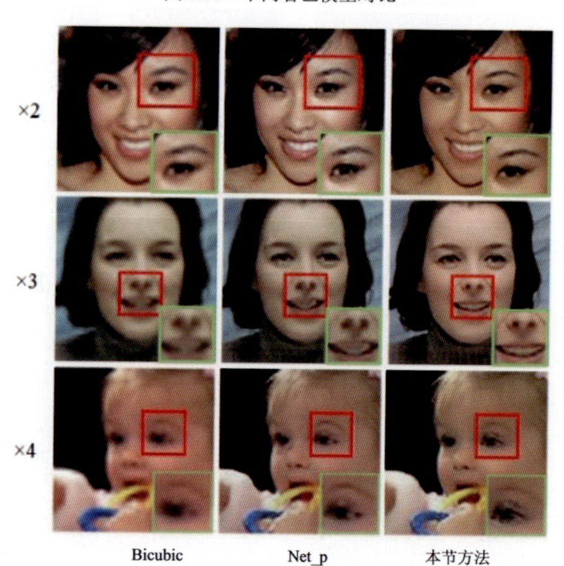

图 7.5 Net_p 与完整方法在多倍放大系数下的重建结果对比

图 7.7　CelebA 数据集上不同方法在多放大因子下的重建效果

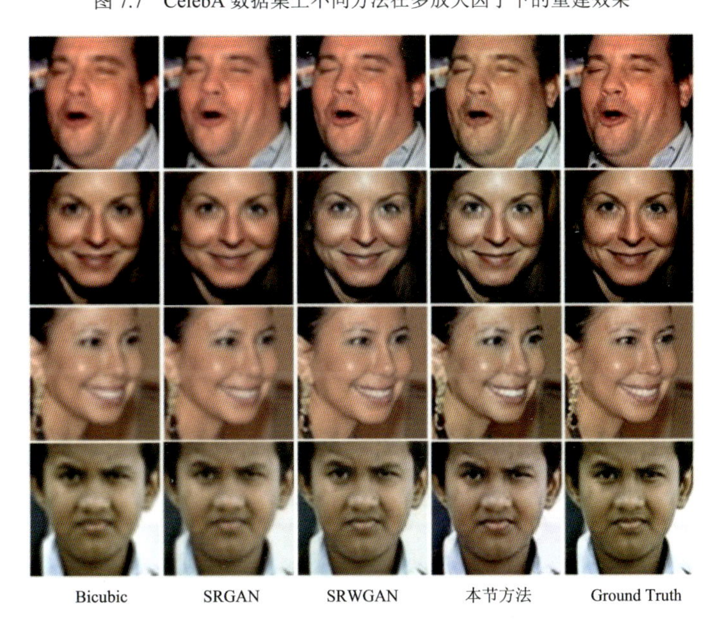

图 7.8　Helen 数据集上放大因子为 3 时重建效果

图 7.9　不同场景下的重建效果比较

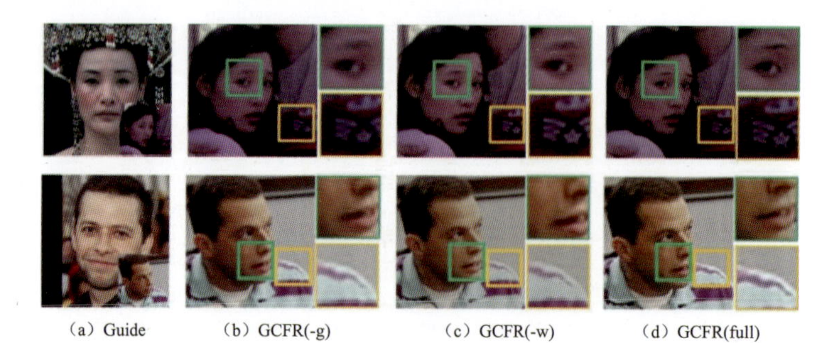

（a）Guide　（b）GCFR(-g)　（c）GCFR(-w)　（d）GCFR(full)

图 7.15　姿态变形模块对重建结果的影响

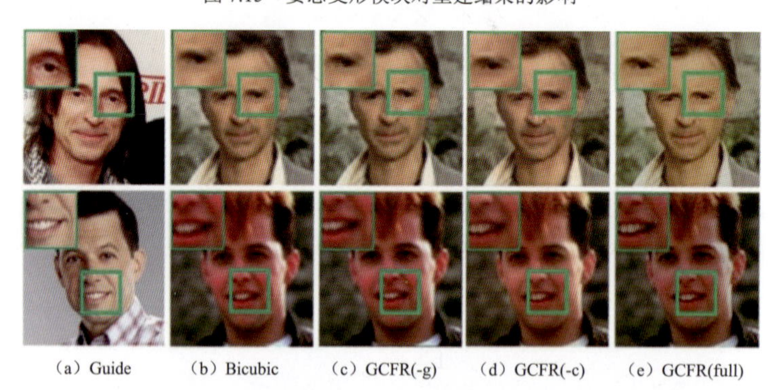

（a）Guide　（b）Bicubic　（c）GCFR(-g)　（d）GCFR(-c)　（e）GCFR(full)

图 7.16　在重建网络中级联加入引导图像对重建结果的影响

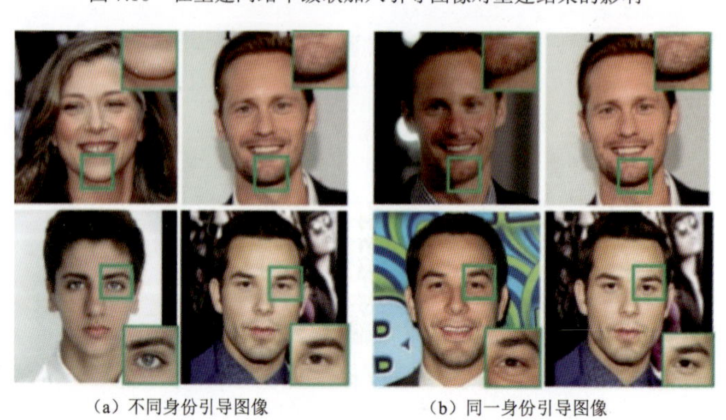

（a）不同身份引导图像　（b）同一身份引导图像

图 7.17　使用不同身份的引导图像的重建效果

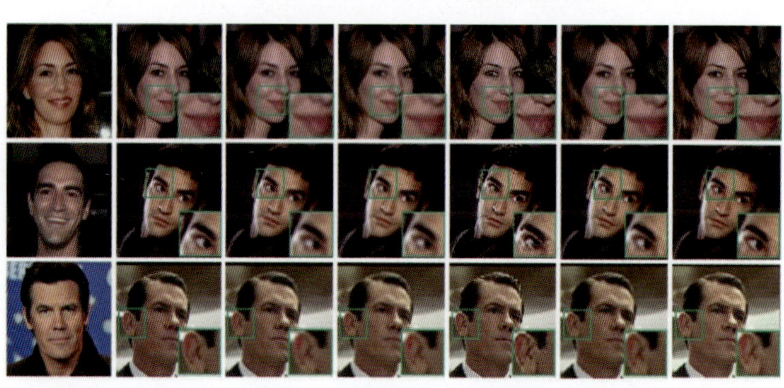

（a）引导图像　（b）Bicubic　（c）SRGAN　（d）SRResNet　（e）VDSR　（f）DBPN　（g）GCFRnet

图 7.18　本节方法与 State-of-art 方法的视觉对比

人脸识别算法与案例分析

曹　林　杜康宁　郭亚男　著

電子工業出版社
Publishing House of Electronics Industry
北京 • BEIJING

图书在版编目（CIP）数据

人脸识别算法与案例分析 / 曹林，杜康宁，郭亚男著. —北京：电子工业出版社，2021.1
ISBN 978-7-121-40392-7

Ⅰ. ①人… Ⅱ. ①曹… ②杜… ③郭… Ⅲ. ①面—图象识别—算法—研究 Ⅳ. ①TP391.413

中国版本图书馆 CIP 数据核字（2021）第 007486 号

责任编辑：邓茗幻　　文字编辑：崔　彤
印　　刷：北京天宇星印刷厂
装　　订：北京天宇星印刷厂
出版发行：电子工业出版社
　　　　　北京市海淀区万寿路 173 信箱　　邮编 100036
开　　本：720×1 000　1/16　印张：17.5　　字数：324 千字　　彩插：2
版　　次：2021 年 1 月第 1 版
印　　次：2024 年 6 月第 5 次印刷
定　　价：96.00 元

凡所购买电子工业出版社图书有缺损问题，请向购买书店调换。若书店售缺，请与本社发行部联系，联系及邮购电话：（010）88254888，88258888。

质量投诉请发邮件至 zlts@phei.com.cn，盗版侵权举报请发邮件至 dbqq@phei.com.cn。

本书咨询联系方式：（010）88254755，cuit@phei.com.cn。

前　言

随着计算机视觉和机器学习的快速发展，人脸识别应用取得了巨大的成功。

人脸识别技术因具有直观、便捷、非接触等优良特性，相对于其他身份识别技术，得到了更广泛的应用。几十年来，人脸识别技术一直都是最受关注的研究热点之一。尤其是随着深度学习技术的发展、计算机运算速度的提高和大数据集的公开，人脸识别技术得到了极大的发展，该技术现已被成功地应用在日常生活中的多个场景，给人们的生活带来了极大的便利。然而，在刑侦领域存在更为复杂的识别场景，例如，受设备性能限制或拍摄条件影响，摄像设备得到的犯罪嫌疑人的照片质量较差；甚至当警方无法获得犯罪嫌疑人的照片时，仅能根据目击者的描述绘制犯罪嫌疑人的面部素描。

本书以人脸识别的一些基本理论与方法为基础，重点讨论了素描人脸识别、素描人脸合成、人脸着色、图像超分辨率重建。全书共 7 章，其中，第 1～4 章由曹林撰写，第 5 章由郭亚男撰写，第 6 章、第 7 章由杜康宁撰写，全书由曹林统稿。各章节主要内容如下。

第 1 章概述了素描人脸识别、素描人脸合成、人脸着色及人脸图像超分辨率重建技术的研究与应用。

第 2 章概述了传统素描人脸识别算法的相关原理，并分别介绍了基于 Surf 匹配坐标邻域优化和基于张量排序保留判别分析的人脸特征提取方法。

第 3 章介绍了深度学习在素描人脸识别的应用，提出了基于联合分布适配的素描人脸识别，通过深度迁移学习方法从深度学习网络中提取光学人脸特征并使用迁移学习方法将其与素描人脸适配；提出了基于残差网络和度量学习的素描人脸识别，通过大规模的光学人脸数据库训练 ResNet-50 网络得到预训练模型，基于迁移学习的思想，固定识别率较好的模型参数，同时采用素描人脸数据库微调识别率低的模型参数，最后结合度量学习的方法最大化类间差距；提出了基于 SE-ResNeXt 模型的素描人脸识别，在 SE-ResNeXt 模型的基础上，将 Softmax 损失和中心损失相结合，共同监督模型的训练。

第 4 章介绍了结合 LBP 局部特征提取的素描人脸合成方法，该算法的研究核心是通过层层优选得到最优块进行合成；介绍了结合 pHash 稀疏编码的素描人脸画像合成方法，根据图像信息熵将图像分成大小不同的子块，对尺寸不同的子块采取不同的特征提取方法，然后根据图像块的特征选取初始候选图像块，随后采用二次稀疏编码的方法合成最终的素描图像块，最后将全部素描图像块合成整幅素描人脸图像。

第 5 章对生成对抗网络相关原理和模型进行了概述，并提出了基于生成对抗网络的素描人脸合成算法，该算法将 U-Net 网络作为生成器，将二分类器作为判别器，构成一个生成式对抗网络。通过训练照片-素描图像数据库训练出可以将照片生成对应素描图像的生成器，以及可以判别图像是“真”素描图像还是经过生成的“假”素描图像的鉴别器；提出了基于双层对抗网络的素描人脸合成方法；利用深度神经网络来设计生成模型与判别模型，二者以对抗的方式进行训练，并在生成模型中加入了跳跃连接，提升了网络合成图像的效果；提出了基于特征学习生成对抗网络的高质量素描人脸合成方法，将对抗学习模型和特征学习模型相结合，增强了合成图像面部细节的能力；提出了基于多判别器循环生成对抗网络的素描人脸合成方法，多判别网络对生成网络的反馈传递优化，完善生成图像中高频特征细节，并且使用最小二乘损失描述生成对抗损失，结合重构误差损失和对偶联合损失，生成高质量图像。

第 6 章提出了联合一致循环生成对抗网络的人像着色方法，该方法采用联合的一致性损失，联合重构的数据计算其与输入彩色图像的损失，实现整个网络的反向传递优化。

第 7 章提出了双层级联神经网络的人脸超分辨率重建方法，通过向结构约束网络中加入面部先验信息估计模块，捕捉输入图像的面部关键点信息，约束重建图像与目标图像的空间一致性；提出了基于引导图像的级联人脸超分辨率重建方法，该方法由姿态变形模块与超分辨率重建网络组成，以低分辨率图像和高清人脸引导图像作为共同输入，生成分辨率更高的清晰人脸图像。

本书的出版得到了国家自然科学基金（项目编号：61671069、U20A20163、62001033）、北京市教委科研计划（项目编号：KZ202111232049、KM202011232021、KM202111232014）和北京信息科技大学勤信人才项目（QXTCP A201902）等科研项目的资助，在此一并表示感谢。

由于时间仓促，书中难免存在不足，欢迎读者对本书批评指正。

笔　者

2021 年 1 月

目　录

第 1 章 人脸识别的研究与应用

随着信息化时代的到来，社会安全问题引起了社会各界的广泛关注，身份识别技术也因此得到了更多的重视。身份识别技术是通过获取人类固有的生理特征对身份信息进行识别的技术。主流的身份识别技术包括指纹识别、掌纹识别、人脸识别、虹膜识别和 DNA 识别等。在社会安全领域，人脸识别技术[1]因具有直观、便捷、非接触等优良特性，相对于其他身份识别技术，得到了更广泛的应用。几十年来，人脸识别技术一直都是最受关注的研究热点之一。尤其随着深度学习技术[2]的发展、计算机运算速度的提高和大数据库的公开，人脸识别技术到了极大的发展，该技术现已经被成功地应用在日常生活中的多个场景，给人们的生活带来了极大的便利。人脸识别是计算机视觉和图像处理中最受关注的热点之一，其在人脸支付、安全验证和视频分析等领域应用广泛。素描人脸识别属于人脸识别的一个分支，但较为复杂，在刑侦领域有很重要的应用。素描人脸合成技术在刑侦领域和数字娱乐领域也有广泛的应用，合成的素描人脸图像可以用于素描人脸识别，促进素描人脸识别的发展。人脸着色可以让人们从人脸图像中获取更多的信息，具有重要的研究价值。人脸图像超分辨率重建技术能够获得比单幅图像更多的额外信息，通过算法将这些额外信息融入原来的图像中，可以获得更高质量、高清晰度的图像。随着人们对图像分辨率要求的提高，超分辨率重建技术的应用越来越广泛。

1.1 素描人脸识别的研究与应用

近年来，犯罪分子为了掩盖自身的犯罪事实，其作案手法越来越具有迷惑性，逃避抓捕的方式也越来越多，如抹掉现场的犯罪痕迹、使用伪造的身份信息、故意破坏视频监控或在监控之外的角落作案等[3]，大大地增加了办案人员破案的难度。在一些实际的犯罪场景中，警方往往无法获取犯罪嫌疑人的指纹、头发或照片等与犯罪嫌疑人直接相关的信息，但是嫌犯的长相和五官特征会给受害者和证人留下深刻的印象。在这些情况下，依据受害人或现场证人的描述，由刑侦调查专家创作嫌疑人的画像（称为人脸刑侦画像）或使用人脸合成软件制作嫌疑人的画像（人脸合成画像[4]），再将画像与公安数据库中的光学人脸照片进行对比，可以协助警方搜捕犯罪嫌疑人。

利用画像捉拿嫌犯已经有很长的历史，随着现代信息技术的发展，该项技术正逐渐由人工校对转变为计算机自动识别，现已发展成为一种重要的办案辅助手段[5]。采用现有技术对素描人脸图像进行处理，将处理后的图像与公安部门存储的照片数据库进行相似度匹配，可以缩小嫌疑人的搜捕范围，提高办案的效率。

1.1.1 光学人脸识别研究历程

人脸识别是计算机视觉和模式识别领域的关键技术之一，这些成果和算法很容易被推广到其他领域，如目标识别和文本识别等。其他相关领域的前沿技术也会有效地促进人脸识别技术的研究。近年来，随着深度学习算法的提升和计算机性能的不断提高，人脸识别技术已经被成功应用于现实生活中的多种场景。下面将对其研究历程展开介绍。

第 1 阶段（1964—1990 年）：该阶段内，人脸识别相关算法的研究主要采用了一般模式识别的方法，人脸识别并没有被当作一个专门的领域进行研究。最早的研究方法由 Kanade 等人[6]提出，该方法提取人的眼睛、嘴巴和鼻子等关键部位的几何位置，计算其之间的距离关系作为人脸的特征。在这一阶段，人脸识别算法并没有得到实际应用。

第 2 阶段（1991—1997 年）：这一阶段，该领域的技术得到了快速发展，很多人脸识别算法都取得了相当好的结果。其中，具有代表性的是 Eigenfac 特征脸算法，该算法被公认为是该领域的经典算法之一，该算法主要利用了主成分分析方法(Principal Component Analysis，PCA)进行研究。与此同时，Belhumeur 等人提出的 Fisherface 算法，是人脸识别算法的一个里程碑[7]。此后，Wiskott[8] 等人使用弹性图的方法同样也取得了较好的结果，基于表观的主动形状模型（Active Shape Model，ASM）[9]和主动表观模型（Active Appearance Model，AAM）[10]在面部特征点的建模方面有较大贡献，并且后续也出现了很多基于该方法的改进算法。

第 3 阶段（1998—2010 年）：这一阶段的主流技术对不同强度光照、各种表情姿态等因素的鲁棒性较差，因此该阶段的研究主要集中在减少光学人脸照片采集过程中的光照和表情等因素对人脸识别的影响。Georghiades 团队在这个时期提出了一个重要的研究方法，即基于光照锥模型的方法[11]，该方法可以有效减少上述光照条件的影响。随着研究的不断深入，统计概率学等理论也被应用到人脸识别领域，以支持向量机[12]（Support Vector Machine，SVM）为代表。为了将该方法应用在人脸识别，研究者们提出了一对一、一对多、类内距和类间距等改进方法，在人脸识别领域取得了较好的结果。Blanz 和 Vetter 等人为了减少不同光线、不同姿势等因素对人脸识别的影响，提出了基于 3 维形变模型（3D Morphable Model）[13]的算法，该算法的主要贡献是其对光学人脸照片采集过程的光线强度模型和透视与投影模型进行参数建模，以减小光照和采集设备配置等因素对人脸纹理属性的影响，通过实验，最后证明了该方法的有效性。

第 4 阶段（2010 年至今）：在这一阶段，基于深度学习的人脸识别技术取得了突破性的进展。其中，DeepFace[14]、DeepID[15-16]、FaceNet[17]和 VGGFace[18] 等人脸识别技术，不断地提高了人脸识别的准确率。深度学习具有很强的非线性建模能力，可以学习数据内在的特征分布。网络的前几层可以学习到人脸图像的浅层特征，后几层可以学习到人脸图像的抽象特征，整个网络可以有效表达人脸的面部信息。

1.1.2　素描人脸识别国内外研究现状

随着国家对社会安全的重视不断提高，以及人们对社会安定的需求不断扩大，异质人脸识别[19]成为刑侦领域的重点研究任务之一，旨在完成由不同传感器获得的人脸图像之间的匹配。近红外人脸图像、素描人脸图像等都属于异质人脸，比传统的人脸识别具有更大的难度。其中，素描人脸识别[20]在刑事侦查领域具有重要的研究意义，已有很多的研究人员对其展开了相应的研究。目前国内外对素描人脸识别技术的研究大多借鉴人脸识别的相关方法，大致可以分为基于图像转换的方法、基于映射的方法及基于特征的方法。

基于转换的方法是指将光学人脸照片和素描人脸图像转换成相同的模态。Tang 和 Wang 提出了基于 KL（Kullback-Leibler divergence，散度）的转换算法[21]，将光学人脸照片转换为素描人脸图像，然后将转换后的伪素描人脸图像与原始素描人脸图像进行相似度的计算。Liu、Tang 等人提出了基于 LLE（Locally Linear Embedding，局部线性插入）的方法[22]挖掘光学人脸照片和素描人脸图像之间的内在相关性，利用这种相关性将光学人脸照片转化为素描人脸图像。该方法的主要贡献是提出了非线性内核，将原始数据映射到高维空间再计算人脸特征。Tang 和 Wang 进一步提出了改进的马尔可夫随机场（Markov Random Field，MRF）模型[23]，能够在不同尺度上合成人脸的局部结构，减少照片和素描的差异。Zhang 等人[24]提出了一种新的双向素描-照片合成框架，该方法由域间转移过程和域内转移过程组成，在域间转移中，学习训练光学人脸照片的回归量并将其转移到素描人脸图像域中，以确保在合成期间能够恢复正常的面部结构。Wang 等人[25]提出了一种简单有效的邻域选择算法，通过在训练中添加素描相邻的块来提高转换的性能，且不会增加计算复杂度。Zhang 等人[26]采用多层卷积网络进行素描人脸图像合成，其中目标损失函数由生成损失和对抗损失组成，取得了目前最好的转换效果。

基于映射的方法旨在建立一个公共子空间，能够将光学人脸照片和素描人脸图像映射至该空间内，使二者能够有效地对比。Zhang 等人[27]为了提取素描人脸图像的局部结构特征，采用耦合信息编码的方法来缩小光学人脸照片和素描人脸图像的差异，取得了不错的识别结果。Sharma 等人[28]使用偏最小二乘的方法，扩大特征之间的协方差，进一步提高了素描人脸识别的准确率。Liu 等人[29]提出了一种基于联合字典学习的方法，直接提取光学人脸照片和素描人脸图像的特征，避免了先前的基于联合字典学习方法中图像合成的过程，直接计算特征的余弦距离，然后使用最近邻分类器进行分类，取得了与基于耦合字典学习方法相近的识别结果。

基于特征的方法旨在提取具有高度判别性的特征。Bhatt 等人[30]使用扩展的统一圆形局部二值描述子来表达光学人脸照片和素描人脸图像。其中光学人脸照片和素描人脸图像分别被分解到多个不同精度的金字塔中，然后分别提取二者的高频信息，利用遗传算法来计算不同层级的权重，最后使用 KNN（K-Nearest Neighbor，K 最近邻）进行匹配。Khan 等人[31]提出一种自相似（Self-Similarities Descriptor，SSD）描述符。该方法首先将图像分块，然后计算每个图像块与相邻块的相关系数，然后将计算得到的系数作为图像的特征，实验结果证明了这种 SSD 算法对提取光学人脸照片和素描人脸图像的结构特征具有一定的鲁棒性。Galoogahi 等人提出了基于 LRBP（Local Radon Binary Pattern，局部 Radon 二值模式）[32]特征的方法，该方法首先将人脸图像变换到 Radon 空间，然后在该空间中提取图像的 LBP（Local Binary Pattern，局部二值模式）特征，计算 LBP 的直方图作为 LRBP 特征描述符进行识别。Galoogahi 等人[33]提出了结合平均方向梯度直方图（HAOG）特征和 Gabor 特征，同时描述图像的形状特征和局部梯度特征。Klare 等人[34]利用 SIFT 算法提取光学人脸照片和素描人脸图像的特征，并采用了特征映射的方法[35]，在共同的特征子空间中计算特征间的相似性，实现光学人脸照片和素描人脸图像之间的匹配。目前这些人工设计的特征被广泛应用在素描人脸识别领域。为获取更具判别性的特征，Saxena 等人[36]和 Reale 等人[37]都采用了卷积神经网络的方法进行研究，在 CASIA NIR-VIS 红外人脸数据库和 e-PRIP 素描人脸数据库上也都取得了较好的结果。

1.1.3　素描人脸识别数据库

1. 素描人脸数据库分类

目前素描人脸识别研究采用的数据库大致可以分为以下 3 类，图 1.1 分别给出了三种类型数据库的素描人脸图像对的实例，图 1.1（a）为观看素描照片，图 1.1（b）为法医素描照片，图 1.1（c）为合成素描照片。

（1）观看素描（Viewed Sketch）是指画师通过观看照片或本人绘制的人脸素描图像。这种情况下得到的素描样本具有比较完整的人脸特征，其脸部结构和细节描绘较为准确。匹配观看光学人脸照片和素描人脸图像的主要挑战是图像的来源不同，一个是摄像采集得到，另一个是素描绘画得到，且画师的绘画风格也会对素描人脸的识别结果造成一定的影响。

（2）法医素描（Forensic Sketch）是指专门绘制嫌疑人画像的法医专家根据受害者或目击者的描述绘制的素描人脸图像。法医素描人脸识别最符合真实的刑侦场景，将法医绘制的素描人脸图像与照片库中的素描人脸图像进行匹配，可以缩小搜捕范围。执法人员绘制的法医素描具有重要的应用价值。然而法医素描与光学人脸照片存在的差距更大，法医素描不仅存在对面部细节描绘不准确的问题，而且人脸五官的大小和位置的扭曲也比较严重。因此，法医素描在识别中存在的困难较大。目前，法医素描识别的研究成果仍未在实际的刑侦案件中得到较好的应用。

（a）观看素描　　（b）法医素描　　（c）合成素描

图 1.1　素描人脸图像对的分类

（3）合成素描（Composite Sketch）是指通过受害者或者目击证人的描述，由专业执法人员使用计算机软件组合而成的素描人脸图像。目前的素描人脸合成软件有 FACES、PhotoFit 和 IdentiKit 等。通过软件合成素描的过程较为快速、简单。该方法主要通过选取软件中已有的素描人脸图像的五官和发型等组件来合成人脸。制作合成素描所需要的时间较短，目前 80%以上的警局采用软件合成的方式，因此合成素描在实际刑侦领域也具有很大的应用价值。但合成素描的风格会受软件素描库的风格和大小的影响，限制了素描的合成效果。

2. 常用素描人脸数据库

素描人脸数据库的采集成本相对较大，因此素描人脸研究中使用的数据库较小，下面介绍目前常用的素描人脸数据库。

1）香港中文大学素描人脸库

香港中文大学素描人脸库（CUHK Face Sketch Database，CUFS）是目前应

用最广泛的数据库之一。该数据库中包括 CUHK 学生数据库的 188 个样本，AR 面部数据库[39]的 123 个样本和 XM2VTS 数据库[40]的 295 个样本，样本总数为 606 个。其中，每个样本的光学人脸照片都是在正常光照条件下采集的，都是正面无表情的照片。素描人脸图像则是由绘画人员根据照片画的素描肖像，数据库中每张光学人脸照片都有一张对应的素描人脸图像。图 1.2 展示了 CUFS 不同数据库的部分数据，图 1.2（a）为 CUHK 学生人脸数据库面部照片数据，图 1.2（b）为 AR 数据库面部照片数据，图 1.2（c）为 XM2VTS 数据库面部照片数据。

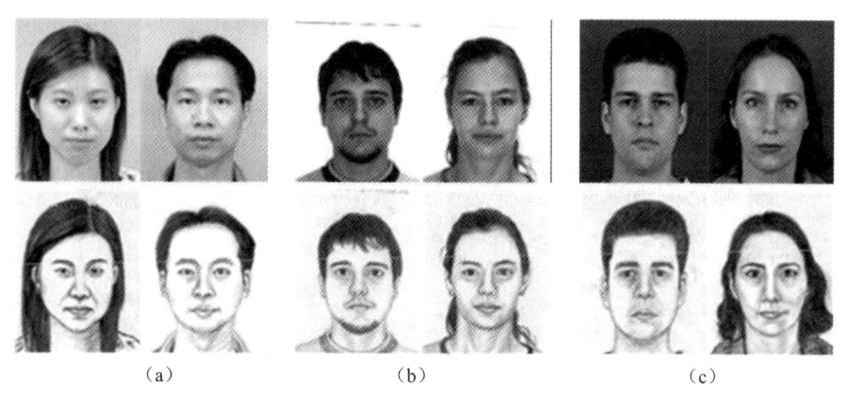

图 1.2　CUFS 不同数据库的部分数据展示

2）CUHK Face Sketch FERET Database（CUFSF）

CUFSF 数据库[38,41]由香港中文大学公布，共包含 1194 个样本，每个样本都来自 FERET 数据库[42]。CUFSF 数据库中光学人脸照片的采集过程与 CUFS 光学人脸照片采集过程的限制条件相同。为了能够适用在实际的应用场景中，研究人员在绘制素描人脸图像的过程中加入了轻微的形变。因此，基于该数据库的素描人脸识别更加具有挑战性。

3）PRIP Hand-Drawn Composite Dataset（PRIP-HDC）

PRIP-HDC 数据库[43]包含 265 个样本的光学人脸照片和素描人脸图像对。该数据库由美国密西根大学发布，与香港中文大学公布的素描数据库不同，其素描人脸图像不是观看光学人脸照片绘制得到的，而是由专业人士依据目击证人或者受害者的描述绘制所得。该数据库包括 Lois Gibson 绘制的 73 个样本、Karen Taylor 绘制的 43 个样本、皮尼拉斯警长工作室（Pinellas County Sheriff 's

Office，PCSO）提供的 56 个样本和美国密西根警察局提供的 46 个样本，另外有 47 个样本来自网络。由于该数据库还未完全公开，目前仅可以得到其中来自网络得到的 47 个样本的光学人脸照片和素描人脸图像对。

4）PRIP Viewed Software-Generated Composite Dataset（PRIP-VSGC）

PRIP-VSGC 数据库[44]是由美国密西根大学公布的素描人脸库，包括 AR 数据库中的 123 个样本。其中，每个样本的光学人脸照片都采用 FACES 合成软件合成了对应的两幅素描人脸图像，采用 IdentiKit 合成软件合成了对应的一幅素描人脸图像，最终得到了每个样本的光学人脸照片和其对应的三张合成素描人脸图像。由于知识产权的原因，目前只能获得 IdentiKit 合成的 123 张素描人脸图像。图 1.3 为该数据库照片和对应的合成素描实例。

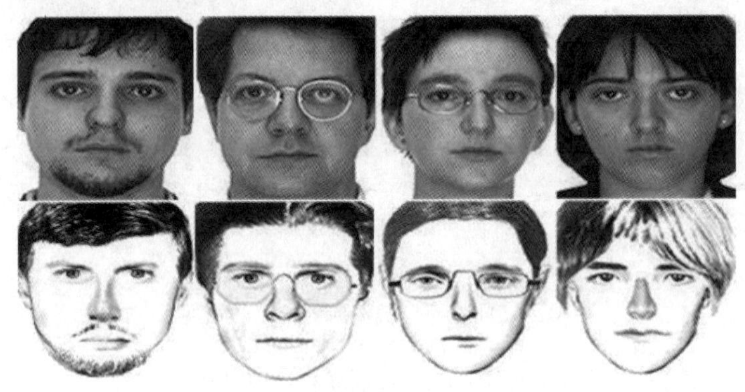

图 1.3　PRIP-VSGC 数据库照片和对应的合成素描实例

5）IIIT-D Viewed Sketch Database

IIIT-D Viewed Sketch Database[45]是由印度德里实验室发布的素描人脸数据库。该数据库包含三种类型的素描：观看素描、半法医素描和法医素描。观看素描具有 238 个样本，包含 FG-NET 数据库的 67 个样本、LFW 数据库中的 99 个样本和 IIIT-D Viewed Sketch Database 中的 72 个样本，其中素描人脸图像是由专家观看光学人脸照片绘制所得。IIIT-D Viewed Sketch Database 的半法医素描是从观看素描的 238 张光学人脸照片中选择了 140 张，由素描专家观看后，根据记忆绘制所得。法医素描是艺术家根据目击者的描述绘制所得，共 190 对光学人脸照片和素描人脸图像。其中，素描包含 Lois Gibson 绘制的 92 张素描人脸图像、Karen Taylor 绘制的 37 张素描人脸图像和互联网收集的 61 张光学人脸照片所绘制的素描人脸图像。

6）CASIA-WebFace 数据库

CASIA-WebFace 数据库[46]是中国科学院自动化研究所从互联网中收集的大规模人脸数据库。CASIA-WebFace 数据库包含了从 1940 年到 2014 年 IMDB 网站上的所有名人照片，涵盖各个年龄、表情、光照环境下的未对齐人脸图像。经过筛选和过滤最终得到了包含 10575 个类别的 494414 张图像，平均每人对应 46 张。图 1.4 为 CASIA-WebFace 数据库的部分实例。CASIA-WebFace 数据库中的图像质量差异较大，且存在人物类别划分错误的情况。

（a）高质量样本

（b）低质量样本

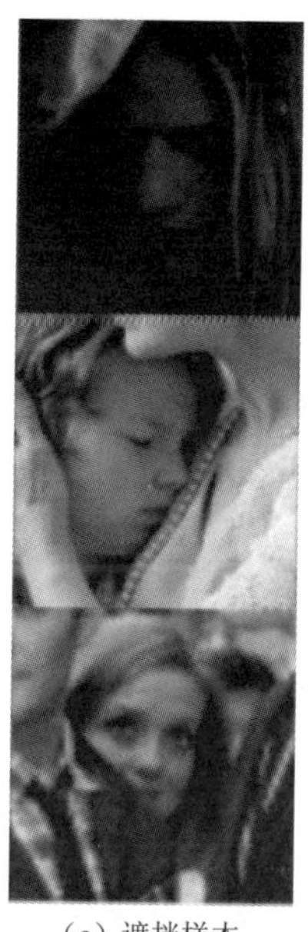

（c）遮挡样本

（d）错误类别样本（左上角为正确分类）

图 1.4　CASIA-WebFace 数据库的部分实例

3. 素描人脸数据库预处理

素描人脸数据库预处理简单来说是为了去除外界因素干扰，使比对结果更准确。预处理是人脸识别过程中的一个重要环节。输入图像由于图像采集环境的不同，如光照明暗程度及设备性能的优劣等，往往存在有噪声、对比度不够等缺点。另外，距离远近、焦距大小等又使得人脸在整幅图像中间的大小和位置不确定。为了保证人脸图像中人脸大小、位置及人脸图像质量的一致性，必须对图像进行预处理。

传统的人脸识别的数据库预处理由人脸检测、人脸对齐、特征提取及距离计算等部分组成。素描人脸识别与普通人脸识别流程相近，同样需要进行人脸检测、对齐等预处理过程。

目前，大多数素描人脸的检测方法采用传统的人脸检测方法。基于 HAAR 特征的检测方法可以在素描人脸数据库上取得良好的检测结果。在素描人脸对齐处理的方法中，Tang[41]和 Klare 等人[47]采用基于眼睛对齐的方式，通过检测光学人脸照片和素描人脸图像人脸的眼睛中心，进行仿射变换，并将人脸缩放至同样的大小。Sondur 等人[48]采用 ASM 关键点定位的方式实现人脸对齐，该方法可以检测出人脸的 68 个关键点，如图 1.5（a）所示。

素描画像与照片存在五官位置不一致和部位形变的差异，基于关键点检测的方法在光学人脸照片上提取的关键点比较准确，而在素描人脸图像上定位的关键点存在较大的偏差。图 1.5（a）是基于 ASM 方法检测照片和素描的结果。由图 1.5（a）可知，三角剖分后显示的照片中人脸的关键点定位较为准确，同时素描人脸中的大部分关键点也被准确定位，然而在嘴部关键点的定位出现了较为明显的偏差。其中观看素描已是最接近真实人脸的素描画像，因此可以得出，定位的关键点越多反而不利于素描和照片的人脸对齐。

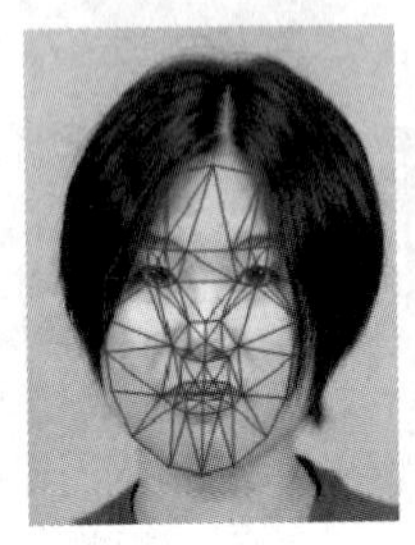
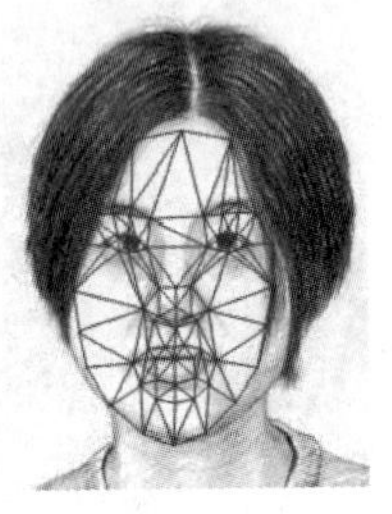

（a）ASM 关键点检测

（b）MTCNN 关键点检测

图 1.5　特征点检测示意图

采用基于 MTCNN[49]的方法对光学人脸照片和素描人脸图像进行关键点定位和对齐操作相比传统方法有更好的表现。传统的面部检测和对齐方法都是相对独立的，人脸部结构和关键点之间固有的相关性没有得到重视。而 MTCNN 框架采用一种级联的结构，通过设计三个深度卷积网络，实现了由粗到细人脸检测和关键点定位，如图 1.5（b）所示，定位的关键点在人的双眼中心、鼻尖和两边的嘴角。该方法在 AFLW 数据库上取得了当时最好的成绩。

1.1.4　素描人脸识别的难点和发展趋势

1. 类内差距

素描人脸识别与光学人脸识别研究重点不同。素描人脸识别中的素描人脸图像只包含面部线条和纹理等基本结构信息，缺乏光学人脸照片中丰富的光学信息，且素描人脸图像存在不同程度的面部扭曲。光学人脸照片和素描人脸图像属于不同来源的图像，两者之间存在较大的类内差距，导致了素描人脸识别比普通的人脸识别更加困难。传统的素描人脸识别方法主要采用基于手工特征的方法，这种特征的计算方式是固定的，因此无法进一步提升素描人脸的识别率。目前国内外对素描人脸图像识别的相关研究已有一些进展，但该研究成果仍然无法达到实际的应用水平，而刑侦领域对素描人脸识别技术的需求依旧非常迫切，因此素描人脸识别技术具有重要的研究价值。

2. 网络结构

基于深度学习的方法在人脸识别中取得了较好的结果，表明了深度学习技术在人脸识别中具有很大的应用价值，因此研究基于深度学习方法的素描人脸识别具有重要的意义。在基于深度学习的研究方法中，网络模型对特征的提取具有关键的作用，网络模型结构的改进通常会使模型的识别性能得到很大的提升。在图像分类的研究中，网络结构通常从深度和宽度两个方面进行改进，改进网络结构的方式同样也可以被借鉴至素描人脸识别的研究。

1.2　素描人脸合成的研究与应用

素描人脸合成技术是图像合成的一个分支，在刑侦领域及数字娱乐领域有着广泛的应用，并且受到越来越多的关注。在刑侦领域[50]，由于案发环境的影响或者基础监控设备的性能及覆盖面不足等问题，警方通常无法获取嫌疑人清晰、高质量的光学人脸照片。此时，需要通过目击者或者受害人的描述并由画师绘出嫌疑人的素描人脸图像，将其与警方数据库中的光学人脸照片进行匹配识别，从而协助案件侦破。近年来，互联网技术的快速发展推动了社交媒体的兴起，越来越多的年轻人热衷于各种社交网站和社交软件，如微博、微信、QQ

等。用户在选择社交媒体的头像时，为了彰显自己的个性，会选择将自己的光学人脸照片转化为素描人脸图像，从而作为自己社交媒体的头像。同时，也有很多人将一些素描人脸图像悬挂在房屋内，增加房屋的艺术气息，如图 1.6 所示。因此，如何将不同人物的光学人脸照片转换为素描风格的人脸图像具有很大的市场需求，各种图像风格转换软件也应运而生，如常用的百度魔图、美图秀秀及 Photoshop 等软件[51]。

图 1.6　素描人脸图像悬挂在房屋内

1.2.1　素描人脸合成的国内外研究现状

近些年，素描人脸合成技术的研究受到越来越多的关注。计算机视觉领域中的许多方法[52-53]能够应用在素描人脸合成中，并推动素描人脸合成技术的发展与进步。目前，国内该领域的主要研究团队为香港中文大学汤晓鸥教授带领的团队和西安电子科技大学高新波教授带领的团队。根据研究方法的不同，现有的素描人脸合成方法主要分为两类：传统素描人脸合成方法和基于深度学习的素描人脸合成方法。传统素描人脸合成方法又分为数据驱动类的素描人脸合成方法和模型驱动类的素描人脸合成方法。

数据驱动类的素描人脸合成方法通常由图像分块、最近邻选择、权重计算和图像块拼接四部分组成。汤晓鸥等人提出的基于主成分分析的素描人脸合成方法是数据驱动类的素描人脸合成方法的开山之作，该方法假设测试集面部照片与训练集面部照片具有一种线性关系，通过将图像从高维空间映射到低维空间，来寻找测试集面部照片与训练集面部照片的线性关系。然后利用这种线性关系对训练集中的素描人脸图像进行线性组合拼接，最终得到的素描人脸图像即为测试光学人脸照片对应的素描人脸图像。Liu 等人[54]提出基于 LLE 的素描人脸合成方法，通过对训练集与测试集中的图片进行重叠分块，在训练集中寻找与测试集照片块相似的照片块，然后通过重建系数将训练集中的光学人脸照片块对应的素描人脸图像块进行线性组合，合成最终测试集对应的素描人脸图像。Wang 等人[55]考虑到相似图像块的最近邻约束关系，使用马尔可夫随机场的方法来合成素描人脸图像，通过多尺度 MRF 模型对训练集进行不同尺度的联合训练，提高了合成素描人脸图像的质量。Zhou 等人[56]分析了在小样本情况下，基于 MRF 的方法仅选择最相似的单一图像块会导致合成结果出现失真和变形的问题，因此该文献中提出了一种加权马尔可夫随机场的方法，称为马尔可夫权重场（Markov Weight Field，MWF），该方法对 K 个相似的图像块进行线性加权，引入新的图像块，克服合成素描人脸图像变形的问题。Wang 等人[57]采用稀疏编码的方法，对面部照片与素描人脸图像进行稀疏编码，并假设二者之间的稀疏矩阵相似，利用稀疏矩阵中不同数量的非零系数来自适应地选择相似图像块，通过对相似图像块的稀疏矩阵进行线性加权组合，合成最终素描人脸图像。

模型驱动类的素描人脸合成方法主要是通过构建光学人脸照片与素描人脸图像的映射函数，在训练阶段学习光学人脸照片与素描人脸图像的函数分布及映射关系，然后输入待合成的面部照片，经过离线学习的映射函数进行预测，合成对应的素描人脸图像。相比数据驱动类方法，模型驱动类方法不需要在测试阶段遍历训练集，合成效率更高。Wang 等人[58]提出利用线性回归的学习方法来寻找光学人脸照片块与素描人脸图像块之间的映射关系，通过学习训练集中的光学人脸照片块与素描人脸图像块的映射关系，确定不同人脸位置的照片块与素描人脸图像块之间的局部回归关系，从而对每一个测试光学人脸照片块应用这种回归关系，合成对应的素描人脸图像块。Chang 等人[59]使用岭回归和相关向量机（Relevance Vector Machine，RVM）的理论，提出一种多变量输出回归（Multivariate Output Regression，MOR）的素描人脸合成方法，从而更好地寻找光学人脸照片块与素描图像块之间的映射关系，增强了合成素描人脸图像块的结构一致性。Zhu 等人[60]将训练集中不同区域的光学人脸照片块与素描人脸图像块划分为不同的聚类，通过线性回归模型去寻找相同聚类中的映射关系，构成一个回归矩阵，然后将测试集中不同区域的光学人脸照片块乘以对应的回归矩阵，从而合成最终的素描人脸图像。

基于深度学习的素描人脸合成方法通过神经网络来学习光学人脸照片与素描人脸图像的非线性映射关系。Zhang 等人[61]通过卷积层的堆叠，提出一种端到端的全卷积神经网络（Full Convolutional Network，FCN）素描人脸合成方法。Isola 等人[62]使用条件生成对抗网络来学习输入图像与目标合成图像之间的映射关系，从而进行图像的风格转换。Bae 等人[63]通过对目标风格与合成风格进行标签化处理，提出一种基于生成对抗网络的方法来合成拥有多种样式的素描人脸图像。Zhang 等人[64]提出一种基于生成对抗网络的光学人脸照片和素描人脸图像双重转换合成方法，以学习光学人脸照片和素描人脸图像之间的非线性关系。Wang 等人[65]提出一种基于多判别器生成对抗网络的素描人脸合成方法，通过输出三个不同分辨率的光学人脸照片来提高最终合成素描人脸图像的质量。Zhang 等人[66]提出一种多域对抗性学习方法，用于解决合成的素描人脸图像模糊和变形问题，但最终合成素描人脸图像丢失了一些面部关键信息。Zhang 等人[67]为了提高合成素描人脸图像的面部细节，在生成对抗网络的基础上增加了概率图模型，虽然该方法可以增加合成素描人脸图像的面部细节，但同时产生了一些无法消除的噪声。

传统数据驱动类的素描人脸合成方法过于依赖训练集，训练集的大小不同对合成素描人脸图像的效果有着不同的影响。因此，该类方法的应用范围受到了限制。传统模型驱动类的素描人脸合成方法虽然不受数据库大小的影响，但很难寻找最优的面部照片与素描人脸图像间的函数分布及映射关系。因此，该类方法合成的素描人脸图像容易出现面部扭曲、清晰度低的问题。基于深度学习的素描人脸合成方法能够解决合成素描人脸图像模糊和变形的问题，但是经常丢失一些面部细节特征。目前比较常用的方法是基于深度学习的方法，常用的素描人脸合成技术主要有以下四类：基于子空间学习的素描人脸合成方法、基于稀疏表示的素描人脸合成方法、基于贝叶斯学习的素描人脸合成方法和基于深度学习的素描人脸合成方法。

1. 基于子空间学习的素描人脸合成方法

子空间学习，顾名思义就是通过对训练样本进行训练学习，获得一个低维子空间，然后将图像从高维空间降到这个低维子空间中。基于子空间学习的方法分为线性子空间学习法和非线性子空间学习法。

起初，汤晓鸥等人提出利用主成分分析法（Principal Component Analysis，PCA）对人脸图像进行模态转换，他们认为人脸照片和对应的素描图像之间呈线性关系。首先将待合成的人脸照片 $\boldsymbol{I}_p$ 利用照片训练集 $\boldsymbol{P}$ 进行线性表示，得到一组投影系数 c_p

$$\boldsymbol{I}_p = \boldsymbol{P}c_p = \sum_{i=1}^{M} c_{p_i} P_i \tag{1.1}$$

式中，M 是照片训练集 $\boldsymbol{P}$ 中照片个数，然后通过系数 c_p 与照片训练集 $\boldsymbol{P}$ 对应的素描图像训练集 $\boldsymbol{S}$ 进行线性组合，得到一幅素描图像 $\boldsymbol{I}_s$，这幅素描图像就被认为是待合成照片的素描图像

$$\boldsymbol{I}_s = \boldsymbol{S}c_p = \sum_{i=1}^{M} c_{p_i} P_i \tag{1.2}$$

后来，Liu 等人意识到画家作画的过程是一个非线性过程，故提出一种非线性子空间学习的方法：局部线性嵌入算法。该算法将每张人脸照片分割成大小相等的 N 个图像块，在块的基础上，从训练集照片块集合中找到与每个测试照片块距离最近的 K 个图像块，然后利用这 K 个图像块线性表示测试图像块，得到一组系数，然后利用这组系数与 K 个最相近照片块对应的素描块进行组合，得到测试图像块对应的素描图像块，最后通过拼接整合得到整幅素描人脸图像。基于子空间学习的素描人脸合成框架如图 1.7 所示。

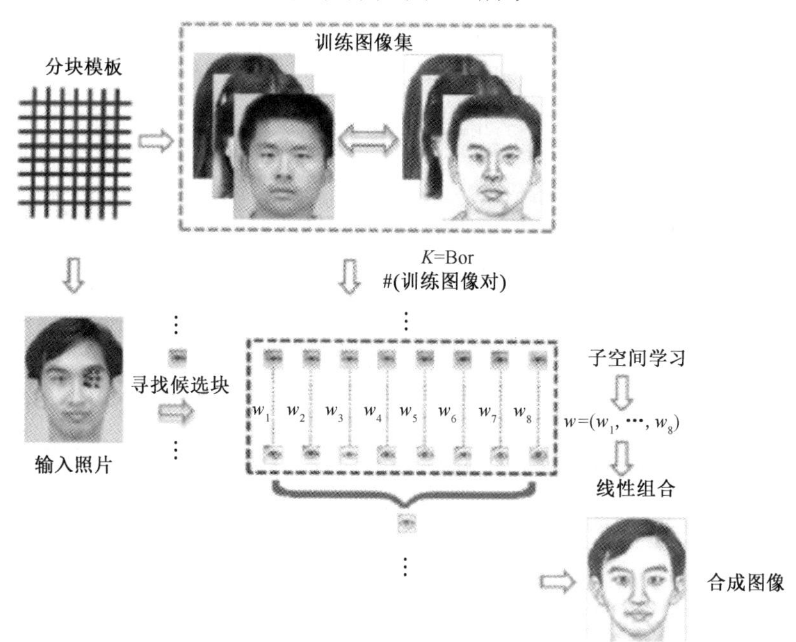

图 1.7　基于子空间学习的素描人脸合成框架

2. 基于稀疏表示的素描人脸合成方法

稀疏表示是信号处理领域中的重要方法，在图像重建、图像去噪和图像复原等图像处理中被广泛应用。给定一个训练样本集 $\boldsymbol{A}=\{x_1, x_2, \cdots, x_n\}$ 和一个测试

样本 y，其中 $x_i \in \boldsymbol{R}^d (\forall 1 \leqslant i \leqslant n)$，$y \in \boldsymbol{R}^d$。如果测试样本可以利用训练集样本的线性组合来表示，则

$$y = \sum_{i=1}^{n} w_i x_i = \underbrace{(x_1, \cdots, x_n)}_{\boldsymbol{A}} \underbrace{\begin{pmatrix} w_1 \\ \vdots \\ w_n \end{pmatrix}}_{\boldsymbol{w}} \tag{1.3}$$

这里 $\boldsymbol{A} = \{x_1, \cdots, x_n\}$ 是训练样本集，也被称为过完备字典，$\boldsymbol{w} = \{w_1, \cdots, w_n\}^{\mathrm{T}}$ 是稀疏系数。所以线性表达式（1.3）可以写成

$$y = \boldsymbol{A}\boldsymbol{w} \tag{1.4}$$

为了求解表达式（1.4）中的 $\boldsymbol{w}$，对训练集样本 n 的基数和维度 d 之间的关系进行讨论：

如果 $d > n$，式（1.4）是超定的，有唯一解；

如果 $d < n$，式（1.4）是欠定的，有多个解；通常，可以通过最小化 l_2 范数优化问题，来计算式（1.4）的近似解

$$(l_2): \boldsymbol{w} = \arg\min \|\boldsymbol{w}\|_2 \quad s.t. \boldsymbol{A}\boldsymbol{w} = y \tag{1.5}$$

l_2 范数最优化的缺点是它的解通常都是密集的，从而丧失了选择最相关训练样本的判别能力。

给定一个测试样本 y，如果满足 y 可以表示为 $\boldsymbol{A}$ 中列向量的线性组合，且线性组合只与少部分列向量有关，那么 y 就可以用 $\boldsymbol{A}$ 进行稀疏表示。为了寻找稀疏解，需要求解以下 l_0 范数

$$(l_0): \boldsymbol{w} = \arg\min \|\boldsymbol{w}\|_0 \quad s.t. \boldsymbol{A}\boldsymbol{w} = y \tag{1.6}$$

这里，$\boldsymbol{w}$ 中的非零项个数用 $\|\boldsymbol{w}\|_0$ 表示，然而，求解 l_0 范数最小化的过程是 NP 难问题（NP-hard Problem）。最新的压缩感知理论表明，如果稀疏系数 $\boldsymbol{w}$ 足够稀疏，那么可以通过以下 l_1 范数求解最优解

$$(l_1): \boldsymbol{w} = \arg\min \|\boldsymbol{w}\|_1 \quad s.t. \boldsymbol{A}\boldsymbol{w} = y \tag{1.7}$$

这里 l_1 范数被定义为 $\|\boldsymbol{w}\|_1 = \sum_{i=1}^{n} |w_i|$，这是一个可以利用线性规划方法来解决的凸优化问题。如果将噪声考虑进去，将变成以下 l_1 范数优化问题

$$\boldsymbol{w} = \arg\min \|\boldsymbol{w}\|_1 \quad s.t. \|\boldsymbol{A}\boldsymbol{w} - y\|_2^2 \leqslant \varepsilon \tag{1.8}$$

式中，ε 是噪声的误差容忍上限，通过拉格朗日乘数法，可以转换成以下问题

$$\boldsymbol{w} = \arg\min \frac{1}{2} \|y - \boldsymbol{A}\boldsymbol{w}\|_2^2 + \lambda \|\boldsymbol{w}\|_1 \tag{1.9}$$

这里 λ 是正则化参数。式（1.9）的求解方法有很多，常见的有匹配追踪（Matching Pursuit，MP）算法、正交匹配追踪（Orthogonal Matching Pursuit，OMP）算法和 K-SVD 算法。

采用基于子空间学习的方法计算照片块的 K 个最近邻相似照片块时，每个照片块的近邻数量是固定的。基于稀疏表示的方法认为固定的近邻个数并不一定能够说明这 K 个照片块就是与测试照片块最相近的图像块，所以引入稀疏表示来解决这一问题。稀疏表示可以针对不同的图像块计算出与之最相近的且数量最优的相似图像块，使得重建的照片块和原始照片块的误差最小。基于稀疏表示的方法其思想是利用训练集中的照片块学习得到具有可以表示全部图像块的字典 $\boldsymbol{A}$，与之对应的素描图像块则为素描图像字典 $\boldsymbol{B}$。利用字典 $\boldsymbol{A}$ 对测试照片块进行稀疏编码，得到测试图像块的稀疏系数 c，再将稀疏系数 c 与字典 $\boldsymbol{B}$ 组合得到测试照片块对应的素描图像块。

基于稀疏表示的素描人脸合成方法首先将训练集中的照片和素描图像对进行重叠分割，然后利用字典学习得到字典 $\boldsymbol{D}$

$$\min_{\{\boldsymbol{D},\boldsymbol{C}\}}\|\boldsymbol{C}\|_1+\lambda\|\boldsymbol{E}-\boldsymbol{D}\boldsymbol{C}\|_2^2 \tag{1.10}$$

式中，字典 $\boldsymbol{D}$ 是训练集照片块字典 $\boldsymbol{D}_p$ 和训练集素描块字典 $\boldsymbol{D}_s$ 的组合，$\boldsymbol{D}_p$ 中的照片块和 $\boldsymbol{D}_s$ 中的素描块是一一对应的。$\boldsymbol{E}$ 是训练集照片块和训练集素描块对应的矩阵，$\boldsymbol{C}$ 是稀疏系数矩阵，每一列代表一张照片块和素描图像块在字典 $\boldsymbol{D}$ 上的稀疏表示，通过交替求解得到字典 $\boldsymbol{D}$ 和稀疏系数矩阵 $\boldsymbol{C}$。给定一张测试照片块，利用照片块字典 $\boldsymbol{D}_p$ 求得稀疏系数，然后利用稀疏系数与素描块字典 $\boldsymbol{D}_s$ 的线性组合得到待合成的素描图像块，最后将所有照片块按照以上方法求得对应的素描图像块，通过图像融合得到整幅素描人脸图像。

3. 基于贝叶斯学习的素描人脸合成方法

众所周知，贝叶斯学习的理论基础是贝叶斯定理

$$P(A\mid B)=\frac{P(B\mid A)P(A)}{P(B)}$$

式中，A 和 B 代表两个事件。在人脸合成中，假设 $\boldsymbol{I}_p$ 和 $\boldsymbol{I}_s$ 分别为测试照片块和待合成的素描图像块，为了得到高质量的素描图像，可以利用最大后验概率（Maximum A Posterior，MAP）进行预测

$$\begin{aligned} \boldsymbol{I}_s' &= \arg\max_{\boldsymbol{I}_s} P(\boldsymbol{I}_s \mid \boldsymbol{I}_p) \\ &= \arg\max_{\boldsymbol{I}_s} P(\boldsymbol{I}_p \mid \boldsymbol{I}_s) P(\boldsymbol{I}_s) \end{aligned} \tag{1.11}$$

式中，$P(\boldsymbol{I}_s)$ 为先验概率，一般通过训练样本学习得到。$P(\boldsymbol{I}_p \mid \boldsymbol{I}_s)$ 为似然函数，在应用时通常取高斯函数。基于贝叶斯学习的素描人脸合成框架如图 1.8 所示，主要代表方法有基于嵌入式隐马尔可夫模型的方法和基于马尔可夫随机场的方法。

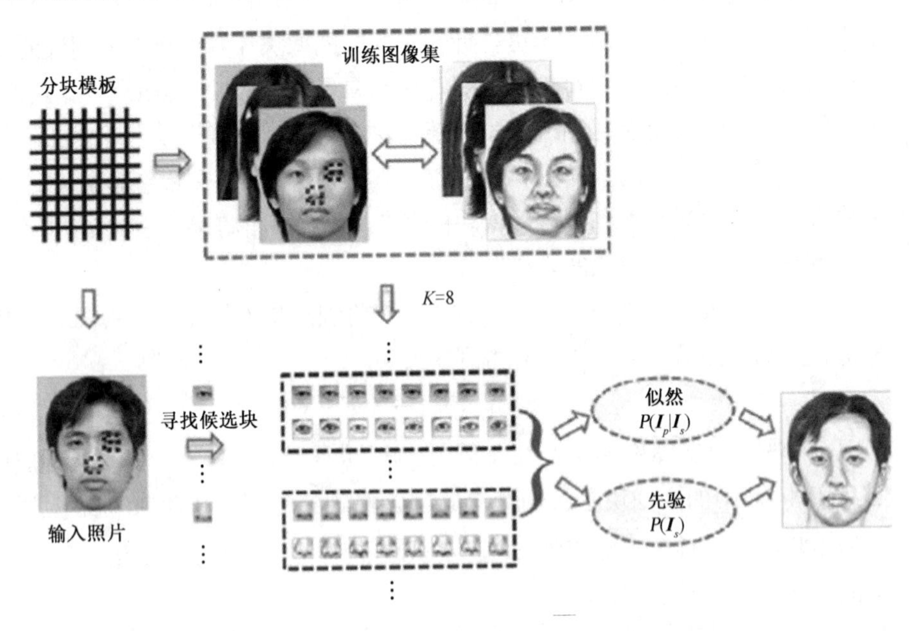

图 1.8　基于贝叶斯学习的素描人脸合成框架

在 LLE 算法的基础上，Wang 等人提出了基于马尔可夫随机场（MRF）模型的素描人脸合成算法。MRF 模型将整张人脸划分成许多小块。模型中的每个节点代表照片块或者素描图像块。给定一个测试照片块，首先从训练集中选择候选照片-素描块对。然后通过建立测试照片块与候选照片块间的相似性关系及相邻素描块间的一致性关系合成最终的素描人脸图像。由于 MRF 模型不能合成新的素描块并且模型无法得到最优解。因此，Zhou 等人提出了马尔可夫权重场（MWF）模型，用来解决上述问题。MRF 模型在素描图像层中每个节点对应一个单变量（一个候选素描块），而 MWF 模型在素描图像层中每个节点对应一系列变量（多个候选素描块对应的权重）。MWF 模型是个凸二次规划问题，能得到最优解，并且每个合成素描块由多个候选素描块线性组合，因此能合成新的素描块。除此之外，Gao 等人还提出了基于嵌入式隐马尔可夫模型（Embedded Hidden Markov Model，E-HMM）的素描人脸合成算法和基于贝叶斯的素描人脸合成算法。

4. 基于深度学习的素描人脸合成方法

近年来，深度学习成为计算机视觉领域的研究热点。其中，深度神经网络能够通过网络层数的增加很好地模拟照片和画像之间复杂的非线性关系。Zhang 等人提出了一种端到端的素描人脸合成方法，采用生成损失和判别项来构成损失目标函数，利用全卷积神经网络，生成具有高鉴别性的素描图像。为了更好地合成人脸图像中的细节，Zhang 等又提出了一种基于结构和纹理分解的模型框架，首先将输入的人脸照片通过卷积神经网络分解成不同的分量，即主要结构和纹理特征两部分，然后利用分支完全卷积神经网络（Branched Fully Convolutional Neural Network，BFCN）分别对结构和纹理特征进行学习，损失函数采用排序匹配均方误差（Sorted Matching Mean Square Error，SM-MSE），最后通过概率融合将两部分融合成完整的素描图像。

1.2.2　素描人脸图像质量评估指标

目前，针对合成的素描人脸图像质量评估主要通过两个途径：一是主观视觉感知，通过人眼观察去对比不同素描图像的真实感及清晰度；二是客观质量评估，通过图像质量评估指标去验证合成素描人脸图像的结构相似度及特征相似度等。

常用的素描人脸图像质量评估指标包括结构相似度（Structural Similarity Index，SSIM）[68]值和特征相似度（Feature Similarity Index，FSIM）[69]值。SSIM 值用来捕捉图像的结构信息并衡量两幅图像之间的结构扭曲程度，FSIM 值用来衡量两幅图像之间的特征误差。

原素描人脸图像 s 和合成的素描人脸图像 f 的 SSIM 值可按下式求出

$$\mathrm{SSIM}(s,f)=\frac{(2\mu_s\mu_f+a_1)(2\sigma_{sf}+a_2)}{(\mu_s^2+\mu_f^2+a_1)(\sigma_s^2+\sigma_y^2+a_2)} \tag{1.12}$$

式中，μ_s 为原素描人脸图像 s 的平均值，μ_f 为合成素描人脸图像 f 的平均值，σ_s^2 为 s 的方差，σ_f^2 为 f 的方差，σ_{sf} 为 s 和 f 的协方差，$a_1=(0.01d)^2$，$a_2=(0.03d)^2$，d 为图像像素值的范围。

原素描人脸图像 s 和合成的素描人脸图像 f 的 FSIM 值可由下式求出

$$\text{FSIM}=\frac{\sum_{x\in N} S_L(x)\bullet \text{PC}_m(x)}{\sum_{x\in N} \text{PC}_m(x)} \tag{1.13}$$

$$S_L(x)=\left[\frac{2\text{PC}_s(x)\cdot\text{PC}_f(x)+T_1}{\text{PC}_s{}^2(x)+\text{PC}_f{}^2(x)+T_1}\right]^\alpha\bullet\left[\frac{2G_s(x)\cdot G_f(x)+T_2}{G_s{}^2(x)+G_f{}^2(x)+T_2}\right]^\beta \tag{1.14}$$

$$\text{PC}_m(x)=\max\left[\text{PC}_s(x),\text{PC}_f(x)\right] \tag{1.15}$$

式（1.13）～式（1.15）中，N 为图像的像素域，$\text{PC}_s(x)$ 为原素描人脸图像 x 像素处的相位一致性，$\text{PC}_f(x)$ 为合成素描人脸图像 x 像素处的相位一致性，$G_s(x)$ 为原素描人脸图像 x 像素处的梯度值，$G_f(x)$ 为原素描人脸图像 x 像素处的梯度值，T_1、T_2 为常数。

1.2.3 素描人脸合成的难点与发展趋势

1. 细节和纹理

素描人脸合成技术所面临的主要挑战是如何确保合成结果面部细节的完整性和素描纹理的真实性。由于素描人脸图像与光学人脸照片属于不同模态下的两种图像，其在成像原理及纹理特征方面有着很大差异。在刑侦方面，直接将嫌疑人的素描人脸图像与警方公民数据库中的光学人脸照片进行匹配识别，将会导致识别率较低，难以准确定位嫌疑人的身份。为了提高匹配识别精度，在异质人脸识别过程中常将素描人脸图像转换为光学人脸照片，或者将光学人脸照片转换为素描人脸图像，使两者处于同一模态下进行匹配识别。

2. 计算机自动合成

如果通过人工画师绘制素描人脸图像的方式将警方数据库中的光学人脸照片全部转化为素描人脸图像，与嫌疑人的素描人脸图像进行相同模态下的人脸识别，这个过程需要耗费大量的人力和物力。因此，如何快速高效地使用计算机自动地合成素描人脸图像具有重要的研究意义，一方面可以提高素描人脸合成的效率，节约大量的人力物力；另一方面也有助于推动人工智能的发展。尽管近些年很多专家学者提出各种不同的素描人脸合成方法，但合成结果仍然存在一些问题。目前，随着深度学习的快速发展，素描人脸合成技术有了新的突破。基于深度学习的素描人脸合成方法改善了合成素描人脸图像的纹理效果，提高了素描人脸图像的真实性，但是合成结果仍然存在面部细节丢失、清晰度低等问题。如何合成清晰度高、面部细节与素描纹理特征丰富的素描人脸图像，仍然值得研究。

1.3　人像着色的研究与应用

色彩是图像的重要属性，人眼对彩色图像的敏感程度高于灰度图像。因此，对灰度图像着色，可以使观察者从着色图像中获得更多的信息，提高图像的使用价值。灰度图像着色在视频处理、影视制作、历史照片还原等方面起着至关重要的作用。其中，人像着色是图像着色的主要应用领域，着色可以使人像表达更多的信息，具有重要的研究价值。

1.3.1　人像着色的国内外研究现状

传统的图像着色方法主要有基于局部颜色扩展的方法[70-71]和基于颜色传递的方法[72-73]。基于局部颜色扩展的方法需要指定灰度图像某一区域的彩色像素，将颜色扩散至整幅待着色图像。这一类方法需要大量人为的工作，如颜色标注等，且图像着色的质量过度依赖人工着色技巧。基于颜色传递的方法消除了人为因素在图像着色中的影响，通过一幅或者多幅颜色、场景相近的参考图像，使颜色转移至待着色图像。传统方法可以应用在人像着色中，但这类方法需要设定参考图像，且着色的计算复杂度高。

为了减小着色过程中人为因素的影响，传统的着色方法已逐渐被基于深度学习的方法所取代。其中，Iizuka 等人[74]使用双通道网络，联合图像中的局部特征信息和全局先验信息，可以将任意尺寸的灰度图像自动着色。Larsson[75]等人利用 VGG 神经网络[76]提取图像的特征，来预测每个像素的颜色分布。Zhang[77-78]等人先后提出针对像素点进行分类和基于用户引导的灰度图像着色方法。这类方法利用神经网络提取特征，但在训练过程中容易丢失局部信息，使特征表达不完整，限制了着色的效果。近年来，生成对抗网络（Generative Adversarial Network，GAN）[79]在图像生成领域取得了巨大的成功，相比传统的神经网络[80]，

GAN 生成的图像质量更高。但 GAN 的训练不稳定，容易出现模式崩溃。Zhu 等人[81]在 Isola 等人[82]的研究基础上提出了循环生成对抗网络（Cycle Generative Adversarial Network，Cycle-GAN），通过循环生成对抗的方式提高训练网络的稳定性。

1.3.2 人像着色的难点与发展趋势

传统灰度图像着色方法存在颜色失真、效果不佳等问题，已逐渐被深度学习的方法取代。目前基于深度学习的人像着色方法主要存在复杂背景下误着色的问题。RGB 和 Lab 色彩模式是基于深度学习着色方法常用的两种色彩模式。RGB 色彩模式中的 R、G、B 分别代表红、绿、蓝三个通道的颜色，若通过着色模型，将待着色图像映射成 RGB 色彩模式的彩色图像，则网络需要预测三个颜色通道，即 $F(X) \to Y(R,G,B)$；将待着色图像映射成 Lab 色彩模式图像，只需要预测 a、b 两个表示颜色的通道，即 $G(X) \to Y(a,b)$。因此，基于深度学习的着色方法，需要预测的图像通道数大于输入图像的通道数，加大了网络学习的难度。深度学习的方法直接应用于图像着色中，难以准确预测多个颜色通道像素点值，存在着色准确率低的问题。

1.4 人脸图像超分辨率重建技术的研究与应用

1.4.1 人脸图像超分辨率的发展及国内外研究现状

人类作为社会活动的主体，是视频和图像之中常见的一类对象。人脸图像的处理和识别等问题一直是人工智能计算机视觉领域的一个重要研究方向。近年来，随着技术的发展，人脸识别、人脸检测等技术都取得了一定的研究成果。在智能手机、监控设备等便携设备上，也能实现人脸的检测、识别等。区别于普通图像，不同人脸图像之间通常具有相似的面部结构与纹理细节。因此，研究如何针对人脸图像提高超分辨率重建效果具有重要的现实意义。

图像超分辨率重建的概念最早是由 Harris[83]和 Goodman[84]于 20 世纪 60 年代提出的，随后涌现了众多研究者为这一概念提供数学算法[85-86]，只可惜这些算法只能应对少量条件下的重建任务，并不能被广泛应用。直到 20 世纪 80 年代，图像超分辨率重建才重新激起了科学家的兴趣。目前，超分辨率重建方法根据操作域与重建思想的不同，可以被划分为以下几种类别，如图 1.9 所示。

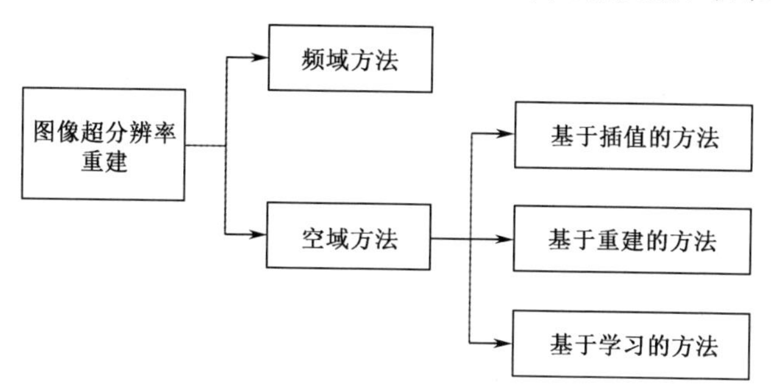

图 1.9　图像超分辨率重建方法分类

根据操作域的不同，超分辨率重建算法可分为频域和空域两大类。其中，基于频域的算法基本思想是在频域内完成图像转换、建模及模型求解等一系列任务。这类方法最早是由 Tsai[87]提出的。重建时，首先需要将图像转换到离散傅里叶变换域，之后通过离散傅里叶变换的移位和混叠特性完成超分辨率重建。在这之后，离散余弦变换[88]和小波变换[89-90]也被广泛应用于基于频域的重建方法中，以减小模型的计算复杂度，更有效地恢复图像的高频信息。基于频域的超分辨率重建算法模型简单，并且在处理非整体运动模型时存在一定的局限性，于是，研究人员转向了对空域方法的研究。

空域是图像的原始域，基于空域的方法直接通过改变图像像素来实现超分辨率重建。根据建模原理的不同，基于空域的超分辨率重建方法可以分为三大类：基于插值的方法[91-92]、基于重建的方法[93-95]和基于学习的方法。

基于插值的方法依据自然图像的局部平滑性理论，利用低分辨率图像的已知像素值来估计高分辨率图像上的未知像素值。根据插值核函数或基函数的不同，可以将插值方法分为不同类别。目前，最常见的线性插值算法有双线性插值算法（Bilinear）[96]和双三次插值算法（Bicubic）[97]。基于插值的方法实现简单且实时性高，但由于基函数或核函数的连续性不能应用于图像全局，重建图像通常缺乏高频细节和边缘信息，过于平滑。

基于重建的方法也可称为基于退化模型的重建方法。其主要思想是将低分辨率图像视为高分辨率图像经过一系列降质运算的结果，从而通过求解降质逆运算恢复高分辨率图像。比较典型的算法有迭代反投影法[93]、统计复原法[94]、凸集投影法[95]等。目前，基于重建的超分辨率重建技术已经步入了一个成熟的发展阶段，但也有其缺陷。研究表明，基于复原模型方法的重建效果会受到放大倍数的限制，当放大倍数提高到一定程度时，该方法无法再获取更多的高频信息。

基于学习的方法能够学习高低分辨率图像对之间的映射关系，针对特征较明显且存在一定规律的图像（例如文字图像、人脸图像等），这类方法可以获得非常清晰的重建结果。早期的基于学习的方法[98-100]一般将训练图像整体分割为一系列的图像块，通过训练样本，学习图像块之间的映射关系，完成低分辨率到高分辨率的转换。在重建阶段，该方法会对输入图像进行相同的分割，逐块重建之后统一拼接为完整的图像。这种分块计算的方法能够降低超分辨率重建算法对系统硬件资源的要求。近些年来，随着计算机运算能力的大幅提升与卷积神经网络的发展，基于深度学习的方法得到了广泛研究。这种方法能够以端到端的方式学习整体图像映射，重建结果更为逼真。

1.4.2 人脸图像超分辨率重建质量评价标准

在图像超分辨率重建任务中，为了衡量超分辨率重建方法的性能与重建图像的质量水平，目前常用的评价方法分为主观质量评价与客观质量评价两大类。其中，主观质量评价依赖人们的视觉直观感受，客观质量评价则由重建图像与原始图像经过数学算法计算得出。

1. 主观质量评价标准

主观质量评价是一种最直接的图像评价方式。这种方法通常从测试数据集中选取多对图像，将输入图像、重建图像与真实图像（Ground Truth，GT）及其他方法的重建图像并排比较。通过观察重建图像的准确性及与 GT 图像的相似度，给出综合评价。主观质量评价方法十分简单且易于操作，能够从人们对图片的直观感受出发评价图像质量。但是这项工作需要投入大量的人力与时间，成本较高，且评价结果容易受到评价环境与评价人员等外部因素影响。

2. 客观质量评价标准

客观质量评价是由重建图像与原始图像根据数学模型计算得到的。图像超分辨率重建任务中常用的衡量重建图像与原始图像质量差异的指标有均方误差（Mean Square Error，MSE）、峰值信噪比（Peak Signal Noise Ratio，PSNR）[101]、结构相似度（Structural Similarity，SSIM）[102]等。在基于深度学习的超分辨率重建方法中，均方误差被用作网络训练时的损失函数，约束网络的学习过程。最终在评价网络性能时，通常采用峰值信噪比与结构相似度这两个指标。

1）均方误差

均方误差在像素层级对两张图像进行比较，它以直接的方式比较原始图像和待评价图像之间的差异。均方误差的值越小，待评价图像与原始图像之间的差异越小，当两张图像完全相同时，均方误差为 0。一般情况下灰度图为单通道，彩色图像为三通道，各通道的像素取值在（0,255）之间。以灰度图为例，假设原始图像 x 和待评价图像 y 的大小均为 $m \times n$，则均方误差的计算公式如下：

$$\text{MSE} = \frac{1}{m \times n} \sum_{i=1}^{m} \sum_{j=1}^{n} (x_{ij} - y_{ij})^2 \tag{1.16}$$

式中，x_{ij} 为 x 在 (i, j) 位置上的像素值，y_{ij} 为 y 在 (i, j) 位置上的像素值。

2）峰值信噪比

峰值信噪比 PSNR 表示图像中的最大信号量与噪声强度的比值，单位为 dB。PSNR 值越大，表示图像中信号量越大。假设原始图像 x 和待评价图像 y 的大小均为 $m \times n$，x_{ij} 为 x 在 (i, j) 位置上的像素值，y_{ij} 为 y 在 (i, j) 位置上的像素值，L 表示图像 x 和图像 y 中的像素可以取到的最大值（一般情况下，L=255），则峰值信噪比可以表示为

$$\text{PSNR} = 10\lg \frac{m \times n \times L^2}{\sum_{i=1}^{m} \sum_{j=1}^{n} (x_{ij} - y_{ij})^2} = 10\lg \frac{L^2}{\text{MSE}} \tag{1.17}$$

3）结构相似度

为了充分利用人类视觉系统的特性，Wang 等人[103]提出了基于结构失真的结构相似度图像质量评价方法。该方法从亮度、对比度和结构三个方面来评价图像的质量。如 1.2.2 节所述，原素描人脸图像 s 和合成的素描人脸图像 f 的结构相似度 SSIM 值可按式（1.12）求出。

1.4.3 人脸图像超分辨率重建技术的难点与发展趋势

在人脸超分辨率重建领域仍然存在一些值得继续改进与深入探讨的问题，主要分为以下几个方面。

1. 数据质量

众所周知，现有的机器学习方法效果的好坏是由学习数据和学习网络两种因素所决定的，其中最主要的因素是数据质量。以最基本的二分类方法为例，使用不均衡且存在大量噪声的数据会使得原本表现良好的网络结构准确率降低60%。对于图像超分辨率重建问题更是如此，图像清晰度参差不齐的数据库会使得网络难以很好地拟合高分辨率图像。此外，数据库清晰度限制了重建图像所能还原的最高清晰度，然而现有的人脸数据库清晰度都不高。因此，超高清晰度数据库的构建将是图像超分辨率重建领域产生巨大飞跃的一个重要节点。

2. 学习网络性能优化

对于上述提到的另一个因素学习网络，同样存在待改进的空间。最近几年，针对学习网络优化的研究可总结为以下几个方面：网络连接优化、激活函数优化、损失函数优化及多网络的集成学习等算法。因此，在设计自己的学习网络时，可以考虑通过以上方法优化重建网络，进一步提高网络的稳定性及学习效率。

3. 盲重建的应用

现有的人脸超分辨率重建方法可以达到 8 倍甚至更高倍数的重建效果，由于这种问题完全无法从输入的低分辨率图像中识别人物特征，因此一般被称为“盲重建问题”。在此放大倍数下，重建图像虽然能够通过强大的生成对抗网络获得较高的清晰度，但却与原本的人物并不相像。面对这种情况，仅以单张低分辨率图像作为重建网络的输入是完全无法解决的，需要增强重建网络对人物特征的提取能力，限制重建图像与真实图像的人物特征距离。

1.5　本章小结

本章介绍了素描人脸识别、素描人脸合成和人脸图像超分辨率重建的研究与应用，说明了素描人脸识别、合成技术在刑侦领域具有重要的研究价值。重点介绍了素描人脸识别的发展动态，以及素描人脸识别常用数据库，并分析了不同素描人脸数据库的特点和目前素描人脸识别常用的预处理方法。文章从社会发展及应用价值的角度对素描人脸合成技术的研究背景及国内外研究现状进行了阐述，简要梳理了人脸超分辨率重建问题在国内外的研究现状，然后介绍了图像质量评估指标，最后对于素描人脸识别、素描人脸合成和人脸图像超分辨率重建的难点和发展趋势也做了简要说明。

参考文献

[1] Abbas E I, Safi M E, Rijab K S. Face recognition rate using different classifier methods based on PCA[C]. Sulaymaniyah: Proceedings of the IEEE Conference on Current Research in Computer Science and Information Technology, 2017: 37-40.

[2] Xing H, Zhang G, Shang M. Deep Learning[J]. International Journal of Semantic Computing, 2016, 10(3): 417-439.

[3] 王恒认. 反侦查行为表现及防范对策[J]. 安徽警官职业学院学报, 2013, 12(2): 69-71.

[4] Han H, Klare B F, Bonnen K, et al. Matching Composite Sketches to Face Photos: A Component-Based Approach[J]. IEEE Transactions on Information Forensics and Security, 2013, 8(1): 191-204.

[5] 卜凡亮, 袁梦琪, 尚垚睿. 智能人脸模拟画像技术的进展[J]. 中国人民公安大学学报（自然科学版）, 2017(2): 59-62.

[6] Sakai T, Kanade T, Nagao M, et al. Picture processing system using a computer

complex[J]. Computer Graphics and Image Processing, 1973, 2(3): 207-215.
[7] Belhumeur P N, Hespanha J P, Kriegman D J. Eigenfaces vs. fisherfaces: Recognition using class specific linear projection[J]. IEEE Transactions on Pattern Analysis and Machine Intelligence, 1997 (7): 711-720.
[8] Wiskott L, Fellous J M, Krüger N, et al. Face Recognition by Elastic Bunch Graph Matching[J]. IEEE Transactions on Pattern Analysis and Machine Intelligence, 1997, 19(7): 775-779.
[9] Cootes T F, Taylor C J, Cooper D H, et al. Active Shape Models-Their Training and Application[J]. Computer Vision and Image Understanding, 1995, 61(1): 38-59.
[10] Cootes T F, Edwards G J, Taylor C J. Active appearance models[J]. IEEE Transactions on Pattern Analysis and Machine Intelligence, 2001 (6): 681-685.
[11] Georghiades A S, Belhumeur P N, Kriegman D J. From few to many: illumination cone models for face recognition under variable lighting and pose[J]. IEEE Transactions on Pattern Analysis and Machine Intelligence, 2001, 23(6): 643-660.
[12] Mittal P , Jain A , Goswami G , et al. Recognizing composite sketches with digital face images via SSD dictionary[C]. Proceedings of the IEEE International Joint Conference on Biometrics, 2014: 1-6.
[13] Blanz V, Vetter T. A morphable model for the synthesis of 3D faces[C]. Proceedings of the IEEE International Conference on Computer Graphics and Interactive Techniques, 1999: 187-194.
[14] Taigman Y, Yang M, Ranzato M, et al. DeepFace: Closing the Gap to Human-Level Performance in Face Verification[C]. Proceedings of the IEEE Conference on Computer Vision and Pattern Recognition, 2014: 1701-1708.
[15] Sun Y, Wang X, Tang X. Deep Learning Face Representation from Predicting 10,000 Classes[C]. Proceedings of the IEEE Conference on Computer Vision and Pattern Recognition, 2014: 1891-1898.
[16] Ouyang W, Zeng X, Wang X, et al. DeepID-Net: Object detection with deformable part based convolutional neural networks[J]. IEEE Transactions on Pattern Analysis and Machine Intelligence, 2016, 39(7): 1320-1334.
[17] Schroff F, Kalenichenko D, Philbin J. FaceNet: A unified embedding for face

recognition and clustering[C]. Proceedings of the IEEE Conference on Computer Vision and Pattern Recognition, 2015: 815-823.

[18] Parkhi O M, Vedaldi A, Zisserman A. Deep Face Recognition[C]. Proceedings of the British Machine Vision Conference, 2015: 41.1-41.12.

[19] Klare B. Heterogeneous Face Recognition[D]. Lansing: Michigan State University, 2012.

[20] Chugh T, Singh M, Nagpal S, et al. Transfer learning based evolutionary algorithm for composite face sketch recognition[C]. Proceedings of the IEEE Conference on Computer Vision and Pattern Recognition Workshops, 2017: 117-125.

[21] Tang X, Wang X. Face photo recognition using sketch[C]. Proceedings of the IEEE International Conference on Image Processing, 2002: 1522-4880.

[22] Liu Q, Tang X, Jin H, et al. A nonlinear approach for face sketch synthesis and recognition[C]. Proceedings of the IEEE Conference on Computer Vision and Pattern Recognition, 2005: 1063-6919.

[23] Wang X, Tang X. Face photo-sketch synthesis and recognition[J]. IEEE Transactions on Pattern Analysis and Machine Intelligence, 2009, 31(11): 1955-1967.

[24] Zhang M, Wang R, Gao X, et al. Dual-transfer face sketch–photo synthesis[J]. IEEE Transactions on Image Processing, 2018, 28(2): 642-657.

[25] Wang N, Gao X, Sun L, et al. Anchored neighborhood index for face sketch synthesis[J]. IEEE Transactions on Circuits and Systems for Video Technology, 2017, 28(9): 2154-2163.

[26] Zhang L, Lin L, Wu X, et al. End-to-end photo-sketch generation via fully convolutional representation learning[C]. Proceedings of the ACM on International Conference on Multimedia Retrieval, 2015: 627-634.

[27] Zhang W, Wang X, Tang X. Coupled information-theoretic encoding for face photo-sketch recognition[C]. Proceedings of the IEEE Conference on Computer Vision and Pattern Recognition, 2011: 513-520.

[28] Sharma A, Jacobs D W. Bypassing synthesis: PLS for face recognition with pose, low-resolution and sketch[C]. Proceedings of the IEEE Conference on Computer Vision and Pattern Recognition, 2011: 593-600.

[29] Liu J, Bae S, Park H, et al. Face photo-sketch recognition based on joint dictionary learning[C]. Proceedings of the IEEE International Conference on Machine Vision Applications, 2015: 77-80.

[30] Bhatt H S, Bharadwaj S, Singh R, et al. On matching sketches with digital face images[C]. Proceedings of the IEEE International Conference on Biometrics: Theory, Applications and Systems, 2010: 1-7.

[31] Khan Z, Hu Y, Mian A. Facial self similarity for sketch to photo matching[C]. Proceedings of the IEEE International Conference on Digital Image Computing Techniques and Applications, 2012: 1-7.

[32] Galoogahi H K, Sim T. Face sketch recognition by Local Radon Binary Pattern: LRBP[C]. Proceedings of the IEEE International Conference on Image Processing, 2013: 1837-1840.

[33] Galoogahi H K, Sim T. Inter-modality face sketch recognition[C]. Proceedings of the IEEE International Conference on Multimedia and Expo, 2012: 224-229.

[34] Klare B, Jain A K. Sketch-to-photo matching: a feature-based approach[C]. Proceedings of the International Society for Optics and Photonics, 10.1117/12.849821, 2010.

[35] Klare B, Li Z, Jain A K. Matching Forensic Sketches to Mug Shot Photos[J]. IEEE Transactions on Pattern Analysis and Machine Intelligence, 2011, 33(3): 639-646.

[36] Saxena S, Verbeek J. Heterogeneous face recognition with CNNs[C]. Proceedings of the European conference on computer vision, 2016: 483-491.

[37] Reale C, Lee H, Kwon H. Deep heterogeneous face recognition networks based on cross-modal distillation and an equitable distance metric[C]. Proceedings of the IEEE Conference on Computer Vision and Pattern Recognition Workshops. 2017: 32-38.

[38] Wang X, Tang X. Face photo-sketch synthesis and recognition[J]. IEEE Transactions on Pattern Analysis and Machine Intelligence, 2009, 31(11): 1955-1967.

[39] Martínez A, Benavente R. The AR Face Database[J]. CVC Technical Report, 1998: 24.

[40] Messer K, Matas J, Kittler J, et al. XM2VTSDB: The extended XM2VTS

database[C]. Proceedings of the International Conference on Audio and Video-based Biometric Person Authentication, 1999: 965-966.

[41] Zhang W, Wang X, Tang X. Coupled information-theoretic encoding for face photo-sketch recognition[C]. Proceedings of the IEEE Conference on Computer Vision and Pattern Recognition, 2011: 513-520.

[42] Phillips P J, Moon H, Rizvi S A, et al. The FERET evaluation methodology for face-recognition algorithms[J]. IEEE Transactions on Pattern Analysis and Machine Intelligence, 2000, 22(10): 1090-1104.

[43] Klum S J, Han H, Klare B F, et al. The FaceSketchID System: Matching Facial Composites to Mugshots[J]. IEEE Transactions on Information Forensics and Security, 2014, 9(12): 2248-2263.

[44] Han H, Klare B F, Bonnen K, et al. Matching Composite Sketches to Face Photos: A Component-Based Approach[J]. IEEE Transactions on Information Forensics and Security, 2013, 8(1): 191-204.

[45] Bhatt H S, Bharadwaj S, Singh R, et al. Memetically Optimized MCWLD for Matching Sketches With Digital Face Images[J]. IEEE Transactions on Information Forensics and Security, 2012, 7(5): 1522-1535.

[46] Yi D, Lei Z, Liao S, et al. Learning face representation from scratch[J]. Computer Science, 2014.

[47] Klare B, Li Z, Jain A K. Matching Forensic Sketches to Mug Shot Photos[J]. IEEE Transactions on Pattern Analysis and Machine Intelligence, 2011, 33(3): 639-646.

[48] Nomani H, Sondur S. 3D Face Generation from Sketch Using ASM and 3DMM[C]. Proceedings of the IEEE International Conference on Advances in Communication and Computing Technology , 2018: 426-430.

[49] Zhang K, Zhang Z, Li Z, et al. Joint Face Detection and Alignment Using Multitask Cascaded Convolutional Networks[J]. IEEE Signal Processing Letters, 2016, 23(10): 1499-1503.

[50] 张玉倩. 快速鲁棒的人脸画像合成方法研究[D]. 西安: 西安电子科技大学, 2019.

[51] 张声传. 基于稀疏贪婪搜索的人脸画像合成[D]. 西安: 西安电子科技大学, 2016.

[52] 李玉琳. 基于GAN的图像去歧视合成方法的研究[D]. 北京: 北京交通大学, 2019.

[53] 高鹏. 基于深度学习的语义控制图像合成技术研究[D]. 北京: 北京邮电大学, 2019.

[54] Liu Q, Tang X, Jin H, et al. A nonlinear approach for face sketch synthesis and recognition[C]// IEEE Computer Society conference on computer vision and pattern recognition. IEEE, 2005, 1: 1005-1010.

[55] Sharma A R, Devale P R. Face Photo-Sketch Synthesis and Recognition[J]. International Journal of Applied Information Systems, 2012, 1(6): 46-52.

[56] Zhou H, Kuang Z, Wong K Y K. Markov Weight Fields for face sketch synthesis[C]// IEEE Conference on Computer Vision and Pattern Recognition. IEEE, 2012: 1091-1097.

[57] Wang N, Gao X, Tao D, et al. Face Sketch-Photo Synthesis under Multi-dictionary Sparse Representation Framework[C]// International Conference on Image and Graphics. IEEE, 2011: 82-87.

[58] Wang N, Zhu M, Li J, et al. Data-Driven vs. Model-Driven: Fast Face Sketch Synthesis[J]. Neurocomputing, 2017, 257: 214-221.

[59] Chang L, Zhou M, Deng X, et al. Face Sketch Synthesis via Multivariate Output Regression[C]//International Conference on Human-Computer Interaction. Springer, Berlin, Heidelberg, 2011: 555-561.

[60] Zhu M, Wang N. A simple and fast method for face sketch synthesis[C]// In Proceedings of the International Conference on Internet Multimedia Computing and Service, 2016: 168-171.

[61] Zhang L, Lin L, Wu X, et al. End-to-End Photo-Sketch Generation via Fully Convolutional Representation Learning[C]// Proceedings of the 5th ACM on International Conference on Multimedia Retrieval, 2015: 627-634.

[62] Isola P, Zhu J, Zhou T, Efros A A. Image-to-image translation with conditional adversarial networks[C]// In Proceedings of the IEEE Conference on Computer Vision and Pattern Recognition, 2017: 1125-1134.

[63] Bae S, Din N U, Javed K, et al. Efficient Generation of Multiple Sketch Styles Using a Single Network[J]. IEEE Access, 2019, 7: 100666-100674.

[64] Zhang M, Wang R, Gao X. et al. Dual-transfer face sketch–photo synthesis[J].

IEEE Transactions on Image Processing, 2018, 28(2): 642-657.
[65] Wang L, Sindagi V, Patel V. High-quality facial photo-sketch synthesis using multi-adversarial networks[C]// In Proceedings of the IEEE international conference on automatic face & gesture recognition, 2018: 83-90.
[66] Zhang S, Ji R, Hu J, et al. Face sketch synthesis by multidomain adversarial learning[J]. IEEE Transactions on Neural Networks and Learning Systems, 2018, 30(5): 1419-1428.
[67] Zhang M, Wang N, Li Y, et al. Face sketch synthesis from coarse to fine[C]// In Proceedings of the Thirty-Second AAAI Conference on Artificial Intelligence, 2018: 7558-7565.
[68] Wang Z, Bovik A C, Sheikh H R, et al. Image quality assessment: from error visibility to structural similarity[J]. IEEE Transactions on Image Processing, 2004, 13(4): 600-612.
[69] Zhang L, Zhang L, Mou X, et al. FSIM: A Feature Similarity Index for Image Quality Assessment[J]. IEEE Transactions on Image Processing, 2011, 20(8): 2378-2386.
[70] Levin A, Lischinski D, Weiss Y. Colorization using optimization[C]// ACM transactions on graphics (tog). ACM, 2004, 23(3): 689-694.
[71] Heo Y S, Jung H Y. Probabilistic Gaussian similarity-based local colour transfer[J]. Electronics Letters, 2016, 52(13): 1120-1122.
[72] Xiao Y, Wan L, Leung C S, et al. Example-based color transfer for gradient meshes[J]. IEEE Transactions on Multimedia, 2012, 15(3): 549-560.
[73] Qian Y, Liao D, Zhou J. Manifold alignment based color transfer for multiview image stitching[C]// 2013 IEEE International Conference on Image Processing. IEEE, 2013: 1341-1345.
[74] Iizuka S, Simo-Serra E, Ishikawa H. Let there be color!: joint end-to-end learning of global and local image priors for automatic image colorization with simultaneous classification[J]. ACM Transactions on Graphics (TOG), 2016, 35(4): 110.
[75] Larsson G, Maire M, Shakhnarovich G. Learning representations for automatic colorization[C]// European Conference on Computer Vision. Springer, Cham, 2016: 577-593.

[76] Simonyan K, Zisserman A. Very deep convolutional networks for large-scale image recognition[J]. Computer ence, 2014.

[77] Zhang R, Isola P, Efros A A. Colorful image colorization[C]// European conference on computer vision. Springer, Cham, 2016: 649-666.

[78] Zhang R, Zhu J Y, Isola P, et al. Real-Time User-Guided Image Colorization with Learned Deep Priors[J]. Acm Transactions on Graphics, 2017, 36(4): 1-11.

[79] Goodfellow I, Pouget-Abadie J, Mirza M, et al. Generative adversarial nets[C]// Advances in neural information processing systems, 2014: 2672-2680.

[80] Kingma D P, Welling M. Auto-encoding variational bayes[J]. 2013.

[81] Zhu J Y, Park T, Isola P, et al. Unpaired image-to-image translation using cycle-consistent adversarial networks[C]// Proceedings of the IEEE international conference on computer vision, 2017: 2223-2232.

[82] Isola P, Zhu J Y, Zhou T, et al. Image-to-image translation with conditional adversarial networks[C]// Proceedings of the IEEE conference on computer vision and pattern recognition, 2017: 1125-1134.

[83] Harris J L. Diffraction and resolving power[J]. JOSA, 1964, 54(7): 931–936.

[84] Goodman J W. Introduction to Fourier Optics[M]. New York: Mc Graw-Hill, 1968.

[85] Brown H A. Effect of truncation on image enhancement by prolate spheroidal functions[J]. JOSA, 1969, 59(2): 228-229.

[86] Wadaka S, Sato T. Super-resolution in incoherent imaging system[J]. JOSA, 1975, 65(3): 354-355.

[87] Tsai R. Multiframe image restoration and registration[J]. Adv. Comput. Vis. Image Process, 1984, 1(2): 317-339.

[88] Rhee, Seunghyeon, Kang, et al. Discrete cosine transform based regularized high-resolution image reconstruction algorithm[J]. Optical Engineering, 1999,38(8): 1348-1356.

[89] Chappalli M B, Bose N K. Simultaneous noise filtering and super-resolution with second-generation wavelets[J]. IEEE Signal Processing Letters, 2005, 12(11): 772-775.

[90] Ji H, Fermüller, Cornelia. Robust Wavelet-Based Super-Resolution Reconstruction: Theory and Algorithm[J]. IEEE Transactions on Pattern

Analysis & Machine Intelligence, 2009, 31(4): 649-660.
[91] 李建敏. 基于高斯过程回归的图像超分辨重建技术研究[D]. 厦门: 厦门大学, 2015.
[92] 张凯兵. 基于广义稀疏表示的图像超分辨重建方法研究[D]. 西安: 西安电子科技大学, 2012.
[93] Irani M, Peleg S. Improving resolution by image registration[J]. CVGIP: Graphical models and image processing, 1991, 53(3): 231-239.
[94] Elad M, Feuer A. Restoration of a single superresolution image from several blurred, noisy, and undersampled measured images[J]. IEEE Transactions on Image Processing, 1997, 6(12): 1646-1658.
[95] Stark H, Oskoui P. High-resolution image recovery from image-plane arrays, using convex projections[J]. Journal of the Optical Society of America A Optics & Image ence, 1989, 6(11): 1715-1726.
[96] Gribbon K T, Bailey D G. A novel approach to real-time bilinear interpolation[C]. Electronic Design, Test and Applications, 2004: 126-131.
[97] KEYS R. Cubic convolution interpolation for digital image processing[J]. IEEE Transactions on Acoustics, Speech, and Signal Processing, 1981, 29(6): 1153-1160.
[98] Freeman W T, Pasztore C, Charmichael O T. Learninglow-levelvision[J]. International Journal of Computer Vision, 2000, 40(1): 25-47.
[99] Yang J, Wang Z, Lin Z, et al. Coupled dictionary training for image super-resolution[J]. IEEE Transactions on Image Processing, 2012, 21(8): 3467-3478.
[100] Zeyde R, Elad M. On single image scale-up using sparse-representations[C]. Curves and Surfaces, 2012: 711-730.
[101] Huang D A, Wang Y C F. Coupled dictionary and feature space learning with applications to cross-domain image synthesis and recognition[C]. IEEE International Conference on Computer Vision, 2013: 2496-2503.
[102] 范开乾，胡访宇. 基于支持向量回归的图像超分辨率重建算法[J]. 电子技术, 2014, 43(4): 4-7.
[103] Wang Z, Bovik A C, Sheikh H R, et al. Image quality assessment: from error visibility to structural similarity[J]. IEEE Transactions on Image Processing, 2004, 13(4): 600-612.

第 2 章 传统特征提取算法在素描人脸识别上的应用与研究

伴随着计算机科学的快速进步，高运算率和高精确度的计算机不断推陈出新，以数学为基础的人脸技术逐渐迎来了质的飞跃。传统素描人脸识别领域常用的技术包括基于组件的素描人脸匹配[1]、基于线性判别分析的素描人脸识别[2]、基于内核原型相似度的素描人脸识别[3]。传统人脸识别算法包括弹性图匹配[4-6]、PCA 主元分析法[7]、SIFT[8]及多尺度 LBP[9]等。

本章首先在 Surf 算子[10]特征点提取的基础上，介绍一种结合局部特征点邻域圆优化的素描人脸识别方案来描述光学人脸和素描人脸的相似性。Surf 算法能够有效找到两副人脸的关键特征点，并对每一个特征点进行坐标邻域一致性描述，排除相对位置不在同一邻域的特征点，最后统计有效特征点数。这里采用 CUHK 数据库[11]中的素描及光学人脸对算法进行测试，验证算法的有效性。然后针对人脸识别问题，在研究基于张量 Tucker 分解的张量子空间学习模型对人脸图像进行特征提取的基础上建立张量排序，保留判别分析模型（Tensor Rank Preserving Discriminant Analysis，TRPDA）。

本章内容是为合成或者识别提供理论基础，这对于后续的研究具有重要意义。在此基础上逐渐实现算法的优化及发展，并尝试与其他算法相结合，为素描人脸技术领域提出一些更为适用、更具可扩展性、更具实际应用价值的算法。

2.1　传统素描人脸识别算法相关原理

本节主要介绍传统素描人脸识别领域常用的技术及方法，主要包括图像分割和特征提取两部分。2.1.1 节先后介绍了图像分割的两种分割方法：基于人脸组件的分割及基于尺度块的分割，同时也进行了相应的使用拓展分析。关于特征提取，2.1.2 节主要介绍了基于 LBP 的特征提取、基于 Surf 算法的特征提取，同时还简要介绍了基于 HOG[12]算法的特征提取。这些方法是目前图像识别领域十分常用的，而且也具有不错的识别效果。

2.1.1　人脸图像分割算法

1. 基于人脸组件的分割

基于人脸组件的分割，顾名思义，是指将人脸按照各个组件进行分割。根据人脸生物结构将这些组件划分为：一对眼睛、一个鼻子、一张嘴巴、一对眉毛、一幅轮廓，具体的组件分割示意图如图 2.1 所示。本方法主要是通过不同尺度的矩形框进行组件的选取。

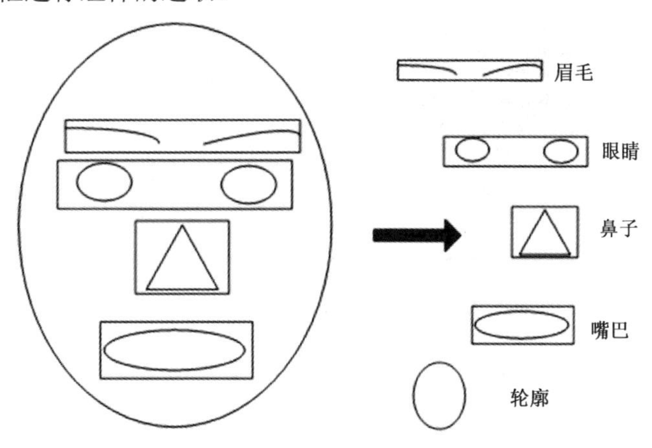

图 2.1　人脸组件分割示意图

作用于实际光学人脸照片，首先利用 ASM（Active Shape Model）或者 AAM（Active Appearance Model）[1]等目标定位算法进行一系列的面部标记，如图 2.2（a）所示，然后用每一个小矩形来覆盖特征部位区域，共 5 个小矩形，如图 2.2（b）所示。其中，矩形的宽度用左右两端的距离（ASM 等定位算法得到的矢量位置）来表示，高度则可以按照固定的比例来实现，当然也可以使用矢量位置行表示。

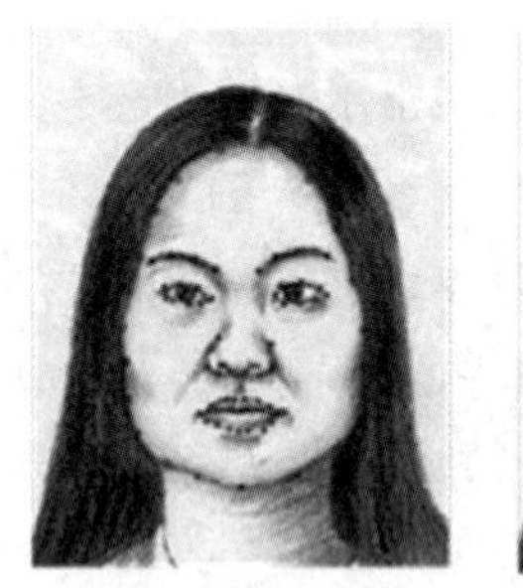

（a）面部标记图

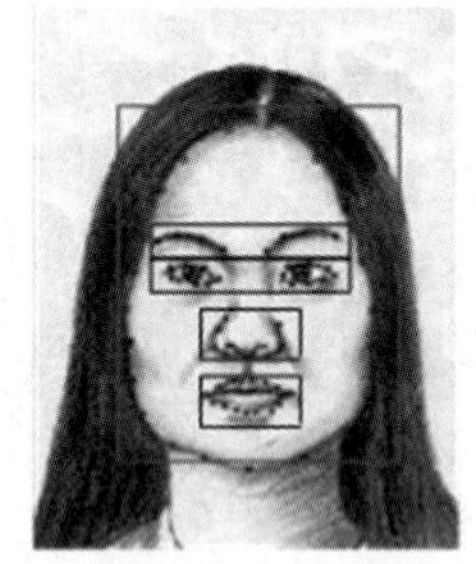

（b）矩形部位选取

图 2.2　矩形框组件选取

分割得到各个组件之后需要进行特征提取，匹配分析等过程。以鼻子部位为例，采用尺度不变的 LBP[2-4]特征来进行局部特征提取，把相应的光学面部组件和相应的素描面部组件分成多块，分别计算各块的相似度，然后把各块相加，得到该组件的相似度，其余人脸的所有组件均按照这个过程进行计算。组件分块的相似度计算示意图如图 2.3 所示。

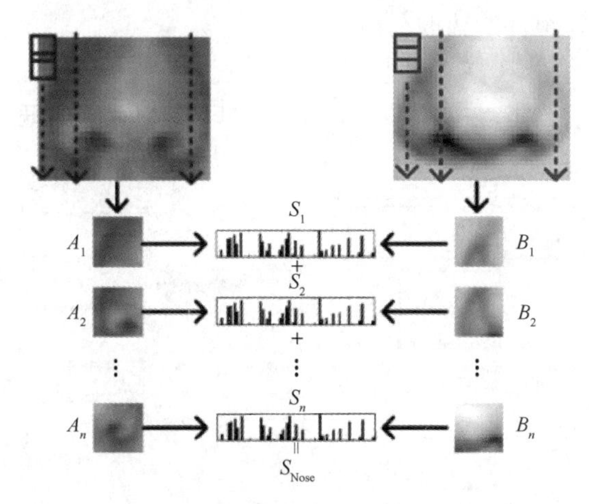

图 2.3　组件分块的相似度计算示意图

图 2.3 中光学人脸照片和素描人脸图像的相似度计算公式如下：

$$S_i = \frac{\sum_{j=1}^{D} \min(H_{A_i}^j, H_{B_i}^j)}{\min\left(\sum_{j=1}^{D} H_{A_i}^j, \sum_{j=1}^{D} H_{B_i}^j\right)} \tag{2.1}$$

式中，S_i 表示相似度，$H_{A_i}^j$、$H_{B_i}^j$ 分别表示各小块的 LBP 直方图特征，D 表示多尺度 LBP 的维度。最后，把所有计算好的各个组件进行相似度的相加获得最终的匹配值。

另外，还有另外一种方法可用于实现识别过程，在以上 ASM 或 AAM 分点及矩形分块选取的基础上对人脸特征进行建模分析，通过纹理走向及相对应的方位角度进行相似度的计算，主要过程如下：

（1）对选择好的样本进行手工特征点标定，手工标定按照以下规则进行：

眼眉部分：每条眼眉各 4 个点，共 8 个点。

眼睛部分：每只眼睛 8 个点，上下各 4 个点，共 16 个点。

鼻子部分：用 4 个点标定，左右各 1 个点，下端 2 个点，共 8 个点。

嘴巴部分：分为上下两层，每层 4 个点，共 8 个点。

脸部轮廓：左右各 3 个点，下巴 2 个点，共 8 个点。

需要注意的是，上述标定规则并非一成不变，可以随意调整标定点数量，以满足不同部件复杂度的需要，只是不同的人脸同一部位标定点数目和位置要相同。从上述标定过程得到形状 $\boldsymbol{S}$，$\boldsymbol{S}$ 由一副人脸的 48 个特征点构成。

$$\boldsymbol{S} = (d_1, d_2, d_3, \cdots, d_{48}) \tag{2.2}$$

（2）对形状 $\boldsymbol{S}$ 归一化，并进行 PCA 变换，求得训练集中的平均人脸形状 $\boldsymbol{S}_0$ 和前 m 个特征值对应的形状特征向量 $\boldsymbol{S}_i'$，这样任意形状 $\boldsymbol{S}$ 就可以用一个线性方程进行表达

$$\boldsymbol{S} = \boldsymbol{S}_0 + \sum_{i=1}^{m} p_i \boldsymbol{S}_i' \tag{2.3}$$

（3）按照上述标定方式得到所有图像的人脸特征点的标定，对各标定点按照特定顺序进行编号，上述规则共标定 48 个点，故编号表示为 1～48。

具体的方位角度向量及相似度的计算过程如下：

（1）按照上述标定规则，以眉毛为例，在任一标定点所在的小邻域内用曲线拟合眉毛走向，再以标定点为中心点作水平线及切线，如图 2.4 所示。

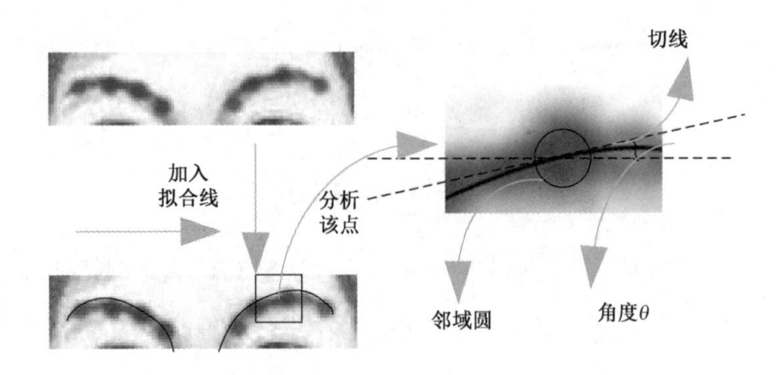

图 2.4　标定点角度方位示例

求得拟合曲线的切线和水平线之间的一个角度值，这里使用单侧角度，因为拟合线的另一个角度可以由上一个标定点决定，将该角度值命名为方位角度，由这些角度组成一个方位角度向量$\boldsymbol{\theta}$：

$$\boldsymbol{\theta}=[\theta_1,\theta_2,\cdots,\theta_8] \tag{2.4}$$

（2）按照上述过程实现对所有标定点纹理走向的角度标定，可以用这些标定的角度值完整表示一个人的面部部位特征，再将五大部位进行组合，最后得到由所有点组成的标定点角度的人脸五官数阵$\boldsymbol{F}_n$，n为总数阵数，以数阵$\boldsymbol{F}_n$来表征整个人脸。

$$\boldsymbol{F}_n=\begin{bmatrix}\theta_1,\theta_2,\cdots,\theta_8 \\ \theta_9,\theta_{10},\cdots,\theta_{24} \\ \theta_{25},\theta_{26},\cdots,\theta_{32} \\ \theta_{33},\theta_{34},\cdots,\theta_{40} \\ \theta_{41},\theta_{42},\cdots,\theta_{48}\end{bmatrix} \tag{2.5}$$

由于各部位标定点数量可以根据需要进行随意调整，因此构成的人脸数阵并不是完整意义上的矩阵，上述数阵的每一行代表一个人脸部位。

（3）按照部位计算 cos 相似度关系。

以眉毛为例，设待检测图像眉毛部位为y，库中素描人脸眉毛部位为x^n，n为库中人脸数。按照上述标定规则，每一张人脸眉毛部位（包括光学人脸照片和素描人脸图像）都应该得到一个 8 维的方位向量$\boldsymbol{\theta}_i^y$和$\boldsymbol{\theta}_i^x$，$i=1,2,\cdots,8$，包括光学图像的眉部向量和所有库中的素描图像的眉部向量。对于单幅图像，计算每个相对应点的cos值，最终眼眉部分可以得到8个0～1的值x_i，$i=1,2,\cdots,8$。很明显，两角度差的 cos 值 Value 越大，越接近于 1，效果就越好。

$$\text{Value}[i]=\cos(\boldsymbol{\theta}_i^y-\boldsymbol{\theta}_i^x)，\ i=1,2,\cdots,8 \tag{2.6}$$

根据相似度 $i=1,2,\cdots,8$ 的 8 个数值 Value，得到待检测人脸和库中所有素描人脸眉毛变化的几个总余弦值序列，并以此方式计算其余部位的余弦值序列。

（4）计算各部位序列的波动特征值，该特征越小相似度越高。

波动特征的求法：数值 1 减去某序列的每一个数值，然后求和，得到 n 个波动特征值。

$$\mathrm{Sum}[n]=\sum_{i=1}^{8}[1-\mathrm{Value}(i)]_n \tag{2.7}$$

对上述波动特征值序列 $\mathrm{Sum}[n]$ 进行排序，得到最优序列顺序 $\mathrm{Optimal}[n]$，以识别出匹配度较高的素描人脸图像

$$\mathrm{Optimal}[n]=\mathrm{Sort}(\mathrm{Sum}[n]) \tag{2.8}$$

（5）部件融合。

为了得到更为优秀的识别图像，可采用部件融合的方式。所谓部件融合，就是对上述五大部件中的其中几个（2～5 个）求总的波动特征，验证识别效果，得出最终由几个部位参加时识别效果最好。

2. 基于尺度块的分割

在预处理阶段，对全部训练集及测试集的光学人脸照片和素描人脸图像已进行几何归一化。以人的双眼为基准，即把全部的人脸眼部都放置在固定位置，这里的训练集是由若干光学素描人脸对组成的，测试集则只有光学人脸照片。另外，若是彩色人脸，还需要进行灰度图的转化，把彩色人脸转化为灰度人脸。之后，对训练集和测试集的所有照片进行分块处理，这里假设测试集某一人脸的某光学块与训练集中某人脸相应位置的光学块相似度较为理想，则认为它也与该人脸相对应的素描块相似度较为符合。常用的分块组合为 3×3、4×4 或者 5×5。对于素描人脸合成技术来说，为了避免人脸马赛克现象，常采用更为精细的分块组合，但也要考虑合成的速度，若分块过为精细则显得没有实际意义，这里以 5×5 分块为例，对 Feret[13]数据库中的人脸进行分块，效果如图 2.5 所示。

另外，上述所论皆为单一尺度的分块，这种分块在某些情况下具有一定的局限性。例如，要单独研究人脸的某一部位时就需要对该部位进行更为精细的分块，以保证获取更为详细的信息，这时经常采用金字塔式[6,14]的多尺度分块方法。3 层金字塔结构表示如图 2.6 所示，分层组合从上至下依次是 1×1、2×2 及 4×4，即最后一层为 16 块。

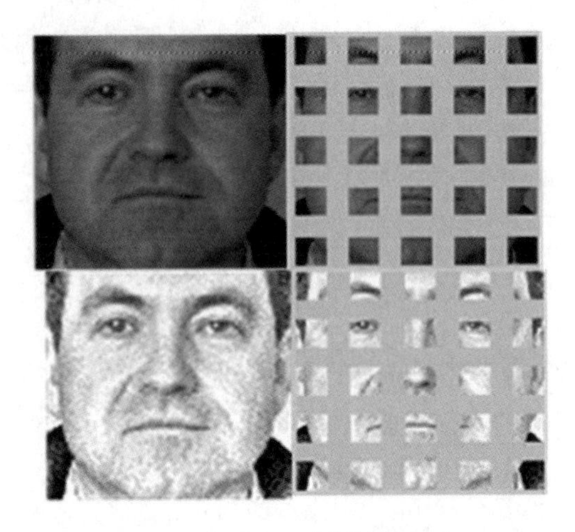

图 2.5　普通 5×5 分块效果展示

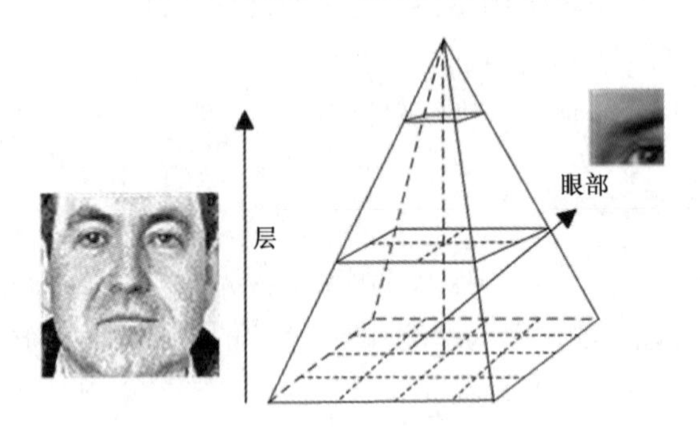

图 2.6　3 层金字塔结构

图 2.6 所展示的情况，以人脸的面颊块及人眼部块为例进行分析。很显然，人的眼部特征较为复杂，需要进行极为细致的分块；然而，人脸的面颊部位几乎不存在特定的纹理信息，仍然进行细致分块则显得冗余。为此，可以使用自适应的分块组合，即对复杂部位自动进行细致再分块，对于简单部位则保留原块，无须再细分，这种分块方式称为自适应的金字塔分块。

2.1.2　人脸特征提取算法

1. 基于 LBP 的特征提取

局部二值模式（Local Binary Pattern，LBP)是由芬兰奥鲁大学的 OjalaT 教授在 1996 年提出的，并被用于图像处理领域，实现对纹理局部特征的刻画，之后便被应用于人脸识别领域，并衍生出许多改进的 LBP 算法，如 MLBP 等。

基本的 LBP 描述子是一个 3×3 的矩阵，以矩阵中间元素的值作为判定阈值，和其周围的另外 8 个像素点进行判别比较，若是比中间元素大则设为 1，若是比中间元素小则设为 0。以图像的像素点 (x, y) 为例，公式表示如下：

$$\mathrm{LBP}_{p,R}(x, y) = \sum_{p=0}^{P-1} 2^{p} \,\mathrm{sign}\left[I(x_p, y_p) - I(x, y)\right] \tag{2.9}$$

式中，(x_p, y_p) 是和 (x, y) 相邻的 p 个像素点中的一个，R 表示尺度。另外，sign(.) 函数被定义为

$$f(x,y)=\begin{cases}1 \quad , & d>0 \\ 0 \quad , & \text{其他}\end{cases} \tag{2.10}$$

除中心元素之外的九宫格内的其余 8 个像素值点经上述判别比较可生成一个 8 位二进制数序列（一般将其转换成 10 进制数即所谓的 LBP 码，该码共 256 种），如此便可以获得该九宫格内中心元素（像素点）的 LBP 值，并以此来刻画该矩形框纹理特征，如图 2.7（a）所示。

如图 2.7（a）所示，按照某一指定顺序读取二进制数，则 LBP 的值为 $(10100110)_2 = 166$。原图像和得到的 LBP 图像对比如图 2.7（b）所示。

56	20	34
128	22	12
6	13	78

→ 阈值

1	0	1
1		0
0	0	1

（a）基本 LBP 算子

（b）原图像和 LBP 图像对比

图 2.7　LBP 算子及图像对比

通常若使用 LBP 描述子来获取人脸特征，则一般需要和上文所描述的图像分块相结合，如此对各个人脸块进行 LBP 直方图特征提取，最后将获得的所有块的直方图特征进行组合，形成整体的人脸特征描述符进行人脸识别，具体过程如下：

（1）首先对检测窗口进行分割，一般根据图像的大小不同采用不同的尺寸，以 16 像素×16 像素为例，对一幅 80 像素×80 像素的光学人脸照片则需要进行 5×5=25 块分割。

（2）对每个小尺度块中的每一个像素点，按照图 2.7 所示规律进行灰度值的比较，确定该像素点的 LBP 值。

（3）之后逐个统计小区域块的 LBP 特征值，即这种 LBP 值出现的频率，并对其直方图进行必要的归一化处理。

（4）最后对每个尺度块得到的直方图进行组合链接，形成一个独立的特征向量，此时也就得到完整人脸图像的特征向量，上述步骤的具体过程如图 2.8 所示。

此时，对待检测的素描人脸图像和图像库中的图像进行上述步骤的运算，得到目标特征向量和待比较特征向量，使用向量间的运算关系，便可轻易计算出相似度的大小，然后按照一定的顺序即可完成识别过程。

2. 基于 Surf 算法的特征提取

快速鲁棒特征（Speed-up robust features，Surf）算法由 Bay 等人[15]在 2008 年最先提出，它的主要应用领域是计算机视觉领域的人脸验证或识别及 3D 重构[16-19]。Surf 算子是由尺度不变特征变换（Scale-invariant feature transform，Sift）算子[20-22]改进而来的，但是又不同于传统的 Sift 算法。就理论分析而言，一般的 Surf 特征描述子的运算速度是要超前 Sift 特征算子的，而且相比于其他算法也具有相当高的鲁棒性。Surf 算子最主要的特性在于 Haar 特征[23]及积分特征 Integral image[24]的使用，这极大提升了程序的运算速度，下面简单介绍 Surf 算法的特征提取过程。

（1）将二维图像转化为 Hessian 矩阵。

以图像像素作为二元构造函数，则其通过二阶标准高斯滤波器后对应的图像 $L(x,y,\sigma)$ 为

$$L(x,y,\sigma)=I(x,y)G(x,y,\sigma) \tag{2.11}$$

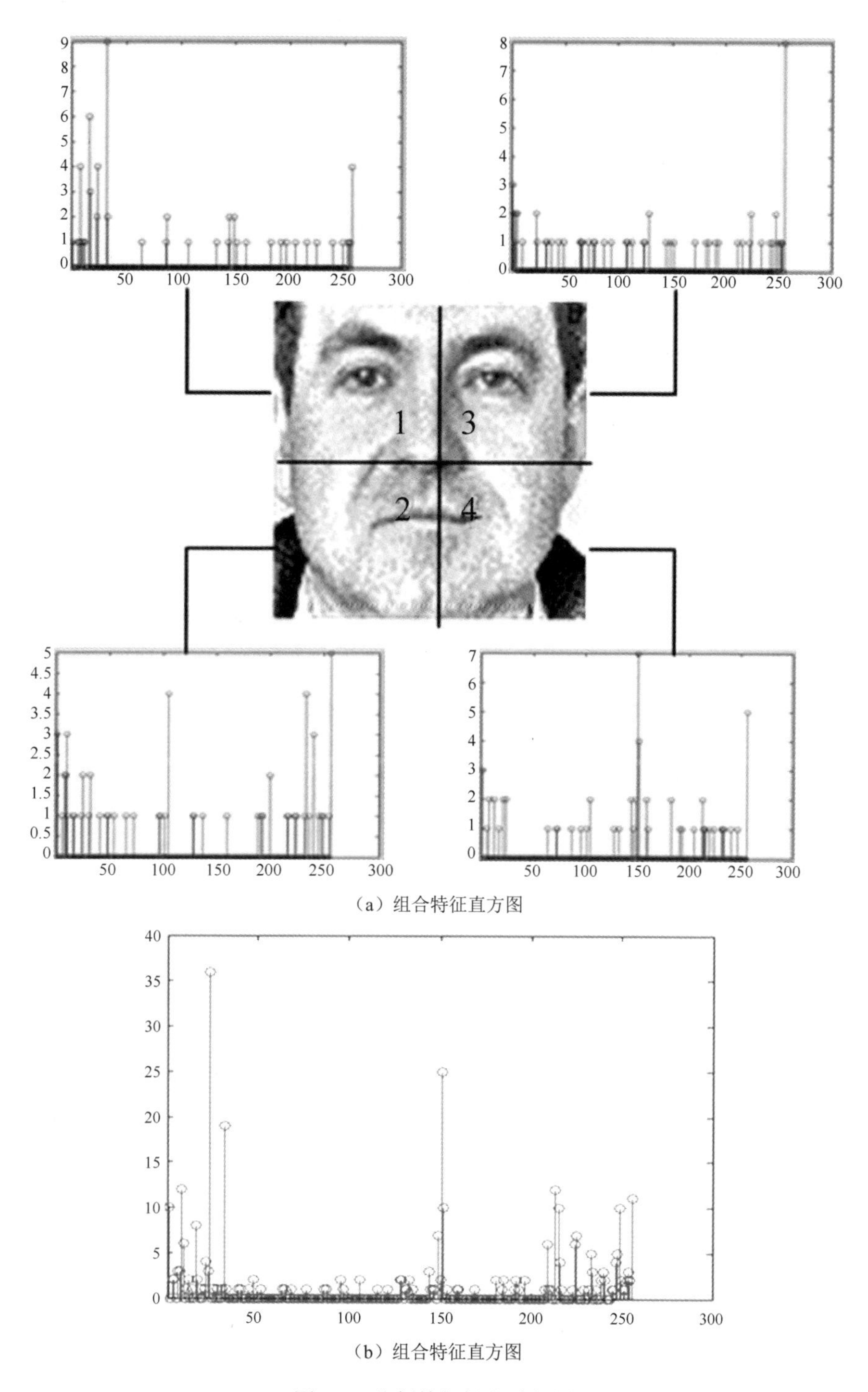

（a）组合特征直方图

（b）组合特征直方图

图 2.8　分割特征提取过程图

对图像 $L(x,y,\sigma)$ 求二阶偏导数便可获得 $\boldsymbol{H}$ 矩阵

$$\boldsymbol{H}(x,\sigma)=\begin{bmatrix} L_{xx}(x,\sigma)L_{xy}(x,\sigma) \\ L_{xy}(x,\sigma)L_{yy}(x,\sigma) \end{bmatrix} \tag{2.12}$$

（2）构建尺度空间。

就计算机视觉而言，尺度空间的概念是通过图像金字塔模型的转换来描述的。Surf 描述子增添了人脸图像核的尺度，并实现了对尺度空间多个图层并行处理，并完全放弃了对图像采取的重复抽样，因此效率得到了提升。

（3）精确定位特征点。

此过程是检测过程，其主要方法是采用与该图层解析度相匹配的滤波器。下面以 3×3 的滤波器为例，可以得到某尺度层图像的 9 个特征点，选择其中一个和剩余的 8 个及相邻层的 9×2 个特征点比较，形成 1 对 26 的精确定位，如图 2.9 所示。

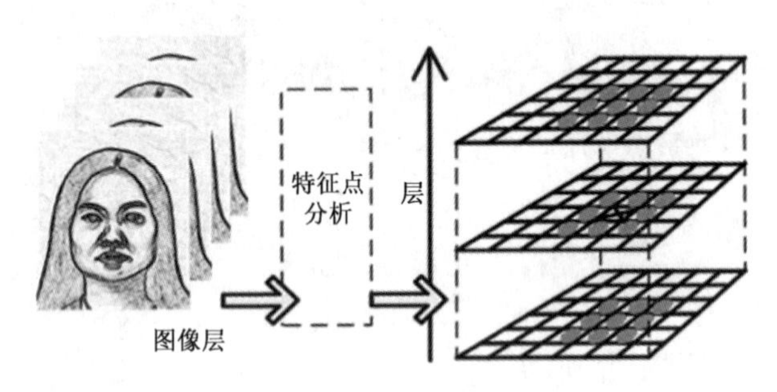

图 2.9　尺度层图像解析

（4）为特征点分配方向值。

鉴于自身具有的旋转不变特性，该算法并不计算其总体的直方图特征，而是对上述粗特征点邻域内 Haar 小波特征进行计算。具体方法是将该粗点作为中心元素，在直径为 12×S（中心元素所处位置的尺度）的邻域圆内，对占有六分之一邻域圆的所有粗特征点在两个方向上求总的 Haar 响应，这里的两个方向指的是直角坐标系的 x 和 y 方向。然后为其附加权重，其作用是度量随着离粗特征点距离的变化所提供的贡献大小，远者小，近者大。之后，对该范围内的所有响应进行求和得到新的目标向量，以此统计分析整个邻域圆，确定该粗特征点的主方向。一般来讲，所选取的为最长矢量所指方向。

（5）生成 Surf 特征点描述子。

生成 Surf 特征点描述子，常按照以下步骤进行：

① 围绕特征点设置一边长为 20×S 矩形框（多为方形，便于计算。这里 S 如第（4）步），该矩形的方向为上述分配的方向值，即主方向（最长矢量所指方向）；

② 对该矩形框进行分割，得到 4×4 个子块，则每个子块的像素为 5×5=25，对所有子块的 25×16 个像素在沿主方向和垂直主方向上求 Haar 小波特征；

③ 该特征即在水平方向上求和，以及在垂直方向上求和，得到图 2.10 所示的 4 个值。

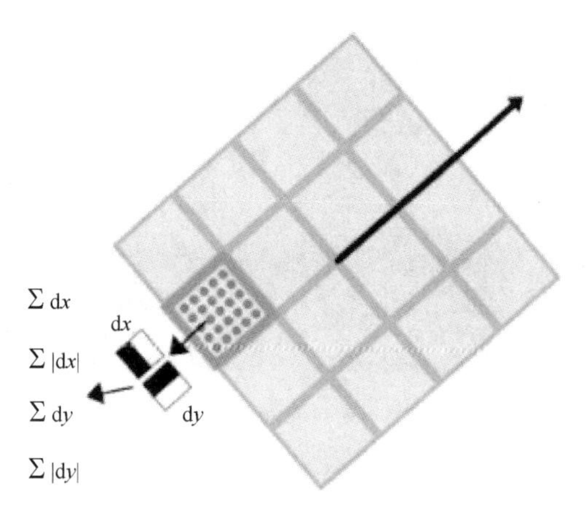

图 2.10　Surf 特征点描述子

上述单个子块有 4 个值，该矩形区域共 16 个子块，故而向量维数为 16×4=64 维，而传统的 Sift 算法维数为 128 维，因此 Surf 算法的运算效率是要优于 Sift 算法的。

这里有必要说明一下 Sift 特征描述子的生成过程。

按照图 2.11 所示，以特征点为中心，取 16×16 的像素块作为采样区域。把这个 16×16 的像素区域以 4×4 大小的像素块划分子块，可以得到 16 个子块，对于每个子块中的所有像素计算其在图 2.11 右侧所示的 8 个方向上的直方图，所以一个子块便可生成一个 8 维向量，共 16 个子块，故而得到一个 128 维的向量，这个向量即为 Sift 的特征向量。

此外，Sift/Surf 算法一般来说多用于人脸验证方面，而人脸识别和人脸验证一样，均为人脸图像处理领域的一个分支，仍然可以使用上述算法进行匹配识别，效果如图 2.12 所示。

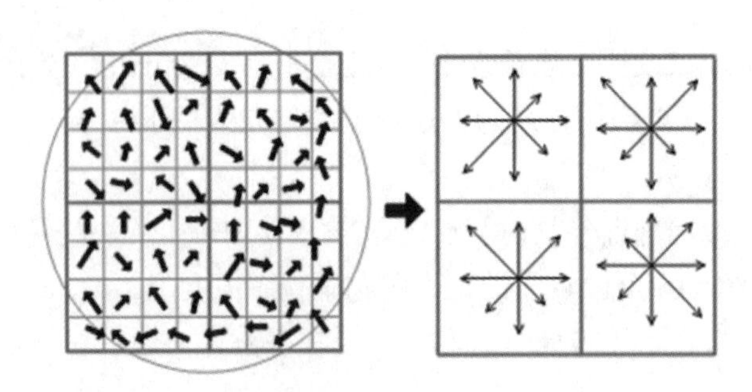

图 2.11　特征点描述子生成

图 2.12　Surf 匹配效果图示例

从图 2.12 可以看出，该算法的匹配效果优秀，能够获取到许多特征点，并且上图仅有一条匹配线出现错误，事实证明，该算法是可以使用在图像识别领域的。

3. 基于 HOG 算法的特征提取

除以上所描述的特征提取算法之外，方向梯度直方图（Histogram of Oriented Gradient，HOG）特征自 2005 年由法国研究者 Dalal 等人[25]提出之后，便被计算机视觉和图像处理领域广泛使用，其主要用来进行目标物体检测和跟踪。

该算法的本质是统计目标表象及形状的边缘梯度，来计算和统计图像局部区域的梯度方向直方图，其常和支持向量机（Support Vector Machine，SVM）分类器[26]相结合应用于图像识别。下面简单描述 HOG 算法实现特征提取的过程。

（1）确定需要 HOG 特征提取的目标图像或者扫描窗口，这里设为 Image；并对其进行相应的灰度化处理。

（2）采用一定的图像配准算法（如 Gamma 校正法）对输入的 Image 进行颜色标准化，调整人脸 Image 的对比度，降低图像由于自身的因素（如光照影响或阴影等）所造成的影响，且可以削弱噪声的干扰。

（3）对图像的每个像素进行梯度方向及模值计算，捕获图像的轮廓信息，更进一步弱化噪声干扰。

（4）对图像进行小 cell 单元块的划分，这里设置为 6×6 像素/cell 块，并统计每个 cell 块的梯度直方图，便得到每个 cell 块的特征描述子。

（5）组合相应的 block 块，即将相同数量的 cell 块进行组合形成 block 块，这里取 3×3 个 cell/block，同时将其包括在内的特征描述符进行串联得到整个 block 的特征描述子。

（6）按照第一步的思路，再将所有的 block 块及其特征描述子进行串联，得到整幅图像的 HOG 特征描述子，便可直接用此特征向量来进行相应的分类识别处理。

上述步骤的具体流程图如图 2.13 所示。

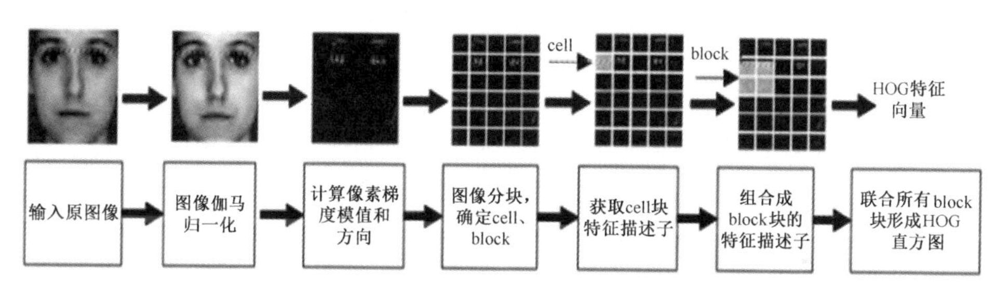

图 2.13　HOG 特征直方图获取流程图

与其他类型的特征描述算法相比，本算法是在图像局部区域进行的特征提取，可以极大限度缩小图像噪声带来的影响。通过上述流程也可看出，该算法可多次进行 cell 分割，从而得到非常优秀的 HOG 梯度特征描述子，实现图像检测识别。

2.2　基于 Surf 匹配坐标邻域优化的素描人脸识别

对于素描人脸识别技术，在 Surf 算子特征点提取的基础上，这里介绍一种结合局部特征点邻域圆优化的素描人脸识别方案。根据素描人脸识别具有异质性的特点，采用伪素描转化的方式，并用 Surf 算法提取伪素描图像对的特征点。

对经过提取后的伪素描特征点进行基于局部特征点的坐标邻域一致性优化，排除坐标邻域相对位置不一致的特征点，最后统计伪素描图像对的有效特征点数，设定有效的阈值范围，实现素描人脸识别的目的。实验结果表明，相比于其他一些算法，本节方法对小样本、少量特征点的处理更为优秀，且识别率也更高。

2.2.1 Surf 匹配

人脸库中的图像多为 RGB 图像，这类 RGB 图像的本质是一个三维数组，其像素点皆可由图像的 R、G、B 三个分量表示。因此基于这种情况，则可以省去灰度化的过程直接进行伪素描生成的矢量运算。

这里设 $\boldsymbol{r}$、$\boldsymbol{g}$ 和 $\boldsymbol{b}$ 是 RGB 彩色空间沿 R、G、B 轴的单位矢量，定义如下：

$$\boldsymbol{u}=\frac{\partial R}{\partial x}\boldsymbol{r}+\frac{\partial G}{\partial x}\boldsymbol{g}+\frac{\partial B}{\partial x}\boldsymbol{b} \tag{2.13}$$

$$\boldsymbol{v}=\frac{\partial R}{\partial y}\boldsymbol{r}+\frac{\partial G}{\partial y}\boldsymbol{g}+\frac{\partial B}{\partial y}\boldsymbol{b} \tag{2.14}$$

由式（2.13）和式（2.14），根据矢量点积运算，得

$$\begin{aligned} g_{xx}&=\boldsymbol{u}\cdot\boldsymbol{u} \\ g_{yy}&=\boldsymbol{v}\cdot\boldsymbol{v} \\ g_{xy}&=\boldsymbol{u}\cdot\boldsymbol{v} \end{aligned} \tag{2.15}$$

通过式（2.15）可以确定最大变化率方向

$$\theta(x,y)=\frac{1}{2}\tan^{-1}\left(\frac{2g_{xy}}{g_{xx}-g_{yy}}\right) \tag{2.16}$$

且在该方向上，变化率的值（如梯度值）便可由下面公式求得

$$F_{\theta}(x,y)=\left\{\frac{1}{2}\left|(g_{xx}+g_{xy})+(g_{xx}-g_{xy})\cos 2\theta(x,y)+2g_{xy}\sin 2\theta(x,y)\right|\right\}^{\frac{1}{2}} \tag{2.17}$$

这是对整个 RGB 图像进行的描述，另外结合边缘检测便可以得到只针对重要人脸轮廓部位的梯度值图。以 CUHK 数据库中人脸为例，RGB 人脸图像经过上述边缘梯度增强运算得到伪素描图（以 RS 表示，对应的数据库为 RS 库），如图 2.14 所示。

基于原始素描的伪素描生成，顾名思义，就是把画家作品通过一定的算法转换为类似于原作品的伪素描作品。这里不同于 RGB 图像，而是利用已有的素

描人脸图像直接得到。具体过程为：对素描人脸图像采用 Canny 算子[27]进行梯度边缘检测，之后对检测完毕的图像运用像素减法，从而得到伪素描图像。转化结果如图 2.15 所示，第一行为原始素描，第二行为 Canny 检测图像，第三行为结合像素减法的伪素描图（以 OS 表示，对应的数据库为 OS 库）。

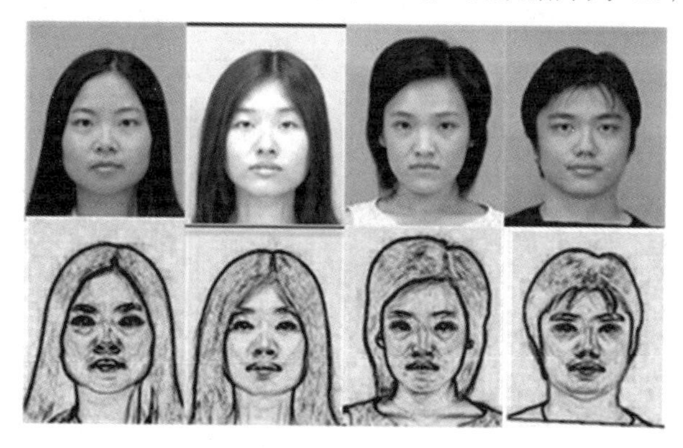

图 2.14　RGB 人脸图像及其转化后的伪素描图

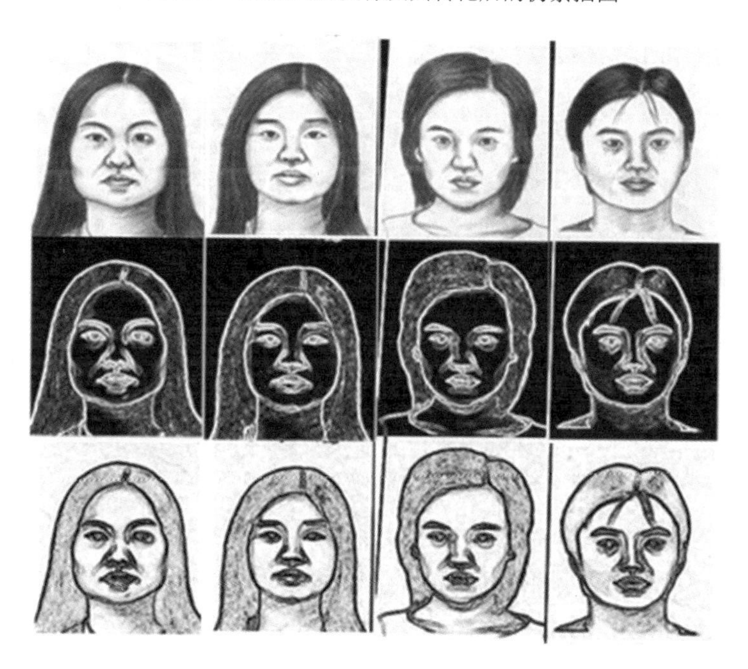

图 2.15　基于原始素描的伪素描图像

这里，对 RS 库和 OS 库中的相同人脸采用 Surf 算法进行特征点提取的效果并不理想，原因是伪素描图像存在纹理模糊、噪点较多等问题。因此，针对这种现象，需要采用滤波法对图像进行必要的预处理。

这里使用 3 种常见滤波器，分别为高斯滤波器、中值滤波器和 Dog（Different of Gaussian）滤波器[28]进行处理，对比图如图 2.16 所示。

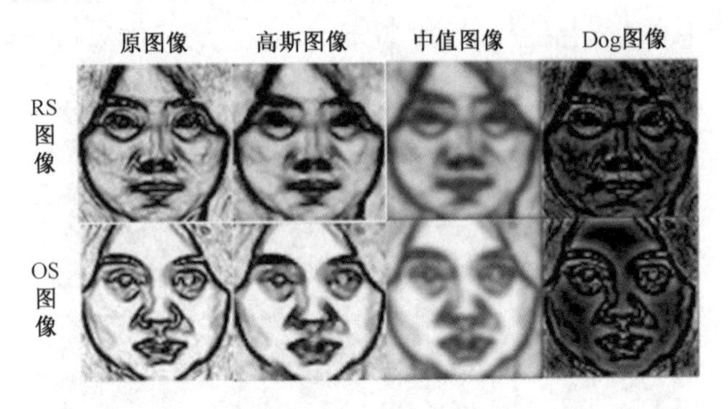

图 2.16　滤波器分析

如图 2.16 所示，高斯滤波器相较于其他两种滤波器的滤波效果较为明显，因此以后的匹配识别实验均采用高斯滤波器进行处理。将相同人的 RS 图像和 OS 图像使用 Surf 算法提取特征点对，得到实验结果如图 2.17 所示。

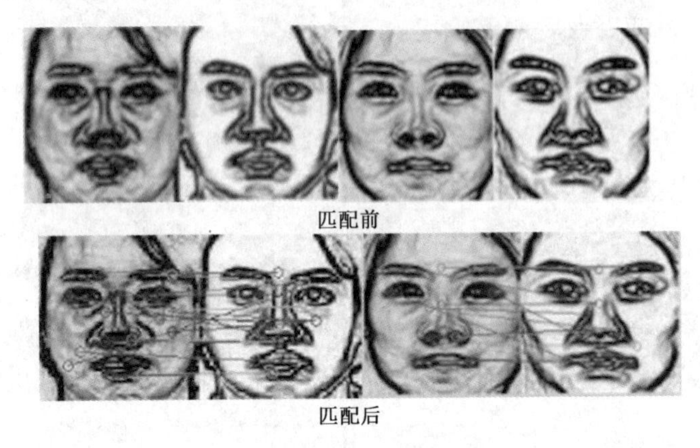

图 2.17　两类伪素描匹配示例

对图 2.17 进行分析可得出以下两条结论：①从丰富的匹配点对可以看出 Surf 算法确实达到了较为优秀的匹配结果，这也体现了该算法在素描识别领域的有效性；②由图 2.17 也能轻易地发现，众多的匹配点并不像想象中的那么令人满意，仍然存在着匹配明显错误的情况，即在两个特征点的坐标位置明显不对应的情况下也出现了成对的匹配点，这是由于画家为了追求艺术效果在进行素描绘画时突出或者削弱某些人脸信息所造成的，这类情况将明显影响人脸识别的准确率，大大缩小 Surf 算法的使用范围。

2.2.2　坐标邻域优化

对于图 2.17 中出现的问题，一般是使用图像分块的方法进行处理，虽然这种方法能够解决上述问题，但是其常伴随着特征点遗漏及无意义判决，即在某一个分块上存在两个以上的特征点时容易出现遗漏或对不存在特征点的分块仍要进行判决。

针对这种情况，提出一种基于 Surf 匹配的局部特征坐标邻域优化算法，它能够很好地解决上述问题，并提高了效率，这里将重点描述坐标邻域优化是如何进行优化筛选的，其步骤如下：

（1）以 OS 库中的任一图像 Img1 为目标图像，获取 Img1 的所有 Surf 特征点位置图，如图 2.18（a）所示，设其中一点的坐标为 (x_i, y_i)，则 Img1 的特征点位置图表示为

$$f_{\text{Img1}} = [(x_1, y_1), \cdots, (x_{n-1}, y_{n-1}), (x_n, y_n)] \tag{2.18}$$

式中，$i = 1, 2, \cdots, n$，n 表示 Img1 的特征点数量，同理，RS 库中其中一幅（设为第 m 幅）与 Img1 匹配的图像表示为

$$f_m = [(x'_1, y'_1), \cdots, (x'_{n-1}, y'_{n-1}), (x'_n, y'_n)]_m \tag{2.19}$$

坐标 (x'_i, y'_i) 是坐标 (x_i, y_i) 的对应匹配点。其中一对特征点位置图示意如图 2.18 所示。

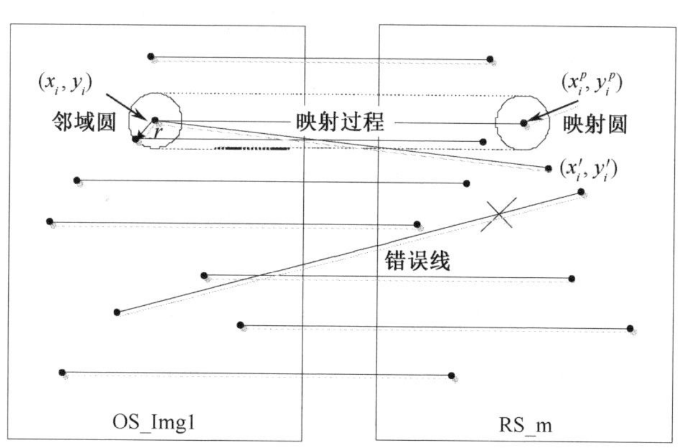

（a）Img1 和第 m 幅图像的特征点位置图谱示意

图 2.18　特征点图谱示意

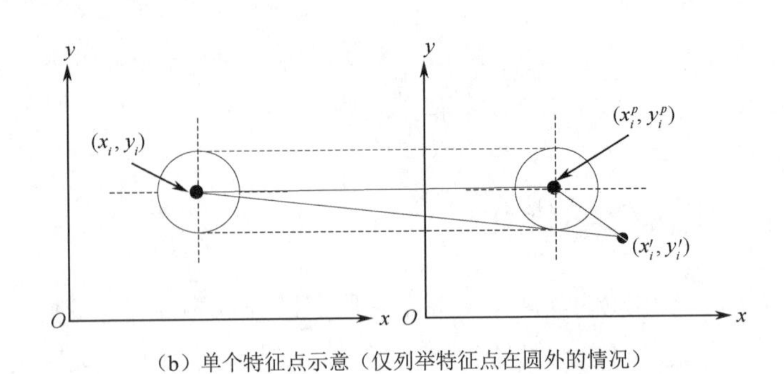

（b）单个特征点示意（仅列举特征点在圆外的情况）

图 2.18　特征点图谱示意（续）

（2）为 Img1 的每个特征点创建特征邻域圆，以该特征点为中心，以到离最邻近特征点的距离 r 为半径做邻域圆 C_i，以点(x_i,y_i)为例，已在图 2.18（a）标出。图 2.18 中的虚线框表示从 Img1 到第 m 幅图像特征点的映射过程，用 p 表示，得到的是与之完全相同的映射圆，故所有映射点组成的位置图表示为

$$f_m = [(x_1^p, y_1^p), \cdots, (x_i^p, y_i^p), \cdots, (x_n^p, y_n^p)]_m \tag{2.20}$$

（3）判断 Img1 和第 m 幅图像特征点位置的邻域一致性。图 2.18（a）中打叉标识的特征点邻域位置明显不同，故移除。第 m 幅图像特征点所描述的邻域圆 $\boldsymbol{C}$ 集表示为

$$\boldsymbol{C} = [C_1, C_2, \cdots, C_i, \cdots, C_n] \tag{2.21}$$

n 个特征点判决过程如下：

判决过程　　　　For $i = 1 : n$，num_s = 0
①计算 Img1 上任意点 (x_i, y_i) 与第 m 幅图像的对应点 (x', y') 和映射点 (x_i^p, y_i^p) 之间的距离：　$\text{val} = \lvert (x_i', y_i') - (x_i^p, y_i^p) \rvert$ ② 判断该点的可用性，如图 2.18（b）所示。 $\text{val} - r_i = 0$，判定该点 (x_i', y_i') 在圆 C_i 上； $\text{val} - r_i < 0$，判定该点 (x_i', y_i') 在圆 C_i 内； $\text{val} - r_i > 0$，判定该点 (x_i', y_i') 在圆 C_i 外。 ③ 若前两种情况满足，则认为该点有效，这时，num_s = num_s + 1 若第 3 种情况满足，这时，num_s = num_s 记录第 m 幅图的索引 m，及可用点总数 num_s End

（4）对 RS 库中 N 幅人脸伪素描采用上述判决处理，按照可用点数量统计排列，如下：

$$\mathrm{Opt}[\boldsymbol{S}_{\mathrm{num\_s}},\boldsymbol{I}]=\mathrm{sort}(\mathrm{num\_s}_{[1,2,\cdots,N]}) \tag{2.22}$$

式中，$\boldsymbol{S}_{\mathrm{num\_s}}$ 是排列后的 N 维数组，$\boldsymbol{I}$ 为每个数组元素所对应的人脸图。

（5）对于不同图像相同特征点数进行处理。

由于（4）中的统计排序可能会出现不同人脸具有相同特征点数的情况，针对这类问题，对每个图像使用坐标邻域优化，并取所有点到圆心（映射点）的距离之和来约束，其值越小越优秀，具体表示如下：

$$s=\sum_{i=1}^{n}\mathrm{val}=\sum_{i=1}^{n}|(x_i',y_i')-(x_i^p,y_i^p)| \tag{2.23}$$

本算法有效解决了常用的位置特征出现的弊端，采用数量特征并将其转化为映射的局部特征邻域圆，有效提高了效率。

2.2.3　识别过程

按照 2.2.2 节所述的算法过程进行匹配识别，并采用坐标邻域一致性进行优化处理，具体步骤如下：

（1）设输入需要识别的 OS 库中图像为 Img，备选图像库 RS 的数量为 N，其中第 m 幅图像用 X_m 表示，$m=1,2,\cdots,N$。

（2）进行 Surf 匹配，Img 和 RS 库之间形成 N 对匹配图像。

（3）取其中一对，这里为 Img 和 X_m，得到其 3 类特征点 (x_i,y_i)、(x_i',y_i')、(x_i^p,y_i^p)。

（4）确定各点邻域圆对应关系，统计各点的可用性，进行位置和数量的融合，进行取整运算

$$\begin{cases}\mathrm{val}-r_i\leqslant 0\\ \mathrm{num\_s}=\sum_{i=1}^{n}\{\lfloor[\mathrm{val}-r_i]\rfloor+1\}\end{cases} \tag{2.24}$$

式中，num_s 为可用特征点总数。

（5）对这 M 幅图像统计排序，并采用式（2.23）进行约束，取最优值并完成识别过程，具体实现流程图如图 2.19 所示。

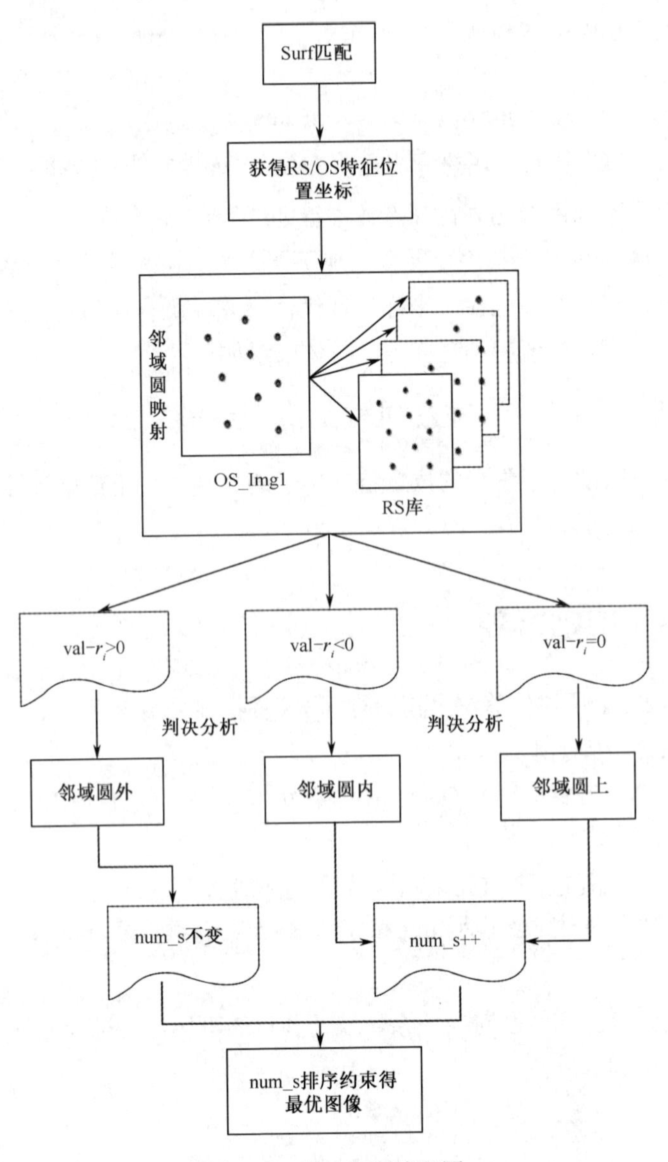

图 2.19　算法识别流程图

2.2.4　实验结果与分析

1. 数据库和参数设置

本实验使用的数据人脸均来自 CUHK 数据库，其中包含 188 个样本，每个样本都是由一对 RGB 光学人脸照片和画家原素描人脸图像组成。本实验使用该数据库作为训练集和测试集。本算法对库中的样本采用伪素描生成过程得到对应的伪素描人脸图像。

本实验参数设置如下所述：实验采用 188 个样本，先对所有样本特征数量进行参数设置，设置特征数量为 0～70，讨论特征点数量对结果的影响；设置识别级别为 1～10 用以讨论不同识别级别对结果的影响；设置不同的素描风格用以讨论素描风格对结果的影响；特征设置为 Surf 特征、Sift 特征，可以清楚比较两种特征的不同；优化过程设置为分块优化、分点优化用以观察二者的结果比较。

2. 消融实验

1）特征点对的数量对结果的影响

本算法不需要复杂的训练过程，只要确定哪类伪素描作为输入，哪类伪素描作为模板即可。本实验采用 188 幅原素描伪素描人脸作为模板输入，其中的每一幅对应另外的 188 幅 RGB 伪素描人脸图像，并为每一幅对应伪素描进行 $1,2,\cdots,N$ 编号，这里 N=188，匹配过程示意图如图 2.20 所示。

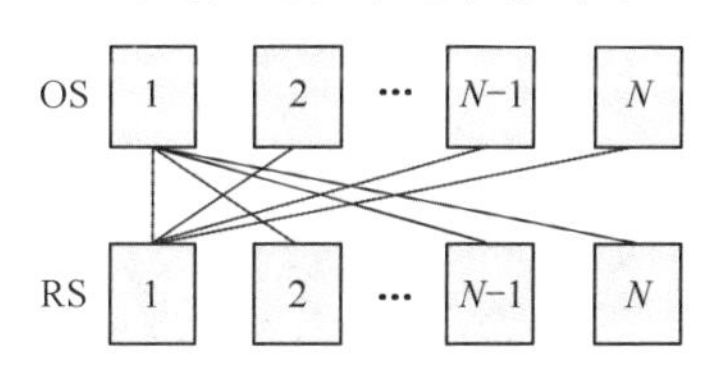

图 2.20　匹配过程示意图

本算法主要是采用优化后的 Surf 特征数量来进行识别处理的，因此特征点对数量的选择对于结果的影响是无法忽视的。它所影响的方面包括识别率和所用时长两个方面，使用特征点数量越多，构建坐标邻域优化时耗时也会越长，对应的识别率也会明显提高。

实际应用中，结合实际情况进行特征点数量的正确选择往往是非常必要的，当实际系统对于即时性有较高要求时，适当降低特征点对的总体数量，有利于节约时间，提高识别效率，因此实际中权衡识别率和识别耗时显得尤为重要。这里以 188 幅样本输入对应到 188 幅伪素描模板库中进行特征点数量和识别率关系的实验，绘图如图 2.21 所示。

如图 2.21 所示，随着特征点数量的增加，识别率呈现出明显上升的趋势，直至特征点数量在 20 个以上时上升之势渐渐趋于水平，特征点数量的多少对于识别率的影响也基本可以忽略，但实时性却是不可忽略的。因此，实际应用中，根据实时性的要求来决定特征点的数量是有必要的。另外，对这 188 个样本设定特征数量为 50 个时，此时的识别率也已经逼近 100%，但是这种情况下本算法仍然要比较 50 次特征点邻域圆，效率会逐渐降低。因此，在实际应用中，仍然要考虑到这种情况，即根据实际需要来确定特征点个数的多少。在小样本小特征数量的前提下，本算法的性能是十分优秀的。

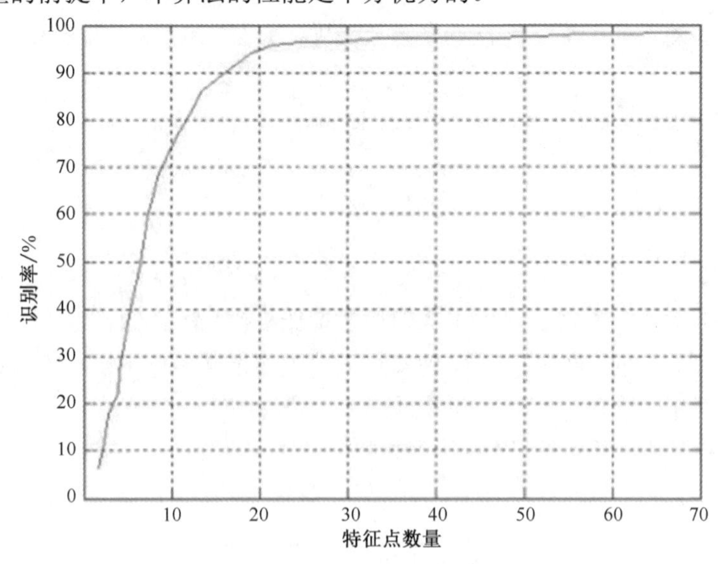

图 2.21　特征点数量和识别率关系

2）不同的识别级别对结果的影响

识别级别（Rank 值）的概念常被用来分析一个算法的性能，一般来说，算法的性能都是随着 Rank 值的增大而逐渐提高的。对于人脸识别来讲，一般通过三个性能指标来判断算法性能，分别是识别级别、识别率及识别精度。但是这三者又存在着一种矛盾的关系，即 Rank 值越小，识别精度越高，相应的识别率越低；反之，Rank 值越大，识别精度越低，相应的识别率越高。因此，鉴于上述关系，在实际应用中，充分考虑实际场景，选择合适的 Rank 值将有利于提高效率。

这里总结对比了各传统算法[29]在不同 Rank 值下的识别效果，另外也绘制了在不进行坐标一致性优化的前提下仅用 Surf 算法的识别曲线，如图 2.22 所示。

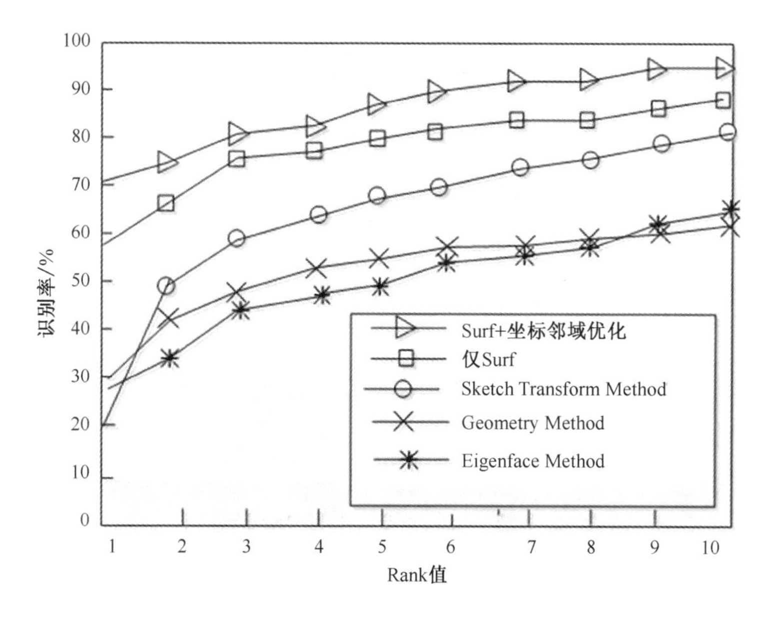

图 2.22　各算法的识别效果曲线对比

从图 2.22 可以看出，随着 Rank 值的不断增大，各个算法的识别率也呈现出不断上升的趋势。另外，在不进行坐标邻域一致性优化的前提下直接使用 Surf 算法，效果则显得有些糟糕。

3. 不同素描风格对结果的影响

研究所需要的素描人脸图像由素描画师手绘得到，然而这些素描人脸图像的质量并不相同，这是由画师的主观意志决定的。随着绘画的时间延长，画师身体疲惫等因素可能导致出现绘画效果变差等现象；另外，画师为了凸显人物性格及面部轮廓可能需要打一些较重的阴影，这可能导致图像的噪点增多，或者增加一些不必要的特征点，导致最终匹配性能变差。上述情况类似于不同的素描画师对同一副人脸展示出不同的素描手法或者风格，这对于某一特定算法的性能会产生不同的影响。图 2.23 展示了同一个人的不同风格素描，其中后三种均是由软件得到的。

对图 2.23 所示的人脸归一化并采用本节算法，先进行 Surf 匹配，之后进行坐标邻域一致性优化。设定两个特征点门限分别为 20 和 40，对应的特征点设置为 30 和 50，实验随机抽取 50 对样本，得到优化后的特征柱状图如图 2.24 所示。

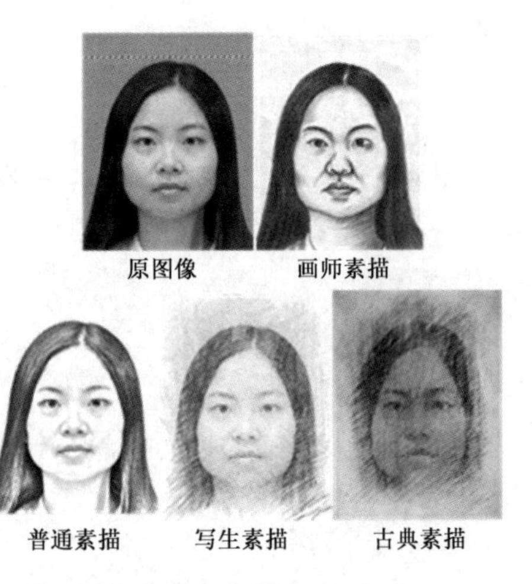

图 2.23　同一个人的不同风格素描

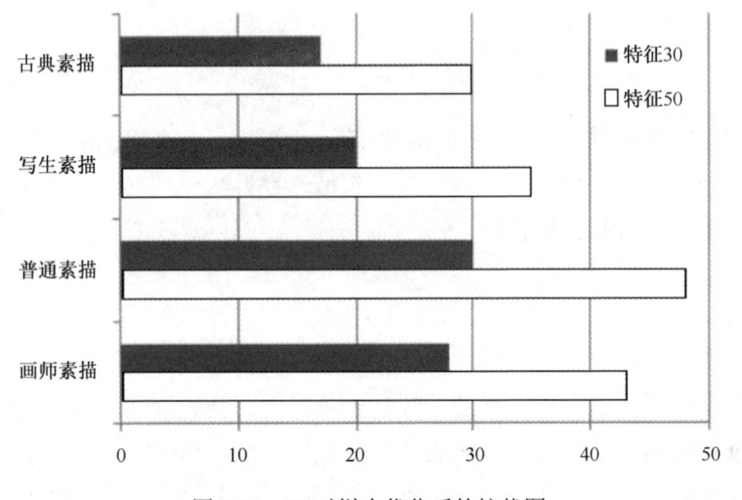

图 2.24　50 对样本优化后的柱状图

由图 2.24 可以看出，普通素描超过两个门限的图像对数量较多，画师素描次之，写生素描和古典素描的效果较差。这是因为普通素描是由原人脸直接得到的，并未添加任何纹理修饰，其余的素描风格经过纹理修饰、夸张处理等后效果变差，这对于实际应用中的法医画师选择具有重要意义。

4. Surf 特征和 Sift 特征的比较

Surf 特征是由 Sift 特征演变而来的，两者对于人脸识别都具有一定的鲁棒性，因此有必要进行一定的对比分析，以展现出 Surf 算法（20 个特征点）在处理人脸识别问题上的优势，具体的对比如表 2.1 所示，它从向量维度、CPU 时间、识别率三个方面进行表现。

表 2.1　Surf 特征和 Sift 特征的比较

特征描述	向量维数	CPU 时间	识别率
Sift 特征	64	44s	89%
Sift 特征	128	64s	94%
Surf 特征	64	24s	95%

由表 2.1 可以看出，在同等向量维数的情况下，Surf 特征的各项表现均优于 Sift 特征，而在 Sift 特征向量维数为 128 维的情况下，牺牲了大量时间，识别率才基本与 Surf 算法持平，这也是使用 Surf 算子的重要原因之一。

5. 分块优化与分点优化比较

前面提到常用的图像特征点筛选优化为分块优化，这种方法优化思路清晰，优化过程简便，并提到其具有对单个图像块上有多个特征点存在时容易遗漏，对不存在特征点的图像块仍要判决两大弊端。但由于该方法使用的普遍性，这里有必要和其进行对比，并可在某些问题上解决其弊端。对于上述按照图像块进行优化的过程，简称为分块优化，按照特征点进行优化，则称为分点优化。

为了说明两者的优劣性，这里定义校查率 σ。若一对图像含有 N 对特征点，在优化过程中校查了 x 个，则校查率 σ 表示为

$$\sigma = \frac{x}{N} \times 100\% \tag{2.25}$$

漏校率 ε 是指一对图像的所有特征点在优化过程中遗漏了 y 个，相应地表示为

$$\varepsilon = \frac{y}{N} \times 100\% \tag{2.26}$$

由上述定义，分块优化和分点优化所对应的平均校查率、平均漏校率，以及在相同样本数下按照 20 个特征点所描述的识别率对比如表 2.2 所示。

表 2.2　分块优化与分点优化对比

优化方法	校查率	漏校率	识别率
分块优化	90%	10%	89%
分点优化	100%	0	95%

6. 和已有算法比较

目前关于素描人脸识别方面的研究成果较少，这里主要选用了使用 AdaBoost 训练人脸分块来实现素描人脸识别的方法[30]，以及国外的 Brendan F. Klare 博士等人[31-33]的研究结论，对比信息在表 2.3 中列出。

表 2.3　算法对比结果（CUHK 数据库）

算法名称	特征数	样本数	正确率
DOG+MLBP[34]	59	202	96%
高斯+SIFT[34]	128	202	97%
周等算法[35]	20	100	92%
周等算法[35]	50	100	96%
本章算法	20	188	95%
本章算法	50	188	99%

由表 2.3 可知，本章算法及周等算法识别率在特征数为 20 时，本章算法正确率高出 3%，而在 50 个特征点的时候本章算法已达到 99%。另外，实验测得周等算法在 100 个样本下平均用时是 55.17s，而本章算法在多了近 1 倍的样本情况下用时 44.53s，所用时间少了近 11s。前两种算法在牺牲了大量时间的情况下，基于大量特征得到了高于本章算法在 20 个点情况下的正确率，但仍然逊于本章算法在 50 个特征点的情况。另外，本章算法还结合图 2.22 中所列的方法，得到其识别率（Rank=10），对比如表 2.4 所示。

表 2.4　结合图 2.22 的算法识别率对比

算法	识别率	算法	识别率
本章算法	95%	几何方法	60%
Only Surf	88%	特征脸	65%
Transform d2	80%	Human	73%

事实上，通过表 2.3 及表 2.4 所列数据已经可以证明本章算法在处理素描人脸识别问题上是行之有效的。

2.3　基于张量排序保留判别分析的人脸特征提取

子空间学习方法是一种典型的图像特征提取方法，人们对它的研究已经有了近百年的历史[36]。通过子空间学习方法，可以找到新的子空间，样本在新的子空间的距离可以反映样本间的相似性（similarities），从而提升分类准确率。

由于高维欧氏空间中有测量集中现象（concentration of measure phenomenon）[37]，即高维空间中样本间的区分度会变差。实验表明，样本排序信息可以缓解测量集中现象[38-40]。很多无监督的子空间学习方法保留了样本排序信息，如多维尺度分析方法（Multidimensional Scaling，MDS）[41]，通过保持子空间样本间距离和原始空间样本间距离一致来保留样本排序信息。监督的子空间学习方法在学习子空间时利用了训练集的标注信息，这类方法更适合应用于分类问题。由于学习的子空间中样本分布和原始空间中样本分布一般不同，忽略类间样本的排序信息是合适的[42]。

上述关于排序信息保留的子空间学习方法都是在假设样本为向量的情况下讨论的。对于图像分类问题，由于图像的数学表示为张量，若先将图像样本拉长成向量，再研究子空间学习方法，不仅会破坏原始样本的空间结构，使得方法性能下降，还会使得维数灾难问题更严重。因此，更一般地，可直接研究假设样本可表示为张量情况下的子空间学习方法。

在样本为向量的情况下，块配准框架（Patch Alignment Framework，PAF）[43]常用来诠释局部块上同类样本间的排序信息和不同类样本间的判别信息，其可在理论上帮助理解不同子空间学习方法的共同思想和本质差异。

针对人脸识别问题，本节介绍基于张量块配准框架（Tensor Patch Alignment Framework，TPAF）的张量排序保留判别分析模型（Tensor Rank Preserving Discriminant Analysis，TRPDA），并介绍 TRPDA 算法及解法。通过引入距离惩罚函数，来保留局部块上同类样本的排序信息。由于学习的子空间中样本分布和原始空间中样本分布一般不同，在提取类间判别信息时无须考虑块间样本的排序信息。TPAF 框架可以有效地把局部块中类内排序信息保留和类间判别信息提取结合在一起表示。

本节将 TRPDA 算法应用于人脸识别，数据库包括 UMIST 数据库[44]、ORL 数据库[45]及 CAS-PEAL-R1 表情和距离数据库[46]。UMIST 数据库和 ORL 数据库是两个经典的公开人脸数据库，CAS-PEAL-R1 表情和距离数据库是近期提出的规模相对较大的公开人脸数据库。UMIST 数据库包括 20 类人脸，共 575 张样本。ORL 数据库包括 40 类人脸，共 400 张样本。CAS-PEAL-R1 表情和距离数据库包括 1340 类人脸，共 4085 张样本。本节进行了六种经典的向量子空间学习算法和五种张量子空间学习算法与 TRPDA 在最近邻分类器（Nearest

Neighborule，NN）下的性能测试。实验结果表明，TRPDA 的分类性能相对于其他算法具有优越性，和基于张量的子空间学习算法相比，实验结果还表明了 TRPDA 的计算成本较低。

2.3.1 张量排序保留判别投影（TRPDA）模型

当样本表示成张量时，直接研究基于张量的子空间学习模型可以将样本的空间结构考虑在内。由于高维空间中的测量集中现象，样本之间距离差异难以区分，这对子空间学习算法的性能影响较大。通过保留同类样本在不同空间的排序信息可以缓解测量集中现象所带来的影响。类似于向量子空间学习模型，在 PAF 框架的基础上，可以建立对应的 TPAF 框架，将建模过程化分为局部排序信息保留判别分析和整体对齐两部分。

性质 2.1 设 $\{x_{i_1}^{(1)}, x_{i_2}^{(2)}, \cdots, x_{i_m}^{(m)}\}$，$i_j \in [I_j], j \in [m]$ 为 m 阶 $[I_1, I_2, \cdots, I_m]$ 维张量空间 $\Re^{I_1 \times \cdots \times I_m}$ 的一组 Kronecker 基，则对任意 $\boldsymbol{A} \in \Re^{I_1 \times \cdots \times I_m}$，存在系数张量 $\boldsymbol{G} \in \Re^{I_1 \times \cdots \times I_m}$，使得

$$\begin{aligned}\boldsymbol{A} &= \sum_{i_1 \cdots i_m}^{I_1 \cdots I_m} g_{i_1 \cdots i_m} x_{i_1}^{(1)} \circ x_{i_2}^{(2)} \circ \cdots \circ x_{i_m}^{(m)} \\ &= \boldsymbol{G} x_1 \boldsymbol{X}^{(1)} x_2 \cdots x_m \boldsymbol{X}^{(m)}\end{aligned}$$

式中，$\boldsymbol{X}^{(i)} = [x_1^{(i)}, \cdots, x_{Im}^{(i)}]$，$i \in [m]$。

对任意张量 $\boldsymbol{A} \in \Re^{I_1 \times I_2 \times \cdots \times I_m}$，它可写成若干个秩 1 张量的和，所需秩 1 张量的最少个数定义为 $\boldsymbol{A}$ 的秩。

监督子空间学习的训练数据是有类别信息的，因此可设 $\{\boldsymbol{X}_i\}_{i=1}^N$ 为由 N 个样本点所组成的训练数据库，每个样本点 $\boldsymbol{X}_i \in \boldsymbol{R}^{D_1 \times D_2 \times \cdots \times D_{M-1}}$ 都在高维空间 $\boldsymbol{R}^{D_1 \times D_2 \times \cdots \times D_{M-1}}$ 中，其对应类别为 $\boldsymbol{C}_i \in \boldsymbol{Z}$。张量子空间学习问题的目的是找到一个 $[d_1, \cdots, d_{M-1}]$ 维子空间 $\boldsymbol{S} \subset \boldsymbol{R}^{D_1 \times D_2 \times \cdots \times D_{M-1}}$，使得 $\boldsymbol{X}_i \in \boldsymbol{S}$。

由性质 2.1，每个样本点 $\boldsymbol{X}_j \in \boldsymbol{S}$，$j \in [N]$ 可写成

$$\begin{aligned}\boldsymbol{X}_j &= \sum_{i_1 \cdots i_{M-1}}^{d_1 \cdots d_{M-1}} g_{i_1 \cdots i_{M-1}}^{(j)} u_{i_1}^{(1)} \cdots u_{i_{M-1}}^{(M-1)} \\ &= \boldsymbol{Y}_j \times_1 \boldsymbol{U}^{(1)} \times_2 \cdots \times_{M-1} \boldsymbol{U}^{(M-1)}\end{aligned} \tag{2.27}$$

式中，$\{u_{i_1}^{(1)}, \cdots, u_{i_{M-1}}^{(M-1)}\}, i_j \in [d_j], j \in [M-1]$ 为 $\boldsymbol{S}$ 的 Kronecker 基，$\boldsymbol{Y}_j$ 即为 $\boldsymbol{X}_j$ 在子空间 $\boldsymbol{S}$ 上的低维表示。因此，学习子空间 $\boldsymbol{S}$ 等价于学习 $\boldsymbol{S}$ 的 Kronecker 基。

式（2.27）也称为 $\boldsymbol{X}_j$ 的 Tucker 分解，即通过对 $\boldsymbol{X}_j$ 进行 Tucker 分解可学到其对应的低维表示 $\boldsymbol{Y}_j$ 和子空间 $\boldsymbol{S}$。

若式（2.27）成立，对任意可逆矩阵 $\boldsymbol{A}^{(i)} \in \boldsymbol{R}^{d_i \times d_i}, i \in [M-1]$，有

$$\boldsymbol{X}_j = (\boldsymbol{Y}_j \times_1 \boldsymbol{A}^{(1)-1} \times \cdots \times_{M-1} \boldsymbol{A}^{(M-1)-1}) \times_1 \boldsymbol{U}^{(1)} \boldsymbol{A}^{(1)} \times_2 \cdots \times_{M-1} \boldsymbol{U}^{(M-1)} \boldsymbol{A}^{(M-1)}$$

故一般对 $\boldsymbol{U}^{(i)} = [u_1^{(i)}, \cdots, u_{d_m}^{(i)}], i \in [M-1]$ 加限制。一个常用限制是令 $\boldsymbol{U}^{(i)}$ 为列正交矩阵，即

$$\boldsymbol{U}^{(i)^{\mathrm{T}}} \boldsymbol{U}^{(i)} = \boldsymbol{I}, \quad i \in [M-1] \tag{2.28}$$

此时

$$\boldsymbol{Y}_j = \boldsymbol{X}_j \times_1 (\boldsymbol{U}^{(1)})^{\mathrm{T}} \times_2 (\boldsymbol{U}^{(2)})^{\mathrm{T}} \times \cdots \times_{M-1} (\boldsymbol{U}^{(M-1)})^{\mathrm{T}} \tag{2.29}$$

式中，$\boldsymbol{U}^{(i)} = [u_1^{(i)}, \cdots, u_{d_m}^{(i)}], i \in [M-1]$。

1. 局部排序信息保留判别分析

对每个带类别信息的样本 $\boldsymbol{X}_i$，在欧氏距离意义下，可以找到 $\boldsymbol{X}_i$ 的 k_1 个最近的类内样本 $\boldsymbol{X}_{i1}, \cdots, \boldsymbol{X}_{ik_1}$ 和 k_2 个最近的类间样本 $\boldsymbol{X}_{i1}, \cdots, \boldsymbol{X}_{ik_2}$,组成局部样本块

$$\boldsymbol{P}(\boldsymbol{X}_i) = \{\boldsymbol{X}_i, \boldsymbol{X}_{i1}, \cdots, \boldsymbol{X}_{ik_1}, \boldsymbol{X}_{i1}, \cdots, \boldsymbol{X}_{ik_2}\} \in \boldsymbol{R}^{D_1 \times \cdots \times D_{M-1} \times (1+k_1+k_2)} \tag{2.30}$$

TRPDA 的目标是学习子空间 $\boldsymbol{S}$ 和在子空间 $\boldsymbol{S}$ 上的相应局部表达块

$$\boldsymbol{P}(\boldsymbol{Y}_i) = \{\boldsymbol{Y}_i, \boldsymbol{Y}_{i1}, \cdots, \boldsymbol{Y}_{ik_1}, \boldsymbol{Y}_{i1}, \cdots, \boldsymbol{Y}_{ik_2}\} \in \boldsymbol{R}^{d_1 \times \cdots \times d_{M-1} \times (1+k_1+k_2)} \tag{2.31}$$

使得在局部表达块 $\boldsymbol{P}(\boldsymbol{Y}_i)$ 中，类内低维表达邻近排序保留，类间低维表达距离增大来获取判别信息。具体地，对每个 $\boldsymbol{P}(\boldsymbol{Y}_i)$，判别信息获取可以通过最大化 $\boldsymbol{Y}_i$ 和类间低维表达 $\boldsymbol{Y}_i, j \in [k_2]$ 的距离之和来刻画

$$\arg\max_{\boldsymbol{Y}_i} \sum_{j=1}^{k_2} \| \boldsymbol{Y}_i - \boldsymbol{Y}_{i_j} \|_F^2 \tag{2.32}$$

邻近排序信息可由排序矩阵（rank matrix）表示。在局部样本块 $\boldsymbol{P}(\boldsymbol{X}_i)$ 内，设 r_{ij} 为 $\boldsymbol{X}_i$ 相对于 $\boldsymbol{X}_j$ 的顺序，则 $\boldsymbol{R} = (r_{ij})$ 称为 $\boldsymbol{P}(\boldsymbol{X}_i)$ 的排序矩阵。若 $\boldsymbol{X}_j$ 为 $\boldsymbol{X}_i$ 的第 k 个近邻，$\boldsymbol{X}_i$ 不一定是 $\boldsymbol{X}_j$ 的第 k 个近邻，故 $\boldsymbol{R}$ 一般不是对称矩阵。但 $\boldsymbol{P}(\boldsymbol{X}_i)$ 的距离矩阵是对称，这是因为 $\boldsymbol{X}_j$ 相对于 $\boldsymbol{X}_i$ 的距离和 $\boldsymbol{X}_i$ 相对于 $\boldsymbol{X}_j$ 的距离是相等的。因此，可用距离矩阵来刻画邻近排序信息，从而缓解测量集中现象。

$$\arg\min_{\boldsymbol{Y}_i} \sum_{j=1}^{k_1} \| \boldsymbol{Y}_i - \boldsymbol{Y}_{i_j} \|_F^2 (\omega_i)_j \tag{2.33}$$

式中，$\omega_i \in \boldsymbol{R}^{k_1}$ 称为惩罚因子，在原始空间中，对距离 $\boldsymbol{X}_i$ 越远的同类样本在学习

子空间时给与更重的惩罚项。$\omega_i \in \boldsymbol{R}^{k_1}$ 的选取方法有很多种[6]，这里采用以下惩罚因子：

$$(\omega_i)_j = \frac{<\boldsymbol{X}_i, \boldsymbol{X}_{ij}>}{\|\boldsymbol{X}_i\|_F \|\boldsymbol{X}_{ij}\|_F}, j = [k_1] \tag{2.34}$$

利用平衡因子 $\alpha \in [0,1]$，将优化问题式（2.32）和式（2.33）结合，得到判别信息获取和排序信息保留的局部最优表达式，即

$$\arg\min_{\boldsymbol{Y}_i} \sum_{j=1}^{k_1} \|\boldsymbol{Y}_i - \boldsymbol{Y}_{i_j}\|_F^2 (\omega_i)_j - \alpha \sum_{j=1}^{k_2} \|\boldsymbol{Y}_i - \boldsymbol{Y}_{i_j}\|_F^2 \tag{2.35}$$

令 $\boldsymbol{\beta}_i = [\omega_i, -\alpha, \cdots, -\alpha] \in \boldsymbol{R}^{k_1+k_2}$, $\boldsymbol{p}_i = [1, i^1, \cdots, i^{k_1}, i^1, \cdots, i^{k_2}] \in \boldsymbol{R}^{1+k_1+k_2}$，式（2.35）可写为

$$\begin{aligned}
&\arg\min_{\boldsymbol{Y}_i} \sum_{j=1}^{k_1} (\boldsymbol{\beta}_i)_j \|\boldsymbol{Y}_i - \boldsymbol{Y}_{i_j}\|_F^2 + \sum_{j=1}^{k_2} (\boldsymbol{\beta}_i)_{j+k_1} \|\boldsymbol{Y}_i - \boldsymbol{Y}_{i_j}\|_F^2 \\
&= \arg\min_{\boldsymbol{Y}_i} \sum_{j=1}^{k_1+k_2} (\boldsymbol{\beta}_i)_j \|\boldsymbol{Y}_{(\boldsymbol{p}_i)1} - \boldsymbol{Y}_{(\boldsymbol{p}_i)j+1}\|_F^2 \\
&= \arg\min_{\boldsymbol{Y}_i} \sum_{j=1}^{k_1+k_2} (\boldsymbol{\beta}_i)_j \|\mathrm{vec}(\boldsymbol{Y}_{(\boldsymbol{p}_i)1}) - \mathrm{vec}(\boldsymbol{Y}_{(\boldsymbol{p}_i)j+1})\|_2^2 \\
&= \arg\min_{\boldsymbol{Y}_i} \mathrm{trace}((\boldsymbol{P}(\boldsymbol{Y}_i))_{(M)}^{\mathrm{T}} \boldsymbol{L}_i (\boldsymbol{P}(\boldsymbol{Y}_i))_{(M)}) \\
&= \arg\min_{\boldsymbol{Y}_i} < \boldsymbol{L}_i (\boldsymbol{P}(\boldsymbol{Y}_i))_{(M)}, (\boldsymbol{P}(\boldsymbol{Y}_i))_{(M)} > \\
&= \arg\min_{\boldsymbol{Y}_i} < \boldsymbol{L}_i (\boldsymbol{P}(\boldsymbol{Y}_i))_{(M)}, (\boldsymbol{P}(\boldsymbol{Y}_i))_{(M)} > \\
&= \arg\min_{\boldsymbol{Y}_i} < \boldsymbol{P}(\boldsymbol{Y}_i) \times_M \boldsymbol{L}_i, \boldsymbol{P}(\boldsymbol{Y}_i) >
\end{aligned} \tag{2.36}$$

这里

$$\boldsymbol{L}_i = \begin{bmatrix} \sum_{j=1}^{k_1+k_2} (\boldsymbol{\beta}_i)_j & -\boldsymbol{\beta}_i^{\mathrm{T}} \\ -\boldsymbol{\beta}_i & \mathrm{diag}(\boldsymbol{\beta}_i) \end{bmatrix} \in \boldsymbol{R}^{(1+k_1+k_2)\times(1+k_1+k_2)} \tag{2.37}$$

显然，$\boldsymbol{L}_i$ 为对称矩阵。

2. 整体对齐

令 $\boldsymbol{S}_i \in \boldsymbol{R}^{N\times(1+k_1+k_2)}$，其中

$$(\boldsymbol{S}_i)_{pq} = \begin{cases} 1, & \boldsymbol{p} = (\boldsymbol{p}_i)_q \\ 0, & \text{其他} \end{cases} \tag{2.38}$$

即 $\boldsymbol{S}_i$ 为某个置换矩阵的前 $(1+k_1+k_2)$ 列所组成的矩阵。利用 $\boldsymbol{S}_i$，每个局部

表达块 $\boldsymbol{P}(\boldsymbol{Y}_i)$ 均可被全局表达 $\boldsymbol{Y}$ 表示

$$(\boldsymbol{P}(\boldsymbol{Y}_i))_{(M)} = \boldsymbol{Y}_{(M)}^{\mathrm{T}} \boldsymbol{S}_i$$

故

$$\boldsymbol{P}(\boldsymbol{Y}_i) = \boldsymbol{Y} \times_M \boldsymbol{S}_i^{\mathrm{T}} \tag{2.39}$$

$\boldsymbol{S}_i$ 称为样本选择矩阵。

结合式（2.39），对所有 $\boldsymbol{Y}_i, i \in [N]$，式（2.36）局部最优可进一步写成

$$\begin{aligned}
&\arg\min_{\boldsymbol{Y}_i} < \boldsymbol{P}(\boldsymbol{Y}_i) \times_M \boldsymbol{L}_i, \boldsymbol{P}(\boldsymbol{Y}_i) > \\
&= \arg\min_{\boldsymbol{Y}_i} < \boldsymbol{Y} \times_M \boldsymbol{S}_i^{\mathrm{T}} \times_M \boldsymbol{L}_i, \boldsymbol{Y} \times_M \boldsymbol{S}_i^{\mathrm{T}} > \\
&= \arg\min_{\boldsymbol{Y}_i} < \boldsymbol{Y} \times_M \boldsymbol{L}_i \boldsymbol{S}_i^{\mathrm{T}}, \boldsymbol{Y} \times_M \boldsymbol{S}_i^{\mathrm{T}} > \\
&= \arg\min_{\boldsymbol{Y}_i} < \boldsymbol{L}_i \boldsymbol{S}_i^{\mathrm{T}} Y_{(M)}, \boldsymbol{S}_i^{\mathrm{T}} \boldsymbol{Y}_{(M)} > \\
&= \arg\min_{\boldsymbol{Y}_i} < \boldsymbol{S}_i \boldsymbol{L}_i \boldsymbol{S}_i^{\mathrm{T}} \boldsymbol{Y}_{(M)}, \boldsymbol{Y}_{(M)} > \\
&= \arg\min_{\boldsymbol{Y}_i} < \boldsymbol{Y} \times_M \boldsymbol{S}_i \boldsymbol{L}_i \boldsymbol{S}_i^{\mathrm{T}} \boldsymbol{Y}_{(M)}, \boldsymbol{Y} >
\end{aligned} \tag{2.40}$$

对式（2.40）的所有局部最优求和，即对 $\boldsymbol{i}$ 求和得

$$\begin{aligned}
&\arg\min_{\boldsymbol{Y}} \sum_{i=1}^{N} < \boldsymbol{Y} \times_M \boldsymbol{S}_i \boldsymbol{L}_i \boldsymbol{S}_i^{\mathrm{T}}, \boldsymbol{Y} > \\
&= \arg\min_{\boldsymbol{Y}} \sum_{i=1}^{N} < \boldsymbol{S}_i \boldsymbol{L}_i \boldsymbol{S}_i^{\mathrm{T}} \boldsymbol{Y}_{(M)}, \boldsymbol{Y}_{(M)} > \\
&= \arg\min_{\boldsymbol{Y}} \sum_{i=1}^{N} \mathrm{trace}(\boldsymbol{Y}_{(M)}^{\mathrm{T}} \boldsymbol{S}_i \boldsymbol{L}_i \boldsymbol{S}_i^{\mathrm{T}} \boldsymbol{Y}_{(M)}) \\
&= \arg\min_{\boldsymbol{Y}} \mathrm{tr}(\boldsymbol{Y}_{(M)}^{\mathrm{T}} \boldsymbol{S}_i \boldsymbol{L}_i \boldsymbol{S}_i^{\mathrm{T}} \boldsymbol{Y}_{(M)}) \\
&= \arg\min_{\boldsymbol{Y}} \mathrm{tr}(\boldsymbol{Y}_{(M)}^{\mathrm{T}} \boldsymbol{L} \boldsymbol{Y}_{(M)}) \\
&= \arg\min_{\boldsymbol{Y}} < \boldsymbol{L} \boldsymbol{Y}_{(M)}, \boldsymbol{Y}_{(M)} > \\
&= \arg\min_{\boldsymbol{Y}} < \boldsymbol{Y} \times_M \boldsymbol{L}, \boldsymbol{Y} >
\end{aligned} \tag{2.41}$$

这里对称矩阵

$$\boldsymbol{L} = \sum_{i=1}^{N} (\boldsymbol{S}_i \boldsymbol{L}_i \boldsymbol{S}_i^{\mathrm{T}}) \in \boldsymbol{R}^{N \times N} \tag{2.42}$$

称为对齐矩阵。

依据式（2.28）、式（2.29）和式（2.41）可得

$$\begin{aligned}&\arg\min_{U^{(i)}} < X\prod_{j=1}^{M-1}\times_j(U^{(j)})^{\mathrm{T}}\times_M L, X\prod_{j=1}^{M-1}\times_j(U^{(j)})^{\mathrm{T}} >\\&=\arg\min_{U^{(i)}} < X\times_M L\prod_{j=1}^{M-1}\times_j(U^{(j)})^{\mathrm{T}}, X\prod_{j=1}^{M-1}\times_j(U^{(j)})^{\mathrm{T}} >\end{aligned} \tag{2.43}$$

综上所述，结合式（2.28）和式（2.43），TRPDA 模型为

$$\begin{aligned}&\arg\min_{U^{(1)},\cdots,U^{(M-1)}} < X\times_M L\prod_{j=1}^{M-1}\times_j(U^{(j)})^{\mathrm{T}}, X\prod_{j}^{M-1}\times_j(U^{(j)})^{\mathrm{T}} >\\&s.t.\ \ U^{(i)^{\mathrm{T}}}U^{(i)}=I,\ \ i\in[M-1]\end{aligned} \tag{2.44}$$

2.3.2 TRPDA 求解算法

本节使用分块坐标下降法（Block Coordinate Descent，BCD）求解 TRPDA 模型。另外，从黎曼优化的角度，本节是将问题化为广义 Rayleigh 商（generalized Rayleigh-quotient）问题，并可采用黎曼共轭梯度法（Riemannian conjugated gradient method）或者黎曼牛顿法求解（Riemannian Newton method）。

BCD 算法是一种迭代算法，它在每次迭代时交替固定 $U_j, j\neq i$ 来求解 U_i。问题式（2.44）中 $U_j, j\neq i$ 已知，只需求解 U_i，即只需求解子问题

$$\begin{aligned}&\arg\min_{U^{(i)}} < X\times_M L\prod_{j=1}^{M-1}\times_j(U^{(j)})^{\mathrm{T}}, X\prod_{j=1}^{M-1}\times_j(U^{(j)})^{\mathrm{T}} >\\&s.t\ \ U^{(i)^{\mathrm{T}}}U^{(i)}=I\end{aligned} \tag{2.45}$$

问题式（2.45）中目标函数可进一步写为

$$\begin{aligned}&< X\times_M L\prod_{j=1}^{M-1}\times_j(U^{(j)})^{\mathrm{T}}, X\prod_{j}^{M-1}\times_j(U^{(j)})^{\mathrm{T}} >\\&=<(X\times_M L\prod_{j\neq i}\times_j(U^{(j)})^{\mathrm{T}})\times_i(U^{(i)})^{\mathrm{T}},(X\prod_{j\neq i}\times_j(U^{(j)})^{\mathrm{T}})\times_i(U^{(i)})^{\mathrm{T}} >\\&=<(X\times_M L\prod_{j\neq i}\times_j(U^{(j)})^{\mathrm{T}})\times(X_p^q\prod_{j\neq i}\times_j(U^{(j)})^{\mathrm{T}})\times(U^{(i)}),(U^{(i)}) >\end{aligned} \tag{2.46}$$

式中，$p=q=[1,\cdots,i-1,i+1,\cdots,M]$，$x_p^q$ 为以下定义的缩并。

定义：设 $A=(a_{i_1i_2\cdots i_m})\in\mathbb{R}^{I_1\times I_2\times\cdots\times I_m}$，$C=(c_{j_1j_2\cdots j_n})\in\mathbb{R}^{J_1\times I_1\times I_2\times\cdots\times I_m}$，$p=[2\cdots m]$，$q=[2\cdots m]$，则张量 A 和 C 的模 (p,q) 缩并 $D=(d_{ij})=A\times_p^q C\in\mathbb{R}^{I_1\times J_2}$，定义 $d_{ij}=\sum_{i_2\cdots i_m=1}^{I_2\cdots I_m}a_{ii_2\cdots i_m}c_{ji_2\cdots i_m}$。

命题 2.1

令 $\boldsymbol{A}_i=(\boldsymbol{X}\times_M \boldsymbol{L}\prod_{j\neq i}\times_j(\boldsymbol{U}^{(j)})^{\mathrm{T}}\times_{\substack{q\\p}}(\boldsymbol{X}\prod_{j\neq i}\times_j(\boldsymbol{U}^{(j)})^{\mathrm{T}},i\in[M-1]$，则 $\boldsymbol{A}_i\in\boldsymbol{R}^{D_i\times D_i}$ 为对称矩阵。

证明　对任意 $i\in[M-1]$，令 $\boldsymbol{B}=\boldsymbol{X}\times_M \boldsymbol{L}\prod_{j\neq i}\times_j(\boldsymbol{U}^{(j)})^{\mathrm{T}}$, $\boldsymbol{C}=\boldsymbol{X}\prod_{j\neq i}\times_j(\boldsymbol{U}^{(j)})^{\mathrm{T}}$。则 $\boldsymbol{B}$、$\boldsymbol{C}\in\boldsymbol{R}^{d_1\times\cdots\times d_{i-1}\times d_i\times d_{i+1}\times\cdots\times d_{M-1}\times N}$ 且

$$b_{s_1s_2\cdots s_M}=\sum_{jt,t\neq i}x_{j_1\cdots j_{i-1}s_ij_{i+1}\cdots j_M}u_{j_1s_1}^{(1)}\cdots u_{j_{i-1}s_{i-1}}^{(i-1)}u_{j_{i+1}s_{i+1}}^{(i+1)}\cdots u_{j_{M-1}s_{M-1}}^{(M-1)}l_{s_Mj_M}$$

$$c_{s_1s_2\cdots s_M}=\sum_{jt,t\neq i,t\neq M}x_{j_1\cdots j_{i-1}s_ij_{i+1}\cdots j_{m-1}s_M}u_{j_1s_1}^{(1)}\cdots u_{j_{i-1}s_{i-1}}^{(i-1)}u_{j_{i+1}s_{i+1}}^{(i+1)}\cdots u_{j_{M-1}s_{M-1}}^{(M-1)}$$

此时，对任意 p、$q\in[D_i]$，有

$$\begin{aligned}
(\boldsymbol{A}_i)_{pq}&=\sum_{s_j,s\neq i}b_{s_1\cdots s_{i-1}ps_{i+1}\cdots s_M}c_{s_1\cdots s_{i-1}qs_{i+1}\cdots s_M}\\
&=\sum_{s_j,s\neq i}\sum_{j_t,t\neq i}x_{j_1\cdots j_{i-1}pj_{i+1}\cdots j_M}u_{j_1s_1}^{(1)}\cdots u_{j_{i-1}s_{i-1}}^{(i-1)}u_{j_{i+1}s_{i+1}}^{(i+1)}\cdots u_{j_{M-1}s_{M-1}}^{(M-1)}l_{s_Mj_M}\\
&\quad\sum_{j_t,t\neq i,\ t\neq M}x_{j_1\cdots j_{i-1}s_ij_{i+1}\cdots j_{m-1}s_M}u_{j_1s_1}^{(1)}\cdots u_{j_{i-1}s_{i-1}}^{(i-1)}u_{j_{i+1}s_{i+1}}^{(i+1)}\cdots u_{j_{M-1}s_{M-1}}^{(M-1)}\\
&=\sum_{s_j,s\neq i}\sum_{j_t,t\neq i}\sum_{j_t,t\neq i,\ t\neq M}x_{j_1\cdots j_{i-1}pj_{i+1}\cdots j_M}x_{j_1\cdots j_{i-1}s_ij_{i+1}\cdots j_{m-1}s_M}u_{j_1s_1}^{(1)}\cdots u_{j_{i-1}s_{i-1}}^{(i-1)}\\
&\quad u_{j_{i+1}s_{i+1}}^{(i+1)}\cdots u_{j_{M-1}s_{M-1}}^{(M-1)}u_{j_1s_1}^{(1)}\cdots u_{j_{i-1}s_{i-1}}^{(i-1)}u_{j_{i+1}s_{i+1}}^{(i+1)}\cdots u_{j_{M-1}s_{M-1}}^{(M-1)}l_{s_Mj_M}\\
&=\sum_{s_j,s\neq i}\sum_{j_t,t\neq i}\sum_{j_t,t\neq i,\ t\neq M}x_{j_1\cdots j_{i-1}pj_{i+1}\cdots j_M}x_{j_1\cdots j_{i-1}s_ij_{i+1}\cdots j_{m-1}s_M}u_{j_1s_1}^{(1)}\cdots u_{j_{i-1}s_{i-1}}^{(i-1)}\\
&\quad u_{j_{i+1}s_{i+1}}^{(i+1)}\cdots u_{j_{M-1}s_{M-1}}^{(M-1)}u_{j_1s_1}^{(1)}\cdots u_{j_{i-1}s_{i-1}}^{(i-1)}u_{j_{i+1}s_{i+1}}^{(i+1)}\cdots u_{j_{M-1}s_{M-1}}^{(M-1)}l_{j_Ms_M}\\
&=(\boldsymbol{A}_i)_{qp}
\end{aligned}\tag{2.47}$$

故 $\boldsymbol{A}_i$ 为对称矩阵。

此时，目标函数式（2.46）可写为

$$\begin{aligned}&<\boldsymbol{A}_i\times(\boldsymbol{U}^{(i)}),(\boldsymbol{U}^{(i)})>\\&=\mathrm{tr}((\boldsymbol{U}^{(i)})^{\mathrm{T}}\boldsymbol{A}_i(\boldsymbol{U}^{(i)}))\end{aligned}\tag{2.48}$$

从而，问题式（2.45）可重写为

$$\begin{aligned}&\arg\min_{\boldsymbol{U}^{(i)}}\mathrm{tr}((\boldsymbol{U}^{(i)})^{\mathrm{T}}\boldsymbol{A}_i(\boldsymbol{U}^{(i)})\\&s.t.\quad {\boldsymbol{U}^{(i)}}^{\mathrm{T}}\boldsymbol{U}^{(i)}=\boldsymbol{I}\end{aligned}\tag{2.49}$$

对问题式（2.49）用拉格朗日乘子法，它可通过特征值分解求解，即 $\boldsymbol{U}^{(i)}$ 为 $\boldsymbol{A}_i$ 的前 d_i 小的特征值应的 d_i 个特征向量所组成的矩阵。根据以上讨论，可得求解问题式（2.44）的以下算法。

输入： $\boldsymbol{X} \in \boldsymbol{R}^{D_1 \times D_2 \times \cdots \times D_{M-1} \times D_N}, \boldsymbol{L} \in \boldsymbol{R}^{M \times M}, d = [d_1 \cdots d_{M-1}]$，最大迭代次数 maxIter。

输出： $\boldsymbol{Y} \in \boldsymbol{R}^{D_1 \times D_2 \times \cdots \times D_M}$ 和 $\boldsymbol{U}^{(i)} \in \boldsymbol{R}^{R_i \times d_i}, i \in [M-1]$。

（1）随机初始化 $\boldsymbol{U}^{(i)} \in \boldsymbol{R}^{I_i \times R_i}, i \in [M-1]$

（2）对于 $i = 1, 2, \cdots, M-1$，令 $p = q = [1, \cdots, i-1, i+1, \cdots, M]$。

（3）计算 $\boldsymbol{A}_i = (\boldsymbol{X} \times_M \boldsymbol{L} \prod_{j \neq i} \times_j (\boldsymbol{U}^{(j)})^T \times_p^q (\boldsymbol{X} \prod_{j \neq i} \times_j (\boldsymbol{U}^{(j)})^T)$。

（4）计算 $\boldsymbol{A}_i$ 的奇异值分解，取 $\boldsymbol{U}^{(i)}$ 为 $\boldsymbol{A}_i$ 最小的 d_i 个特征值对应的 d_i 个特征向量。

（5）收敛或达到最大迭代次数结束。

（6）计算 $\boldsymbol{Y} = \boldsymbol{A} \prod_{i=1}^{M-1} \times_i (\boldsymbol{U}^{(i)})^{\mathrm{T}}$

BCD 算法的优点是设计简单，易于求解，但一般不能保证全局收敛性。TRPDA 模型式（2.44）的目标函数可进一步化为

$$
\begin{aligned}
&< \boldsymbol{X} \times_M \boldsymbol{L} \prod_{j=1}^{M-1} \times_j (\boldsymbol{U}^{(j)})^{\mathrm{T}}, \boldsymbol{X} \prod_{j=1}^{M-1} \times_j (\boldsymbol{U}^{(j)})^{\mathrm{T}} > \\
&=< \boldsymbol{X} \prod_{j=1}^{M-1} \times_j (\boldsymbol{U}^{(j)})^{\mathrm{T}} \times_M \boldsymbol{L}, \boldsymbol{X} \prod_{j=1}^{M-1} \times_j (\boldsymbol{U}^{(j)})^{\mathrm{T}} > \\
&=< \boldsymbol{X} \times_M \boldsymbol{L} \prod_{j=1}^{M-1} \times_j (\boldsymbol{U}^{(j)})^{\mathrm{T}}, \boldsymbol{X} \prod_{j=1}^{M-1} \times_j (\boldsymbol{U}^{(j)})^{\mathrm{T}} > \\
&=< ((\boldsymbol{U}^{(M-1)})^{\mathrm{T}} \otimes \cdots \otimes (\boldsymbol{U}^{(1)})^{\mathrm{T}})(\boldsymbol{X} \times_M \boldsymbol{L})_{(M)}^{\mathrm{T}} \\
&\quad ((\boldsymbol{U}^{(M-1)})^{\mathrm{T}} \otimes \cdots \otimes (\boldsymbol{U}^{(1)})^{\mathrm{T}})(\boldsymbol{X})_{(M)}^{\mathrm{T}} > \\
&=< (\boldsymbol{X} \times_M \boldsymbol{L})_{(M)} ((\boldsymbol{U}^{(1)}) \otimes \cdots \otimes (\boldsymbol{U}^{(M-1)})) \\
&\quad \boldsymbol{X}_{(M)} ((\boldsymbol{U}^{(1)}) \otimes \cdots \otimes (\boldsymbol{U}^{(M-1)})) > \\
&=< (\boldsymbol{U}^{(1)}) \otimes \cdots \otimes (\boldsymbol{U}^{(M-1)}), (\boldsymbol{X} \times_M \boldsymbol{L})_{(M)}^{\mathrm{T}} \boldsymbol{X}_{(M)} ((\boldsymbol{U}^{(1)}) \otimes \cdots \otimes (\boldsymbol{U}^{(M-1)})) >
\end{aligned}
\tag{2.50}
$$

命题 2.2

设 $\boldsymbol{B} = (\boldsymbol{X} \times_M \boldsymbol{L})_{(M)}^{\mathrm{T}} \boldsymbol{X}_{(M)} \in \boldsymbol{R}^{D_1 \cdots D_{M-1} \times D_1 \cdots D_{M-1}}, \boldsymbol{A} = (\boldsymbol{X} \times_M \boldsymbol{L}) \times_M^M \boldsymbol{X} \in \boldsymbol{R}^{D_1 \times \cdots \times D_{M-1} \times D_1 \times \cdots \times D_{M-1}}$，则 $\boldsymbol{A}$ 为部分对称张量，$\boldsymbol{B}$ 为对称矩阵，$\mathrm{rank}(B) \leqslant N$，且

$$\boldsymbol{A}_{<M-1>} = \boldsymbol{B}$$

式中，$\boldsymbol{A}_{<M-1>}$ 为 $\boldsymbol{A}$ 的 $(M-1)$ 模标准化矩阵展开。

性质 2.2 设 $\boldsymbol{U}_1 \in \mathbb{R}^{I_1 \times J_1}, \boldsymbol{U}_2 \in \mathbb{R}^{I_2 \times J_2}, \boldsymbol{V}_1 \in \mathbb{R}^{J_1 \times P_1}, \boldsymbol{V}_2 \in \mathbb{R}^{J_2 \times P_2}$，则 $(\boldsymbol{U}_1 \otimes \boldsymbol{U}_2)(\boldsymbol{V}_1 \otimes \boldsymbol{V}_2) = \boldsymbol{U}_1 \boldsymbol{V}_1 \otimes \boldsymbol{U}_2 \boldsymbol{V}_2$

设 $\boldsymbol{A} = (\boldsymbol{X} \times_M \boldsymbol{L}) \times_M^M \boldsymbol{X}$，由命题 2.2 和性质 2.2，式（2.50）可写成

$$
\begin{aligned}
&< (\boldsymbol{U}^{(1)}) \otimes \cdots \otimes (\boldsymbol{U}^{(M-1)}), \boldsymbol{A}_{<M-1>}((\boldsymbol{U}^{(1)}) \otimes \cdots \otimes (\boldsymbol{U}^{(M-1)})) > \\
&= \mathrm{tr}(((\boldsymbol{U}^{(1)}) \otimes \cdots \otimes (\boldsymbol{U}^{(M-1)}))^{\mathrm{T}} \boldsymbol{A}_{<M-1>}((\boldsymbol{U}^{(1)}) \otimes \cdots \otimes (\boldsymbol{U}^{(M-1)})) \\
&= \mathrm{tr}(\boldsymbol{A}_{<M-1>}((\boldsymbol{U}^{(1)}) \otimes \cdots \otimes (\boldsymbol{U}^{(M-1)}))((\boldsymbol{U}^{(1)}) \otimes \cdots \otimes (\boldsymbol{U}^{(M-1)}))^{\mathrm{T}}) \\
&= \mathrm{tr}(\boldsymbol{A}_{<M-1>}((\boldsymbol{U}^{(1)}) \otimes \cdots \otimes (\boldsymbol{U}^{(M-1)})((\boldsymbol{U}^{(1)})^{\mathrm{T}} \otimes \cdots \otimes (\boldsymbol{U}^{(M-1)})^{\mathrm{T}})) \\
&= \mathrm{tr}(\boldsymbol{A}_{<M-1>}(\boldsymbol{U}^{(1)}\boldsymbol{U}^{(1)^{\mathrm{T}}} \otimes \cdots \otimes \boldsymbol{U}^{(M-1)}\boldsymbol{U}^{(M-1)^{\mathrm{T}}}))
\end{aligned}
\tag{2.51}
$$

结合式（2.28）、式（2.50）和式（2.51），TRPDA 问题式（2.44）可重写为

$$
\begin{aligned}
&\arg\min_{\boldsymbol{U}^{(1)},\cdots,\boldsymbol{U}^{(M-1)}} \mathrm{tr}(\boldsymbol{A}_{<M-1>}(\boldsymbol{U}^{(1)}\boldsymbol{U}^{(1)^{\mathrm{T}}} \otimes \cdots \otimes \boldsymbol{U}^{(M-1)}\boldsymbol{U}^{(M-1)^{\mathrm{T}}})) \\
&s.t.\ \ \boldsymbol{U}^{(i)}\boldsymbol{U}^{(i)^{\mathrm{T}}} = \boldsymbol{I}, i \in [M-1]
\end{aligned}
\tag{2.52}
$$

令 $\boldsymbol{P}^{(i)} = \boldsymbol{U}^{(i)}\boldsymbol{U}^{(i)^{\mathrm{T}}}, i \in [M-1]$，结合式（2.27），即 $\boldsymbol{U}^{(i)} \in \boldsymbol{R}^{D_i \times d_i}$ 为列正交矩阵，可得出 $\boldsymbol{P}^{(i)}$ 为正交投影矩阵且 $\mathrm{rank}(\boldsymbol{P}^{(i)}) = d_i$。

命题 2.3[47]

若 $\boldsymbol{P}^{(i)} \in \boldsymbol{R}^{D_i \times d_i}$ 为正交投影矩阵且 $\mathrm{rank}(\boldsymbol{P}^{(i)}) = d_i, i \in [M-1]$。令 $\boldsymbol{P} = \boldsymbol{P}^{(1)} \otimes \cdots \otimes \boldsymbol{P}^{(M-1)}$，则 $\boldsymbol{P}$ 也为正交投影矩阵且 $\mathrm{rank}(\boldsymbol{P}) = d_1 \cdots d_{M-1}$。

命题 2.4[47]

若 $\boldsymbol{P} \in \boldsymbol{R}^{D_1 D_2 \cdots D_{M-1} \times D_1 D_2 \cdots D_{M-1}}$ 为正交投影矩阵且 $\mathrm{rank}(\boldsymbol{P}) = d_1 \cdots d_{M-1}$。则存在唯一的（$M-1$）个正交投影矩阵 $\boldsymbol{P}^{(i)} \in \boldsymbol{R}^{D_i \times D_i}$，且 $\mathrm{rank}(\boldsymbol{P}^{(i)}) = d_i, i \in [M-1]$，使得 $\boldsymbol{P} = \boldsymbol{P}^{(1)} \otimes \cdots \otimes \boldsymbol{P}^{(M-1)}$。

令 $(\boldsymbol{D}, d) = ((\boldsymbol{D}_1, d_1), \cdots, (\boldsymbol{D}_{M-1}, d_{M-1}))$，定义集 $\mathrm{Gr}(\boldsymbol{D}, d) = \{(\boldsymbol{P}^{(1)}, \cdots, \boldsymbol{P}^{(M-1)}) : \mathrm{rank}(\boldsymbol{P}^{(j)}) = d_j$ 为正交投影矩阵 $j \in [M-1]\}$

问题式（2.52）最终转化为

$$
\begin{aligned}
&\arg\min_{\boldsymbol{U}^{(1)},\cdots,\boldsymbol{U}^{(M-1)}} \mathrm{tr}(\boldsymbol{A}_{<M-1>}\boldsymbol{P}) \\
&(\boldsymbol{P}^{(1)}, \cdots, \boldsymbol{P}^{(M-1)}) \in \mathrm{Gr}(\boldsymbol{D}, d)
\end{aligned}
\tag{2.53}
$$

或者

$$
\begin{aligned}
&\arg\max_{\boldsymbol{U}^{(1)},\cdots,\boldsymbol{U}^{(M-1)}} \mathrm{tr}(-\boldsymbol{A}_{<M-1>}\boldsymbol{P}) \\
&(\boldsymbol{P}^{(1)}, \cdots, \boldsymbol{P}^{(M-1)}) \in \mathrm{Gr}(\boldsymbol{D}, d)
\end{aligned}
\tag{2.54}
$$

文献[47]将问题式（2.54）称为广义 Rayleigh 商问题，并利用黎曼优化（Riemannian optimization）[48-49]技术提出了两种数值算法，即黎曼牛顿法和黎曼共轭梯度法。根据以上讨论，可得以下 TRPDA 求解算法，在不引起歧义情况下，我们简称 TRPDA 求解算法为 TRPDA 算法。

输入： 训练样本集 $\{\boldsymbol{X}_i\}_{i=1}^{N} \subset \boldsymbol{R}^{D_1 \times D_2 \times \cdots \times D_{M-1}}$；类标注：$\boldsymbol{C}_i \in \boldsymbol{Z}$；子空间的维数：$[d_1, \cdots, d_{M-1}]$。

输出： 子空间 $\boldsymbol{S}$ 的基 $\boldsymbol{U}^{(i)} = [u_1^{(i)}, \cdots, u_{d_m}^{(i)}] \in \boldsymbol{R}^{D_i \times d_i}, i \in [M-1]; \{\boldsymbol{X}_i\}_{i=1}^{N}$ 在子空间 $\boldsymbol{S}$ 上的表达 $\{\boldsymbol{Y}_i\}_{i=1}^{N} \subset \boldsymbol{R}^{d_1 \times d_2 \times \cdots \times d_{M-1}}$。

（1）对每个样本 $\boldsymbol{X}_i$，构造对应局部块式（2.30）和式（2.31），利用式（2.37）计算对应矩阵 $\boldsymbol{L}_i$，利用式（2.39）计算样本选择矩阵 $\boldsymbol{S}_i$。

（2）对所有样本 $\boldsymbol{X}$，利用式（2.42）计算对齐矩阵 $\boldsymbol{L}$。

（3）利用前面的计算 $\boldsymbol{U}^{(i)} = [u_1^{(i)}, \cdots, u_{d_m}^{(i)}] \in \boldsymbol{R}^{D_i \times d_i}, i \in [M-1]; \{\boldsymbol{X}_i\}_{i=1}^{N}$。

（4）利用式（2.29）计算样本 $\boldsymbol{X}$ 的表达 $\boldsymbol{Y}$。

（5）返回子空间 $\boldsymbol{S}$ 的基 $\boldsymbol{U}^{(i)}, i \in [M-1]; \{\boldsymbol{X}_i\}_{i=1}^{N}$ 在子空间 $\boldsymbol{S}$ 上的表达 $\{\boldsymbol{Y}_i\}_{i=1}^{N}$。

2.3.3 实验结果与分析

1. 数据库及参数设置

为测试 TRPDA 算法的有效性，本节使用三组公开人脸数据库对算法进行测试，测试项目包括识别率、箱线图（boxplots）和算法训练时间。这三组数据库里样本的分辨率均标准化为 40 像素×40 像素的灰度图，其灰度值范围为[0, 256]。

第一组公开人脸数据库为 UMIST 数据库[44]。该数据库由 20 个人的 575 张人脸图像组成，平均每个人约 29 张图像。这 20 个人有着不同的性别和外貌，每个人的图像是通过转动头部角度来生成的，即图像主要由人脸的正脸和侧脸组成。图 2.25 为同一个人的部分图像。

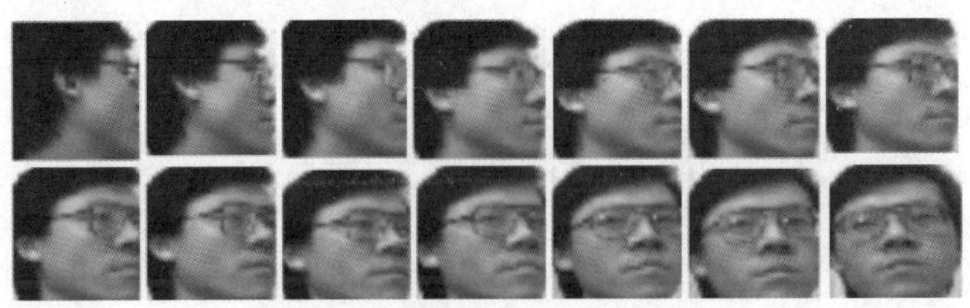

图 2.25　UMIST 数据库部分样本

第二组公开人脸数据库为 ORL 数据库[45]。该数据库由 40 个人的 400 张人脸图像组成，平均每个人 10 张图像。每个人的图像通过不同人脸表情生成，如是否睁开眼、是否微笑等。图 2.26 为同一个人的人脸图像。

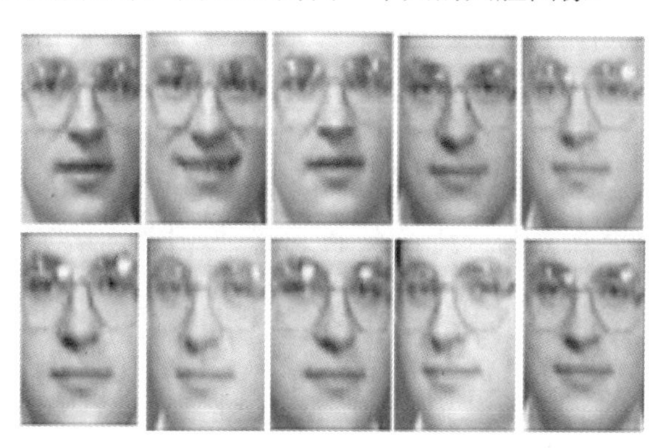

图 2.26　ORL 数据库部分样本

第三组公开人脸数据库为 CAS-PEAL-R1 表情和距离数据库[46]，该数据库由训练集和测试集组成，测试集由两个探测集（probe set）和一个标准集（gallery set）组成。训练集由 300 个人的 1200 张人脸图像组成，每人 4 张图像。训练集的变换包括光线、时间、表情、距离、背景和配饰。测试集中两个探测集称为 PE 探测集和 PS 探测集，PE 探测集的变化对应为正脸表情变化，PE 探测集的变化对应为距离变化。具体地，PE 探测集包含 377 个人的 1570 张人脸图像，PE 探测集包含 247 个人的 275 张人脸图像。标准库集包含 1040 个人的 1040 张人脸图像，这些图像的采集来自一个标准环境。图 2.27 为一些典型图像。

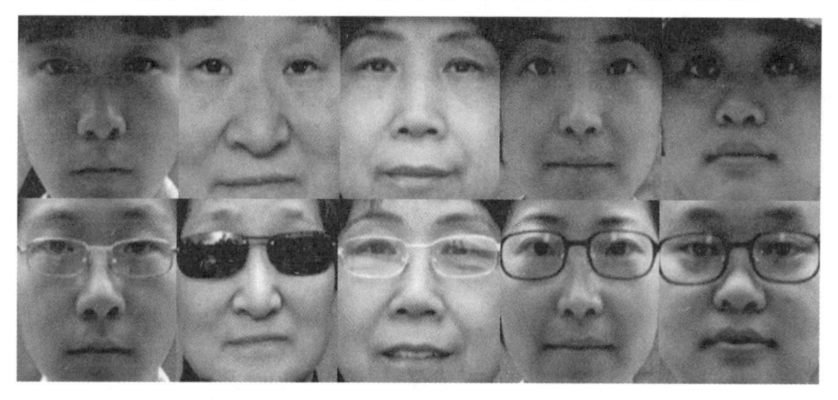

图 2.27　CAS-PEAL-R1 表情和距离数据库部分样本

为验证 TRPDA 的有效性，本节实验对比了 TRPDA 算法和 6 种经典的向量子空间学习算法：PCA、LDA、IsoP、DLA、LPP 和 MFA。实验还进一步对比了 TRPDA 算法和 5 种代表性的张量子空间学习算法：2DPCA、2DLDA、MPCA、TDLA 和 TLDA[50]。对于向量子空间学习算法，首先将人脸图像展开成向量再处理。这些算法都有各自的优势。LDA、DLA、IsoP、MFA、2DLDA、TDLA 和 TLDA 均为监督算法，它们在设计算法时加入了类别信息，PCA、LPP、2DPCA 和 MPCA 均为非监督算法。对于 LDA，由于训练样本个数小于其维数，在训练 LDA 模型前，考虑先对样本用 PCA 投影，使得后续训练 LDA 时其类内散布矩阵（Scatter matrix）非奇异。

针对 UMIST 和 ORL 数据库，首先将它们随机划分为训练集和测试集。利用训练集来学习子空间，即投影矩阵，利用测试集来给出识别率。在本章分类器采用的是 NN。具体地，对于 UMIST 数据库，随机地选择每个人的 3、5、7 和 9 张图像组成训练集，剩下的组成测试集。对于 ORL 数据库，随机地选择每个人的 2、4、6 和 8 张人脸图像组成训练集，剩下的组成测试集。每次实验重复 10 次，取平均识别率作为最终识别率。对 CAS-PEAL-R1 表情和距离数据库，利用训练集来学习子空间，利用测试集来给出识别率，此时探测集中每个样本的类别为与标准库集中距离最近的样本类别。

2. 和已有算法比较

图 2.28～图 2.30 分别比较了 TRPDA 和向量子空间学习算法（PCA、LDA、IsoP、DLA、LPP 和 MFA）在 UMIST、ORL 和 CAS-PEAL-R1 表情和距离数据库上的平均识别率结果。图 2.31 比较了 TRPDA 和张量子空间学习算法（2DPCA、2DLDA、MPCA、TDLA 和 TLDA）在 UMIST 数据库上的识别率结果。图 2.29 内有四张子图，分别表示 ORL 数据库的训练集中每张人脸样本个数为 2、4、6 和 8 时的平均识别率结果。图 2.28 和图 2.31 内各有四张子图，分别表示 UMIST 数据库的训练集中每张人脸样本个数为 3、5、7 和 9 时的平均识别率结果。

图 2.32～图 2.33 分别比较了 TRPDA 和向量子空间学习算法（PCA、LDA、IsoP、DLA、LPP 和 MFA）在 UMIST 数据库和 ORL 数据库上的箱线图。每张子图里横轴为学习的子空间维数，每个维度上从左到右的子空间学习算法分别为 LDA、PCA、IsoP、DLA、MFA、LPP 和 TRPDA，纵轴的每个箱线表示为识别率的上、下边缘，上、下四分位数和中位数，点表示异常值。图 2.34 为 CAS-PEAL-R1 表情和距离数据库上的测试集为 PE 和 PS 时，5 种张量子空

间算法（2DPCA、2DLDA、MPCA、TLDA 和 TRPDA）的识别率对比。

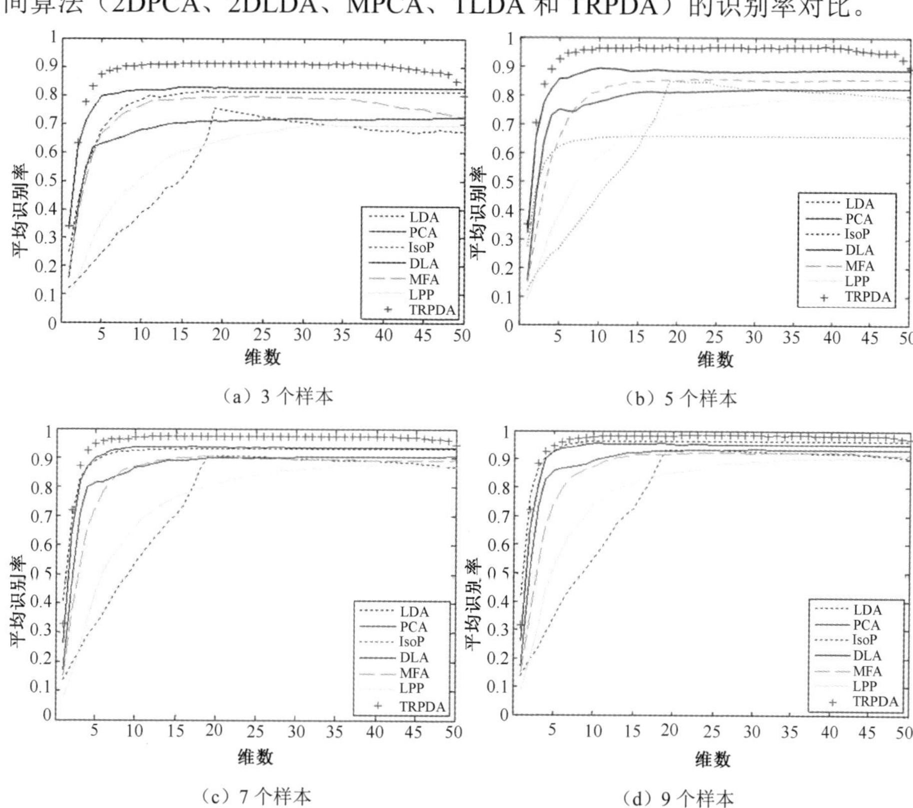

（a）3 个样本　（b）5 个样本

（c）7 个样本　（d）9 个样本

图 2.28　UMIST 数据库上 6 种向量子空间学习算法（PCA、LDA、IsoP、DLA、LPP 和 MFA）和 TRPDA 的识别率对比

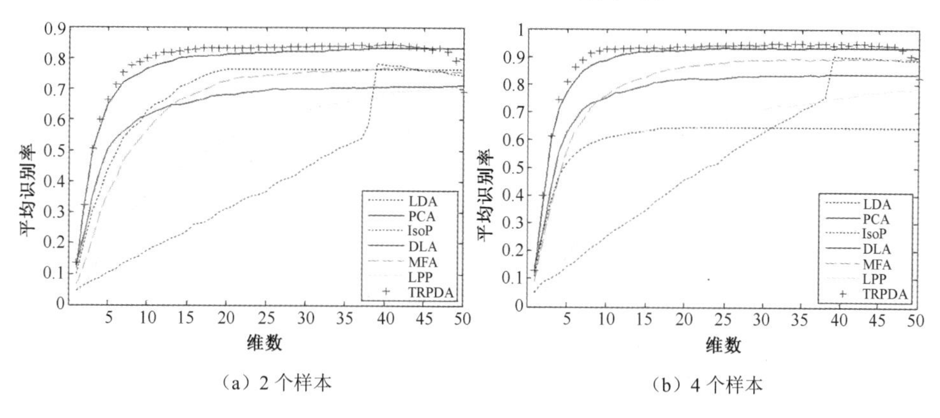

（a）2 个样本　（b）4 个样本

图 2.29　ORL 数据库上 6 种向量子空间学习算法（PCA、LDA、IsoP、DLA、LPP 和 MFA）和 TRPDA 的识别率对比

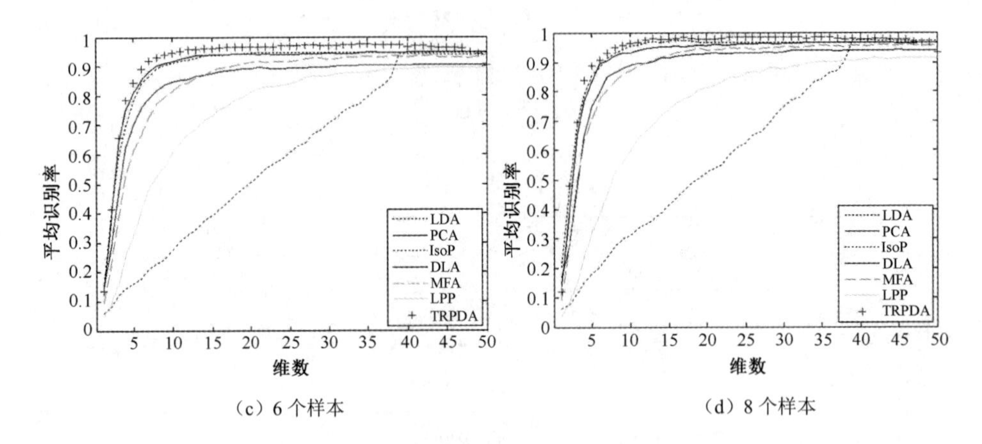

（c）6 个样本　　（d）8 个样本

图 2.29　ORL 数据库上 6 种向量子空间学习算法（PCA、LDA、IsoP、DLA、LPP 和 MFA）和 TRPDA 的识别率对比（续）

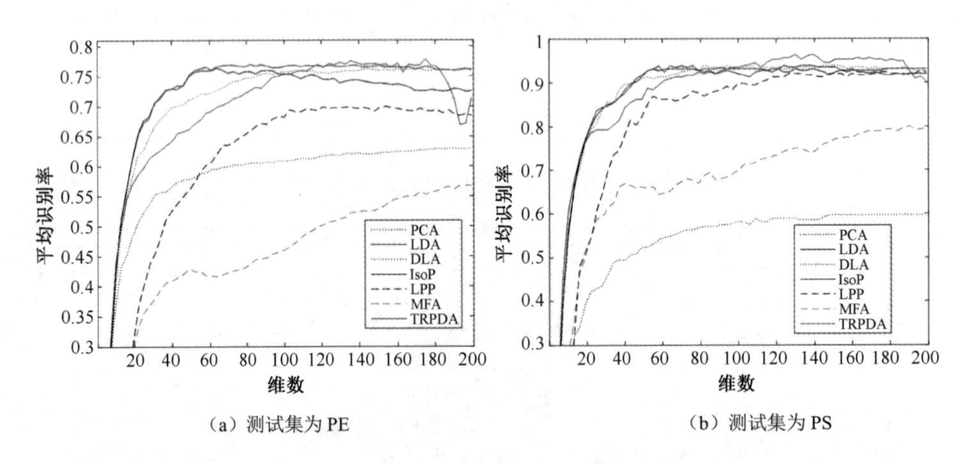

（a）测试集为 PE　　（b）测试集为 PS

图 2.30　CAS-PEAL-R1 表情和距离数据库上 6 种向量子空间学习算法（PCA、LDA、IsoP、DLA、LPP 和 MFA）和 TRPDA 的识别率对比

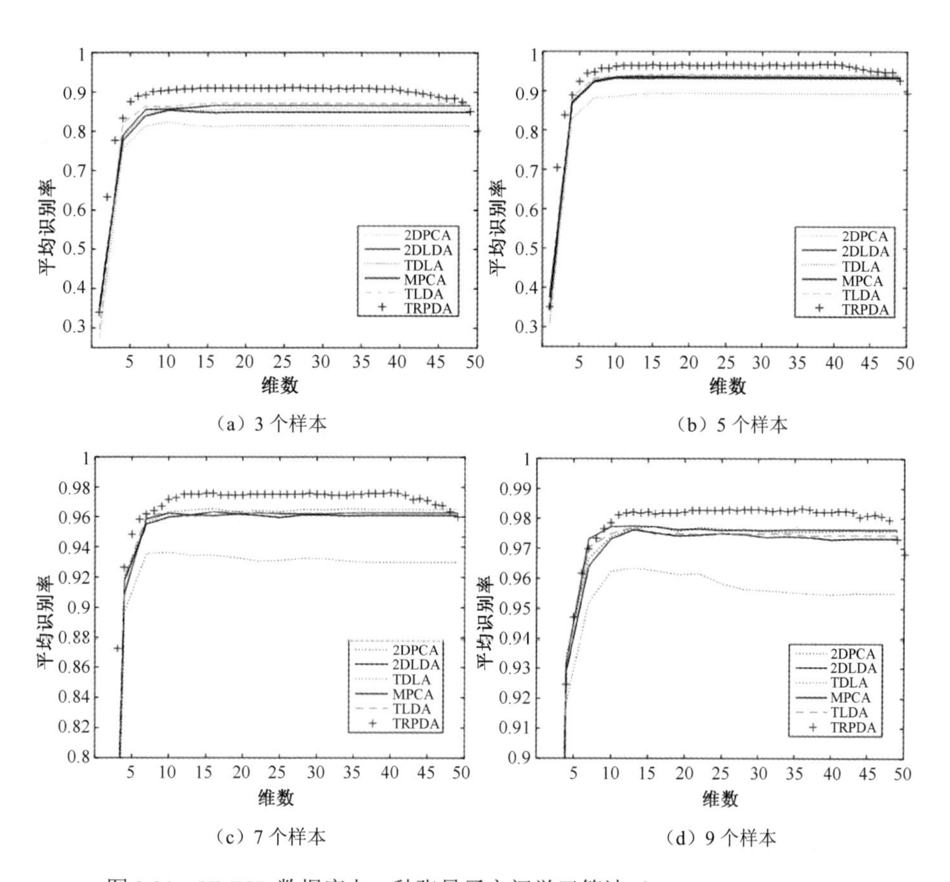

（a）3 个样本　　（b）5 个样本

（c）7 个样本　　（d）9 个样本

图 2.31　UMIST 数据库上 5 种张量子空间学习算法（2DPCA、2DLDA、MPCA、TDLA 和 TLDA）和 TRPDA 的识别率对比

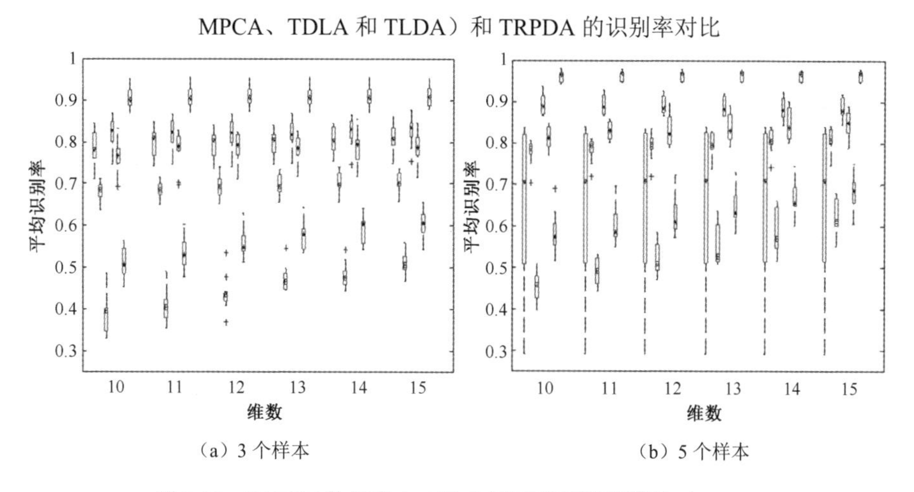

（a）3 个样本　　（b）5 个样本

图 2.32　UMIST 数据库上 6 种向量子空间学习算法（PCA、LDA、IsoP、DLA、LPP 和 MFA）和 TRPDA 的箱线图

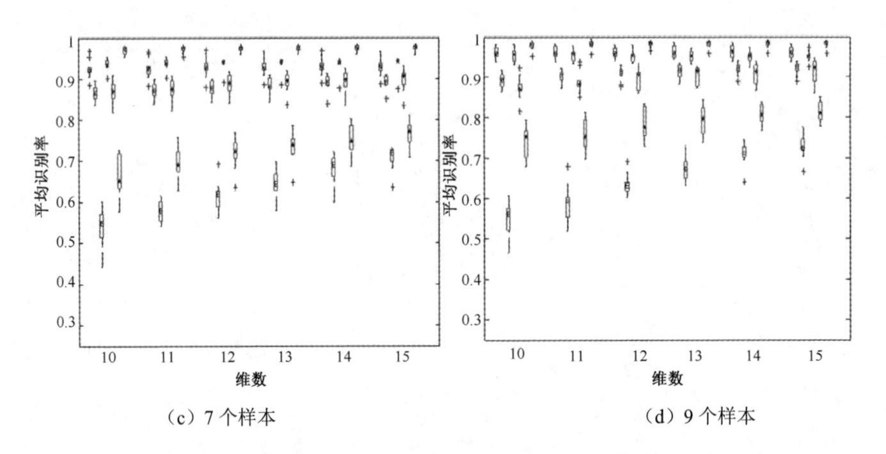

（c）7 个样本　　　　（d）9 个样本

图 2.32　UMIST 数据库上 6 种向量子空间学习算法（PCA、LDA、IsoP、DLA、LPP 和 MFA）和 TRPDA 的箱线图（续）

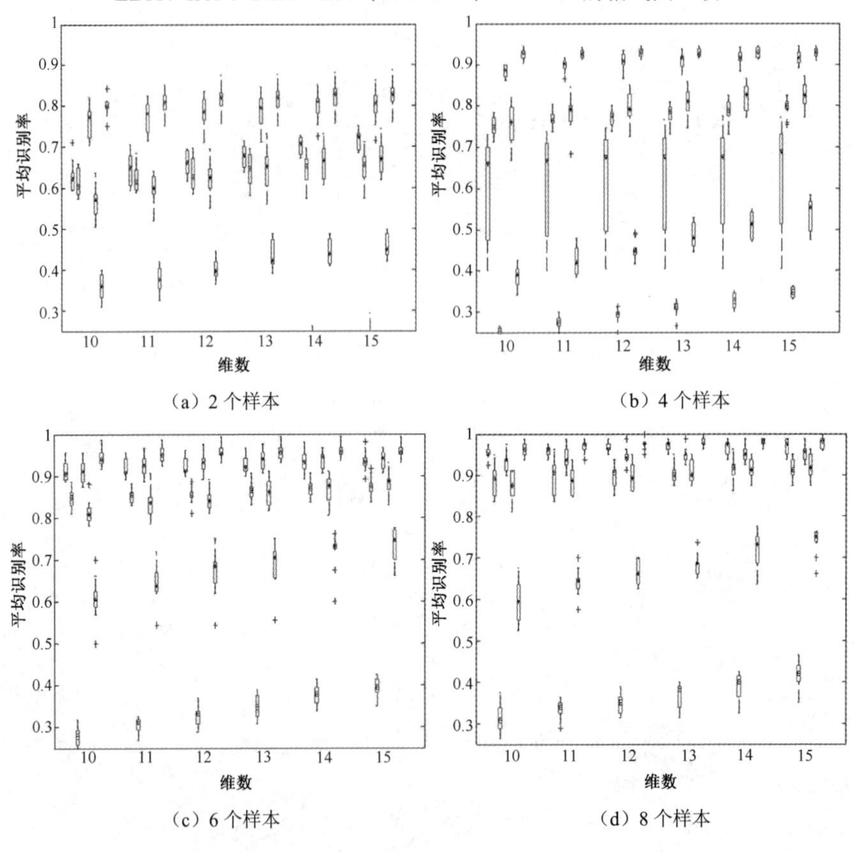

（a）2 个样本　　　　（b）4 个样本

（c）6 个样本　　　　（d）8 个样本

图 2.33　ORL 数据库上 6 种向量子空间学习算法（PCA、LDA、IsoP、DLA、LPP 和 MFA）和 TRPDA 的箱线图

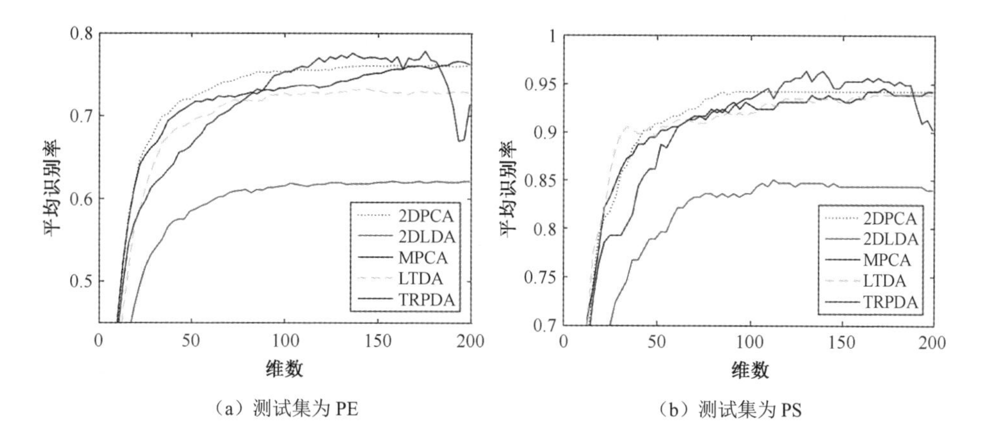

（a）测试集为 PE　　　　（b）测试集为 PS

图 2.34　CAS-PEAL-R1 表情和距离数据库上的测试集为 PE 和 PS 时，5 种张量子空间算法（2DPCA、2DLDA、MPCA、TLDA 和 TRPDA）的识别率对比

表 2.5～表 2.7 分别列出了不同方法在 UMIST、ORL 和 CAS-PEAL-R1 表情和距离数据库上的最佳平均识别率结果，表中括号内数字为最佳平均识别率结果取得时对应的子空间维数。表 2.8 列出了 TRPDA、MPCA 和 TLDA 在 CAS-PEAL-R1 表情和距离数据库上学习子空间时所用的训练时间，所有实验的计算机配置是 CPU 为 i5-2500K，主频为 3.30GHz，内存为 8GB。

表 2.5　UMIST 数据库上 12 种算法的最佳平均识别率

训练样本个数	3	5	7	9
LDA	0.81(17)	0.66(17)	0.93(19)	0.96(18)
PCA	0.72(49)	0.82(46)	0.90(49)	0.93(30)
IsoP	0.76(19)	0.85(19)	0.91(21)	0.93(21)
DLA	0.83(16)	0.89(10)	0.94(17)	0.96(10)
MFA	0.81(21)	0.86(46)	0.91(18)	0.92(25)
LPP	0.70(31)	0.79(48)	0.87(41)	0.90(39)
2DPCA	0.86(19)	0.94(19)	0.97(16)	0.98(16)
2DLDA	0.86(16)	0.93(16)	0.96(22)	0.98(13)
MPCA	0.85(10)	0.94(16)	0.96(16)	0.98(13)
TDLA	0.82(10)	0.89(19)	0.93(10)	0.96(13)
TLDA	0.87(16)	0.94(19)	0.96(19)	0.98(13)
TRPDA	0.91(27)	0.96(39)	0.98(40)	0.98(36)

表 2.6　ORL 数据库上 6 种向量子空间学习算法和 TRPDA 的最佳平均识别率

训练样本个数	2	4	6	8
LDA	0.76(20)	0.64(20)	0.95(20)	0.97(16)
PCA	0.71(50)	0.84(50)	0.91(50)	0.94(45)
IsoP	0.78(39)	0.90(39)	0.94(39)	0.98(39)
DLA	0.83(39)	0.93(43)	0.95(40)	0.97(35)
MFA	0.77(42)	0.89(48)	0.94(50)	0.96(43)
LPP	0.70(49)	0.79(50)	0.90(50)	0.92(42)
TRPDA	0.84(41)	0.95(35)	0.97(34)	0.99(36)

表 2.7　CAS-PEAL-R1 表情和距离数据库上 11 种算法的最佳识别率

	LDA	PCA	IsoP	DLA	MFA	LPP
PE	0.77(82)	0.63(190)	0.76(64)	0.76(181)	0.57(193)	0.70(154)
PS	0.94(58)	0.60(148)	0.93(55)	0.94(82)	0.80(190)	0.93(196)
	2DPCA	2DLDA	MPCA	TLDA	TRPDA	
PE	0.76(181)	0.62(157)	0.77(193)	0.73(142)	0.78(175)	
PS	0.94(85)	0.85(112)	0.95(192)	0.94(157)	0.96(130)	

图 2.28～图 2.30、图 2.32 和图 2.34 描绘了 11 种子空间学习算法在三个公开人脸数据库上平均识别率随维数变化的结果。可以看出，TRPDA 算法在这个三个数据库上的识别率优于其他 10 种子空间学习算法。特别地，当所学习子空间维数较低且训练集较小时，TRPDA 在识别率上仍有较好表现，这是因为它同时考虑了样本的空间结构和类内样本的排序信息。箱线图 2.32 和图 2.33 描绘了 TRPDA 算法和 6 种基于向量子空间学习算法在 UMIST 和 ORL 数据库上识别率随维数变化的结果。可以看出，利用了排序信息的 TRPDA 识别率最稳定。非线性子空间学习算法 MFA、DLA 和 IsoP 比线性子空间学习算法 LDA 更稳定，这是因为它们考虑了样本的流形结构。

从 6 种基于向量子空间学习算法和 TRPDA 算法的平均识别率结果看，PCA 和 LPP 性能一般，因为它们忽略了类标签信息。由于考虑了类标签信息，IsoP、MFA 和 LDA 性能优于无监督算法 PCA 和 LPP。TRPDA 和 DLA 性能最好，因为它们同时考虑了判别信息和局部几何信息。由于 TRPDA 利用了输入样本的自然空间结构，并在局部块中保存了样本排序信息，因此其性能优于 DLA。经典的张量子空间学习算法，如 2DPCA、2DLDA、MPCA 有着类似的表现，因为它们利用了输入样本的空间结构。TRPDA 性能最好，因为它是基于流形学习的子空间学习算法，同时考虑了类内样本的排序信息。表 2.8 列出了 TRPDA、MPCA 和 TLDA 在 CAS-PEAL-R1 表情和距离数据库上的平均训练时间，因为 TRPDA 统一在 TPAF 框架下，计算速度现对于其它两种算法提升了较多。

表 2.8　TRPDA、MPCA 和 TLDA 在 CAS-PEAL-R1 表情和距离数据库上的平均训练时间

TRPDE	MPCA	TLDA
0.74s	8.18s	21.09s

2.4　本章小结

本章主要描述了素描人脸识别技术中常使用的算法及方法，并在原有算法上介绍了一种新的算法。在关于人脸图像分割方面，主要介绍了两种分割方法：一种是基于人脸组件的分割，利用纹理走向的方位角度向量度量识别度问题，一种是常规的等尺度分割及多尺度的金字塔结构分割，并延伸出自适应分割的概念。本章还详细介绍了 LBP 算法及 Surf 算法，LBP 算法主要是进行图像纹理特征直方图提取，而 Surf 算法主要是为了寻找极大值点，并以之作为特征点进行匹配识别；另外，还介绍了图像领域另一常用算法——HOG 特征描述算法，但经实验对比发现，该算法的最终效果类似于 LBP 特征提取。在介绍完常用算法后，本章基于 Surf 算子介绍了一种新的针对素描人脸识别的算法，该算法对素描人脸图像和光学人脸照片进行了伪素描模态转化，之后利用 Surf 算子对其进行特征点提取。对提取到的特征点进行基于局部特征邻域圆的坐标邻域一致性优化，排除相对邻域位置不同的特征点对，最终统计总的匹配特征点对数，实现特征点位置和数量的融合，进而完成素描人脸的识别过程。之后，展示了大量实验，其中包括特征点数量参数、Rank 值参数及分点和分块的区别等诸多对比。通过其结果可以判断，该识别算法对于素描图像具有适用性。在 2.3 节中，在张量块配准框架（TPAF）的基础上，建立了一种新的基于流形学习的张量子空间学习模型，即张量排序保留判别分析（TRPDA）模型，并提出了 TRPDA 算法对其求解。在模型设计上，基于 TPAF、TRPDA 模型引入距离惩罚函数来保留局部块上同类样本的排序信息。在算法设计上，TRPDA 算法应用 BCD 算法的思想交替求解，并指出所设计的模型可以归结成广义 Rayleigh 商问题，从而也可用文献[51]中所提出的黎曼牛顿法或者黎曼共轭梯度法求解。针对人脸

识别这一实际应用，进行了实验比对和分析。结果表明，与传统的向量子空间学习算法（例如 PCA、LDA、IsoP、DLA、LPP 和 MFA）比，TRPDA 在识别准确率上有更大的优势，和典型的张量子空间学习算法（例如 2DPCA、2DLDA、MPCA、TDLA 和 TLDA）比，TRPDA 在不仅在识别准确率上有优势，且计算速度更快。

参考文献

[1] 邓梁. 基于 AAM 的人脸特征定位与识别[D]. 昆明: 昆明理工大学, 2013.

[2] 赵玉丹, 基于 LBP 的图像纹理特征的提取及应用[D]. 西安: 西安邮电大学, 2015.

[3] 谢志华, 伍世虔, 方志军. LBP 与鉴别模式结合的热红外人脸识别[J]. 中国图象图形学报, 2012, 17(6): 707-711.

[4] 杨浩广. 基于多特征融合的低空风切变类型识别研究[D]. 天津: 中国民航大学, 2015.

[5] 俞燕, 李正明. 基于特征的弹性图匹配人脸识别算法改进[J]. 计算机工程, 2011, 37(5): 216-218.

[6] 孙玉秋, 田金文, 柳健. 基于图像金字塔的分维融合算法[J]. 计算机应用, 2005, 25(5): 1064-1075.

[7] Rujirakul K, So-In C, Arnonkijpanich B, et al. PFP-PCA: Parallel Fixed Point PCA Face Recognition[J]. 2013 4th International Conference on Intelligent Systems, Modelling and Simulation, Bangkok, 2013(1): 409-414.

[8] Li J, Wang H, Zhang L, et al. The Research of Random Sample Consensus Matching Algorithm in PCA-SIFT Stereo Matching Method[C]. 2019 Chinese Control and Decision Conference (CCDC), Nanchang, China, 2019(6): 3338-3341.

[9] Hu R, Qi W, Guo Z. Feature Reduction of Multi-scale LBP for Texture Classification[C]. International Conference on Intelligent Information Hiding & Multimedia Signal Processing, Adelaide, SA. IEEE, 2016(2): 3338-3341.

[10] Jain S, Kumar B L S, Shettigar R. Comparative study on SIFT and SURF face

feature descriptors[C]. International Conference on Inventive Communication & Computational Technologies, 2017: 200-205.

[11] Wang X, Tang X. Face photo-sketch synthesis and recognition[J]. IEEE Transactions on Pattern Analysis and Machine Intelligence, 2009, 31(11): 1955-1967.

[12] W. Park, D. Kim, Suryanto, C. Lyuh, T. M. Roh and S. Ko . Fast human detection using selective block-based HOG-LBP[C]. 2012 19th IEEE International Conference on Image Processing, Orlando, FL, 2012: 601-604.

[13] The FERET Face Sketch Database is available for download at: http://www.itl.nist.gov/iad/humanid/feret/feret_master.html.

[14] A. Nabatchian, I. Makaremi, E. Abdel-Raheem and M. Ahmadi. Pseudo-Zernike Moment Invariants for Recognition of Faces Using Different Classifiers in FERET Database[C]. 2008 Third International Conference on Convergence and Hybrid Information Technology, Busan, 2008: 933-936.

[15] Bay H, Tuytelaars T, Gool L V. SURF: Speeded up robust features[C]. Proceedings of the 9th European conference on Computer Vision - Volume Part I. Springer-Verlag, 2006,110(3): 346-359.

[16] Gupta S, Markey M K, Bovik A C. Advances and Challenges in 3D and 2D+3D Human Face Recognition [M]. Columbus F. Pattern Recognition Theory and Application, New York: Nova Science Publishers, 2008: 63-103.

[17] Federico M. Sukno, Sebastian Ordas, Constantine Butakoff, et al. Active Shape Models with Invariant Optimal Features: Applicaiont to Facial Analysis[J]. IEEE Transactons On Pattern Analysis And Machine Intelligence, 2007, 29(7): 1105-1117.

[18] Wang Y, Liu J, Tang X. Robust 3D face recognition by local shape difference boosting[J]. Pattern Analysis and Machine Intelligence, IEEE Transactions on, 2010, 32(10): 1858-1870.

[19] Ben Amor, B, Srivastava, A, Daoudi, M. 3D Face Recognition under Expressions, Occlusions, and Pose Variations[J]. IEEE Transactions on PAMI, 2013, 35(9): 2270-2283.

[20] 杨晓敏. 图像特征点提取及匹配技术[J]. 光学精密工程, 2009, 17(9): 2279-2280.

[21] 熊英，马惠敏. 3 维物体 SIFT 特征的提取与应用[J]. 中国图象图形学报, 2010, 15(5): 814-819.

[22] 丘文涛，赵建，刘杰. 结合区域分割的 SIFT 图像匹配方法[J]. 液晶与显示, 2012, 27(6): 827-831.

[23] Wang J, Yan Z, Sun M, et al. Face orientation detection in video stream based on HARR-like feature and LQV classifier for civil video surveillance[C]. IET International Conference on Smart and Sustainable City 2013 (ICSSC 2013). IET, 2013: 161-165.

[24] Derpanis K G, Leung E T H, Sizintsev M. Fast Scale-Space Feature Representations by Generalized Integral Images[C]. IEEE International Conference on Image Processing. IEEE, 2007: 521-524.

[25] N. Dalal, B. Triggs. Histograms of oriented gradients for human detection[C]. 2005 IEEE Computer Society Conference on Computer Vision and Pattern Recognition (CVPR'05), San Diego, CA, USA, 2005: 886-893.

[26] Cortes C, Vapnik V. Support-vector networks[J]. Machine Learning, 1995, 20(3): 273-297.

[27] 许宏科. 一种基于改进 Canny 的边缘检测算法[J]. 红外技术, 2014, 36(3): 210-214.

[28] Min, Lu, Xiang, Zheng Ling. Contour detection based on Gabor filter and directional DoG filter[C]. International Conference on Mechatronics & Machine Vision in Practice, Xiamen. IEEE, 2008: 185-190.

[29] Tang X, Wang X. Face sketch recognition[J]. Circuits & Systems for Video Technology IEEE Transactions, 2004, 14(1): 50-57.

[30] Wu S, Nagahashi H. Parameterized AdaBoost: Introducing a Parameter to Speed Up the Training of Real AdaBoost[J]. IEEE Signal Processing Letters, 2014, 21(6): 687-691.

[31] Klare B, Klum S, Klontz J, et al. Suspect Identification Based on Descriptive Facial Attributes[C]. IEEE International Joint Conference on Biometrics, Clearwater, FL. IEEE, 2014: 1-8.

[32] Bonnen K, Klare B F, Jain A K. Component-Based Representation in Automated Face Recognition[J]. IEEE Transactions on Information Forensics & Security, 2013, 8(1): 239-253.

[33] Klare B F, Jain A K. Heterogeneous Face Recognition Using Kernel Prototype Similarities[J]. IEEE Transactions on Pattern Analysis & Machine Intelligence, 2013, 35(6): 1410-1422.

[34] Klare B. Heterogeneous Face Recognition[D]. Lansing: Michigan State University, 2012.

[35] 周汐，曹林. 分块LBP的素描人脸识别[J]. 中国图象图形学报, 2015,20(1): 0050-0058.

[36] H. Hotelling. Analysis of a complex of statistical variables into principal components[J]. Journal of Educational Psychology, 1993, 24(6):417-520.

[37] D. L. Donoho. High-Dimensional Data Analysis: The Curses and Blessings of Dimensionality[J]. AMS Math Challenges Lecture, 2000: 1-2.

[38] J. B. Kruskal. Nonmetric multidimensional scaling: A numerical method[J]. Psychometrika, 1964, 29(2):115-129.

[39] P. J. Deschavanne, A. Giron, J. Vilain, G. Fagot, and B. Fertil. Genomic signature: characterization and classification of species assessed by chaos game representation of sequences[J]. Molecular Biology and Evolution, 1999, 16(16): 1391-1399.

[40] D. Tao, L. Jin, Y. Wang, X. Li. Rank preserving discriminant analysis for human behavior recognition on wireless sensor networks[J]. IEEE Transactions on Industrial Informatics, 2013, 10(1):813-823.

[41] J. Edwardjackson. The user's guide to multidimensional scaling[J]. Technometrics, 1985, 27(1):87-88.

[42] R. A. Fisher. The use of multiple measurements in taxonomic problems[J]. Annals of Human Genetics, 1936, 7(2):179-188.

[43] T. Zhang, D. Tao, X. Li, and J. Yang. Patch alignment for dimensionality reduction[J]. IEEE Transactions on Knowledge and Data Engineering, 2009, 21(9):1299-1313.

[44] D. B. Graham and N. M. Allinson. Characterising virtual eigensignatures for general purpose face recognition[M]. Springer Berlin Heidelberg, 1998.

[45] Samaria F S, Harter A C. Parameterisation of a stochastic model for human face identification[C]. Applications of Computer Vision, 1994. Proceedings of the Second IEEE Workshop on. IEEE, 1994: 138-142.

[46] W. Gao, B. Cao, S. Shan, X. Chen, D. Zhou, X. Zhang, and D. Zhao. The cas-peal large-scale chinese face database and baseline evaluations[J]. IEEE Transactions on System Man, and Cybernetics (Part A), 2008, 38(1):149-161.

[47] O. Curtef, G. Dirr, and U. Helmke. Riemannian optimization on tensor products of grassmann manifolds: Applications to generalized rayleighquotients[J]. SIAM Journal on Matrix Analysis and Applications, 2010, 33(1):210-234.

[48] P. A. Absil, R. Mahony, and R. Sepulchre. Optimization algorithms on matrix manifolds[M]. Princeton University Press, 2009.

[49] C. Udrişte. Convex functions and optimization methods on riemannian manifolds[J]. Mathematics and Its Applications, 1994, 297(6):56-107.

[50] F. Nie and S. Xianga. Extracting the optimal dimensionality for local tensor discriminant analysis[J]. Pattern Recognition, 2009, 42(1):105-114.

[51] O. Curtef, G. Dirr, and U. Helmke. Riemannian optimization on tensor products of grassmann manifolds: Applications to generalized rayleighquotients[J]. SIAM Journal on Matrix Analysis and Applications, 2010, 33(1):210-234.

第 3 章

深度学习在素描人脸识别上的应用

3.1 深度学习相关原理

3.1.1 卷积神经网络概述

深度学习[1]是机器学习的众多方法之一，由神经网络发展而来。随着训练数据的增加和计算机运算能力的提高，深度学习在多个领域都受到了前所未有的重视。其中，卷积神经网络[2]（Convolutional Neural Network，CNN）在人脸识别等计算机视觉领域取得了显著的成果。神经网络是一种模仿人脑神经元结构及其功能的信息处理系统。因此，神经网络对输入的数据有很强的识别与分类能力，并且由于神经网络具有分布存储信息和并行计算的特点，它可以对输入的数据进行联想记忆。神经网络能够模拟任意一种非线性映射关系，并且通过在已有的约束条件下，逐步优化，逼近真实状态下的映射关系。神经网络的结构如图 3.1 所示。

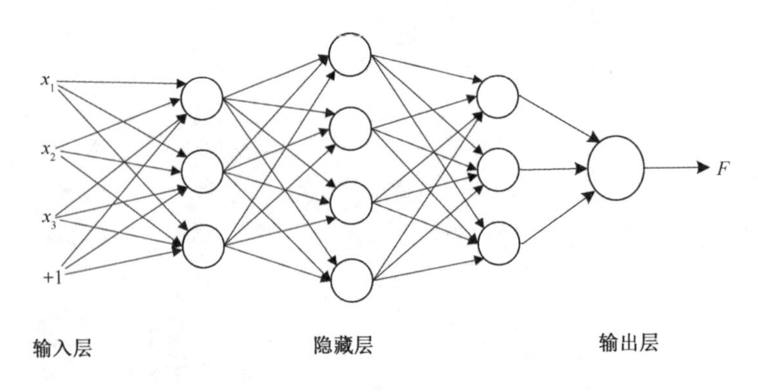

图 3.1　神经网络结构

图 3.1 中每个圆圈都是一个神经元，每条线表示神经元之间的连接。图 3.1 中的神经元被分成了多个网络层，层与层之间的神经元有连接，而层内之间的神经元没有连接。最左边的层为输入层，主要负责接收输入数据；最右边的层为输出层，主要负责输出经过神经网络处理后的数据；中间层为隐藏层。隐藏层较多的神经网络被称为深度神经网络，而深度学习就是指使用深度神经网络的机器学习方法。

卷积神经网络是一种高效的图像处理方法，是众多科学领域的研究热点之一。由于该网络结构可以直接输入完整的原始图像，避免了前期对图像处理的复杂过程，降低了特征提取和分类过程中数据重建的复杂度，因此得到了广泛的应用。卷积神经网络通过提取图像的局部特征并对其参数权重进行共享，降低了网络结构的复杂性，使其在解决图像处理与语音识别等复杂任务时有着独特的优势。

以下将对卷积神经网络的各个组成部分进行简单介绍。

卷积层：卷积层主要用来提取图像的特征。在每一个卷积层中，可根据不同的需求设置不同尺寸及数量的卷积核来对图像进行卷积操作，从而获取不同抽象程度的特征图。卷积计算如式（3.1）所示

$$a_{m,n}=f\left(\sum_{j=0}^{p-1}\sum_{i=0}^{q-1}x_{m+i,n+j}w_{i,j}+b\right)\ (0\leqslant m<M,0\leqslant n<N) \tag{3.1}$$

式中，$x_{m,n}$ 为特征图的第 m 行第 n 列的元素，$w_{i,j}$ 表示第 i 行第 j 列的元素权重，b 为偏置项，(p,q) 表示卷积核的大小，f 为激活函数，$a_{m,n}$ 表示特征图经过卷积后的第 m 行第 n 列的元素。

池化层：池化层通过局部相关性原理对输入的特征图进行下采样操作，仅

保留特征图中的有效信息，从而减少网络中参数的数量。经过池化操作的特征图具有旋转不变性、平移不变性和伸缩不变性，有利于提高网络对所提取特征的处理能力。

激活函数：卷积层中的操作是一种线性计算过程，激活函数的目的是引入非线性映射关系，增加卷积神经网络的非线性处理过程。激活函数的种类很多，面对不同问题时应选取不同的激活函数，Xu 等人[3]证明了激活函数的选择对网络的性能有很大的影响。

全连接层：全连接层相当于一个分类器，对经过卷积层、激活函数、池化层等处理过后的数据进行分类。

3.1.2　主流人脸识别模型框架

1. VGGFace

1）网络结构

VGGFace[4]于 2014 年由 Omkar M. Parkhi、Andrea Vedaldi 和 Andrew Zisserman 提出，其在 LFW 上的测试准确度达到了 98.98%。作者在其论文中一共提出了 A、B、D 三个网络结构，图 3.2 所示为 A 网络的结构图。输入网络中的图片尺寸为 244 像素×244 像素的 RGB 光学人脸照片。A 网络由 8 个卷积运算层和 3 个全连接层组成，共包有 11 层，按照 CNN 的设计思想，每个模块都包含线性运算子，并且会在每个线性运算子后面再跟上激活函数（如 ReLU 激活函数或池化）。B 网络、D 网络和 A 网络大致结构相似，只是 B 网络在 A 网络基础上额外添加了 2 个卷积层，D 网络在 A 网络基础上添加了 5 个卷积层。

layer	0	1	2	3	4	5	6	7	8	9	10	11	12	13	14	15	16	17	18
type	input	conv	relu	conv	relu	mpool	conv	relu	conv	relu	mpool	conv	relu	conv	relu	conv	relu	mpool	conv
name	–	conv1_1	relu1_1	conv1_2	relu1_2	pool1	conv2_1	relu2_1	conv2_2	relu2_2	pool2	conv3_1	relu3_1	conv3_2	relu3_2	conv3_3	relu3_3	pool3	conv4_1
support	–	3	1	3	1	2	3	1	3	1	2	3	1	3	1	3	1	2	3
filt dim	–	3	–	64	–	–	64	–	128	–	–	128	–	256	–	256	–	–	256
num filts	–	64	–	64	–	–	128	–	128	–	–	256	–	256	–	256	–	–	512
stride	–	1	1	1	1	2	1	1	1	1	2	1	1	1	1	1	1	2	1
pad	–	1	0	1	0	0	1	0	1	0	0	1	0	1	0	1	0	0	1

layer	19	20	21	22	23	24	25	26	27	28	29	30	31	32	33	34	35	36	37
type	relu	conv	relu	conv	relu	mpool	conv	relu	conv	relu	conv	relu	mpool	conv	relu	conv	relu	conv	softmx
name	relu4_1	conv4_2	relu4_2	conv4_3	relu4_3	pool4	conv5_1	relu5_1	conv5_2	relu5_2	conv5_3	relu5_3	pool5	fc6	relu6	fc7	relu7	fc8	prob
support	1	3	1	3	1	2	3	1	3	1	3	1	2	7	1	1	1	1	1
filt dim	–	512	–	512	–	–	512	–	512	–	512	–	–	512	–	4096	–	4096	–
num filts	–	512	–	512	–	–	512	–	512	–	512	–	–	4096	–	4096	–	2622	–
stride	1	1	1	1	1	2	1	1	1	1	1	1	2	1	1	1	1	1	1
pad	0	1	0	1	0	0	1	0	1	0	1	0	0	0	0	0	0	0	0

图 3.2　A 网络结构图

2）Triplet Loss

VGGFace 网络结构的一个创新点在于使用 Triplet Loss[5]作为损失函数，过去深度学习网络一般都是使用一个或两个损失函数而 Triplet Loss 使用三个损失函数，Triplet Loss 就是三元组：随机从训练集中抽取一个样本作为输入（此样本被称为 Anchor），再从样本中随机抽取 2 个其他样本，其中的一个和 Anchor 是同类记作 x_a，另外一个和 Anchor 不是同类记作 x_p。在机器学习领域，这两个样本通常被叫作正样本（Positive）和负样本（Negative），于是就构成了一个三元组（Anchor，Positive，Negative），如图 3.3 所示。

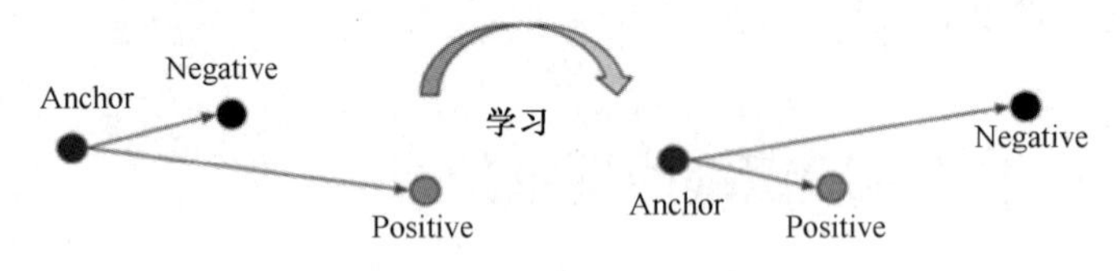

图 3.3　Triplet Loss

Triplet Loss 损失函数的作用就通过网络的迭代学习，让 x_a 和 x_p 的距离 d_p 尽量小，而 x_a 和 x_n 的距离 d_n 尽量大，即尽可能缩小类内距离和扩大类间距离。设定阈值α，并使得 d_p 和 d_n 的距离大于α，Triplet Loss 目标函数

$$E(W')=\sum_{(a,p,n)}\max\left\{0,\alpha-\|x_a-x_p\|_2^2+\|x_a-x_n\|_2^2\right\},X_i=W'\frac{\varphi(l_i)}{\|\varphi(l_i)\|_2} \tag{3.2}$$

从式（3.2）可以看出，当 x_a 与 x_n 之间的距离大于 x_a 和 x_p 之间的距离函数与α之和，即类间距大于类内距，函数值为零，没有产生损失。当 x_a 与 x_n 之间的距离小于 x_a 和 x_p 之间的距离与α之和，即类间距大于类内距，函数值大于零，于是就产生了损失。

3）测试

为得到 VGGFace 的性能，使用开源 LFW[6]对 VGGFace 中网络模型 A（VGG-16）进行了测试，测试精准确度为 97.4%。

2. Lightened CNN

CNN 网络结构越深就越能提取到图像更本质的特征，得到更好的识别效果，但是随着 CNN 网络结构深度的增加其训练参数也会增加，从而导致需要更多的训练样本才能使网络收敛，否则在进行训练时会很容易过拟合。由于目前开源了大量的光学人脸数据库，于是在设计人脸识别训练网络时现今采用更深的网络。这样会导致模型在训练时会非常耗时。此外，训练出来的模型会非常大，一般都会达到几百兆，不便于移植到移动设备和嵌入式设备上。

为了解决这个问题，采用一个轻量级的人脸识别网络模型 Lightened CNN，此网络模型并不太深，但效果却相当好，训练出来的模型只有几十兆，可方便移植到移动设备和嵌入式设备。

1）网络结构

Lightened CNN[7]相比于传统 CNN 是一个非常轻量级的网络模型，其论文共提出了 2 个网络模型。其中，A 模型有 4 个卷积层、4 个池化层及 2 个全链接层，B 模型在 A 模型的基础上增加了一个卷积层，每个卷积模型有 3 个卷积层。图 3.4 所展示的是 Lightened CNN 的网络结构模型。模型的输入是尺寸为 128 像素×128 像素光学人脸灰度图片，其训练集为 CASIA-WebFace。

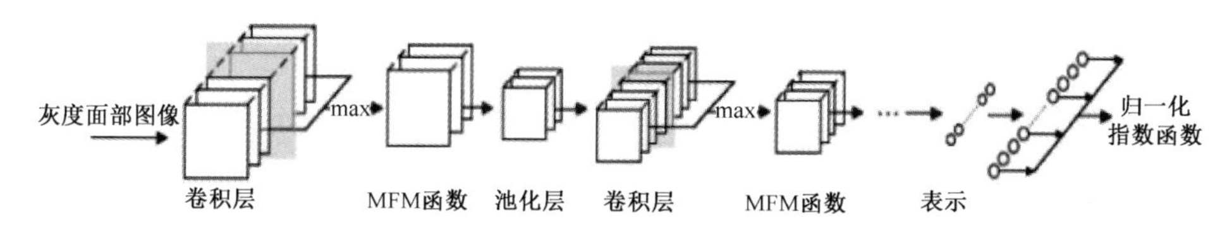

图 3.4　Lightened CNN 的网络结构模型

2）MFM 激活函数

由于 Sigmoid[8]和 Tanh[9]非线性激活函数存在梯度消失的问题，后期网络都使用 ReLU[10]函数来克服梯度消失问题，但是 ReLU 存一个问题，即在网络优化过程中假如不处理激活状态那么它的值就为 0，这样会导致信息丢失，特别是在网络的前几层，卷积核视野更大会导致丢失的信息更为严重。

为了克服 ReLU 函数的缺陷，作者在论文中提出了 MFM[11]函数。在 Lightened CNN 网络结构中每个 MFM 函数之前的卷积模块至少包含 2 个卷积层，并且这 2 个卷积层具有相同的维度。选取两个卷积层同一位置较大值作为输出就可以有效克服 ReLU 函数的缺陷，其结构图如图 3.5 所示。

MFM 函数公式为

$$f_{ij}^{k} = \max(C_{ij}^{k}, C_{ij}^{k+n}),\quad 1 < k < n \tag{3.3}$$

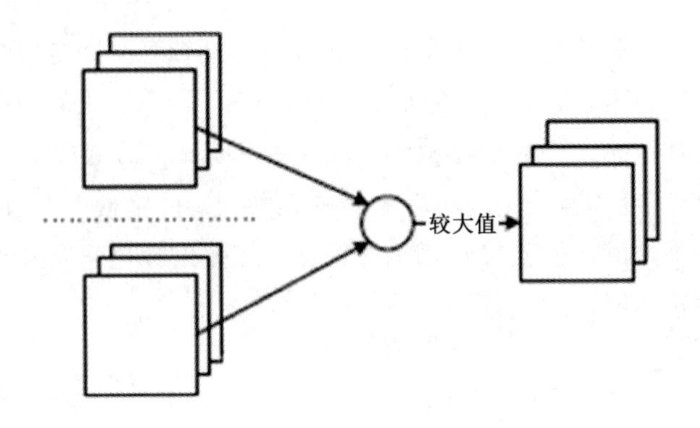

图 3.5　MFM 函数结构

激活函数梯度为

$$\frac{\partial f}{\partial C^{k'}}=\begin{cases}1, & C_{ij}^{k}>C_{ij}^{k+n}\\0, & 其他\end{cases} \tag{3.4}$$

ReLU 函数会稀疏梯度，但它也会导致卷积层得到稀疏的输入，最终导致网络提取出高维稀疏特征向量。而 MFM 函数会使得卷积模块有一半梯度为 0，从而使得整个网络得到稀疏梯度，同时它会使得卷积层的输入特征是紧凑的，最终使得整个网络训练出紧凑的特征，从而达到降维的效果。

3）测试

这里使用 LFW 测试论文中提供的 A 模型和 B 模型，测试出的准确度分别为 97.77 和 98.13，达到了原文描述的效果。在后文介绍中选取了 B 模型作为特征提取对象。

3. Caffe-face

1）网络结构

Caffe-face[12]网络结构的一个突出贡献在于它对网络结构最后的损失层进行了创新，它使用 Center Loss 函数与传统的 Softmax Loss[13]函数共同作用于网络的训练。Center Loss 与 Softmax Loss 共同监督网络的训练能使得网络在训过程中具有较好的内聚性。这样即使在训练样本很小的情况下同样能够达到比较好的效果。Caffe-face 网络结构如图 3.6 所示，网络输入 112 像素×96 像素的 RGB 光学人脸照片，输出特征向量维度为 512。为了获得更全面的人脸特征信息，Caffe-face 对每张输入人脸图像进行了镜像翻转，将镜像图片特征和原始图片各 512 个特征向量进行组合得到的特征向量维度为 1024，此特征向量为最终人脸特征表示。

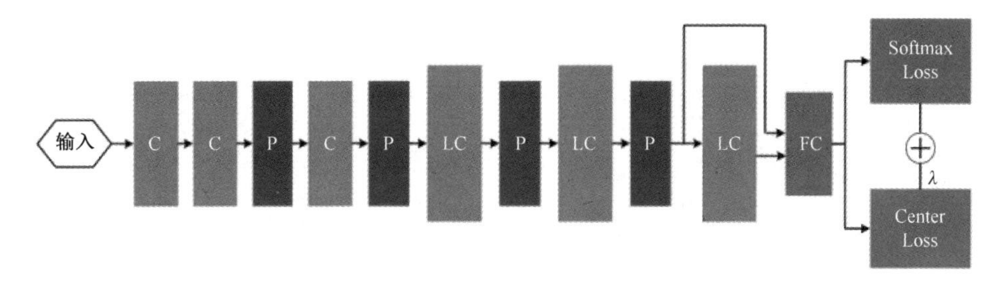

图 3.6　Caffe-face 网络结构

2）Center Loss

使用 Softmax Loss 可以根据不同类别的输入值将不同类别分开，而 Center Loss 的主要功能是减小类内距离增加类间距离，犹如 Triplet Loss 加强版。Center Loss 的实现原理以 Softmax Loss 分类为基础，使得每个类别都维持着一个中心，在实际训练中会不断缩小同类到中心的距离，增大不同类到该类中心的距离。

Caffe-face 网络中的 Softmax Loss 公式如下：

$$L_s = -\sum_{i=1}^{m} \lg \frac{e^{W_{y_i}^{T} x_i + b_{y_i}}}{\sum_{j=1}^{n} e^{W_{y_i}^{T} x_i + b_{y_i}}} \tag{3.5}$$

Caffe-face 网络中的 Center Loss 公式如下：

$$L_c = \frac{1}{2}\sum_{i=1}^{m} \left\| x_i - c_{y_i} \right\|_2^2 \tag{3.6}$$

将 Softmax Loss 和 Center Loss 联合为一个总体损失函数，设 λ 为 Center Loss 损失函数在总体损失函数中的权重，则总体损失函数可定义为

$$L = L_s + \lambda L_c = -\sum_{i=1}^{m} \lg \frac{e^{W_{y_i}^{T} x_i + b_{y_i}}}{\sum_{j=1}^{n} e^{W_{y_i}^{T} x_i + b_{y_i}}} + \frac{\lambda}{2}\sum_{i=1}^{m} \left\| x_i - c_{y_i} \right\|_2^2 \tag{3.7}$$

图 3.7 所示为 Softmax Loss 和 Center Loss 联合监督效果。

3）测试

这里使用 Caffe-face 网络结构将 Softmax Loss 和 Center Loss 联合后的总体

损失函数当作网络的损失函数，共使用 70 万张人脸数据作为训练样本，其训练模型在 LFW 测试集上达到准确度为 99.23%，达到了原文的测试精度。

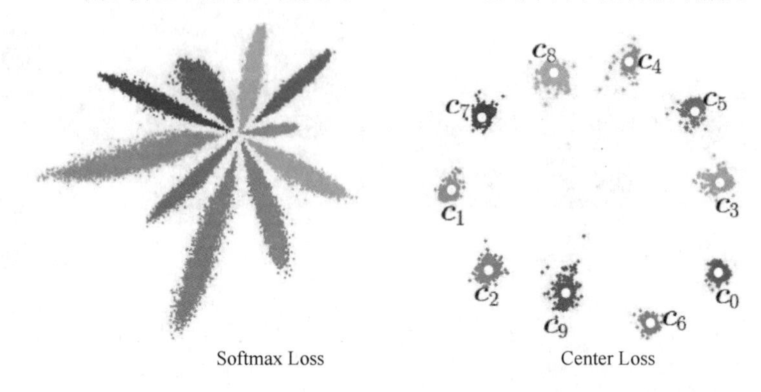

图 3.7 Softmax Loss 和 Center Loss 联合监督效果

4. ResNet 网络模型

深度卷积神经网络在计算机视觉等领域取得了一系列的突破。Szegedy 等人[14]通过大量实验表明了网络的深度是至关重要的，可以通过堆叠层数来得到较深的网络模型，提取更加丰富的非线性特征，同时也证明了随着模型深度的不断增加，网络模型的性能上升到一定程度后，开始出现退化现象。He 等研究人员[15]针对深度网络模型性能退化的问题进行了研究，提出了残差网络[16]（Residual Network，ResNet），并通过实验表明残差网络在一定程度上解决了因网络层数过深引起的模型性能退化的问题，在计算机视觉多个领域中取得了成功，尤其是在人脸识别方面。

残差学习的思想是假设深层模型的后几层网络已经对数据拟合得非常好，已接近于恒等映射，此时模型就可以看成一个退化的浅层网络，那么接下来需要解决的问题就是学习这个恒等映射的函数。He 等人发现直接学习恒等映射 $H(x)=x$ 比较困难，而拟合残差函数更加容易，因此提出了残差学习单元。令 $H(x)=F(x)+x$ 代替原始的映射 $H(x)$，转换为学习残差函数 $F(x)=H(x)-x$，令 $F(x)=0$，就得到了恒等映射 $H(x)=x$。基本残差单元的结构如图 3.8（a）所示。添加残差单元后网络并不会生成其他参数，也不会增加计算的复杂度，整个网络仍然可以通过端到端的反向传播进行训练。

残差单元的输入 x 和输出 y 可以是不同的尺寸。当维度相同时可以直接执行式（3.8），当维度不同时执行式（3.9）。尺寸由设定的卷积层与输入 x 进行

W_s 卷积操作来匹配，其中 $F(x,\{W_i\})$ 是要拟合的残差函数

$$y = F(x,\{W_i\}) + x \tag{3.8}$$

$$y = F(x,\{W_i\}) + W_s x \tag{3.9}$$

两种残差单元结构示意图如图 3.8（b）和图 3.8（c）所示，称为残差模块（Residual Block，RB）。两次卷积操作后依次通过批量归一化（Batch Normalization，BN）层和 ReLU 函数。其中 BN 层放在激活函数之前，是为了对输入激活函数之前的数据执行批量归一化。由于网络在训练过程中模型参数在不断变化更新，会使卷积层输出的数据分布产生变化，采用批量标准化可以解决数据发生偏移和增大后引起的问题，使数据的分布更加合理。

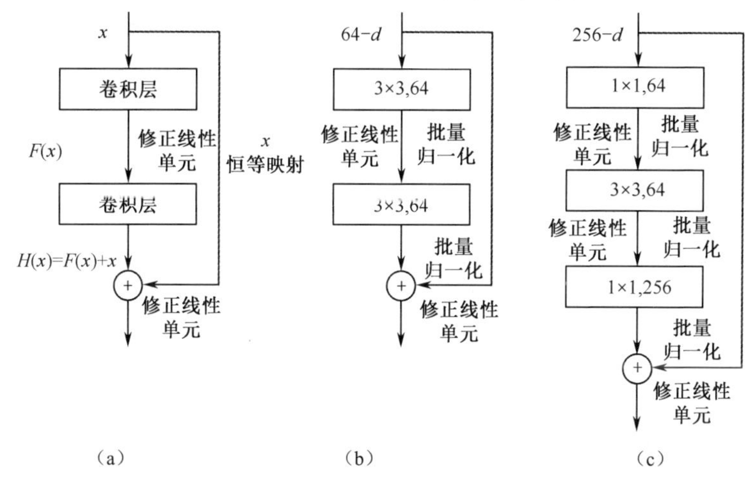

图 3.8　残差单元示意图

3.1.3　度量学习

深度卷积网络模型大多采用 Softmax 损失训练网络，而 Softmax 损失仅将每个类别在决策的边界分离开来，但同类别样本之间的距离不一定会更近。素描人脸识别中存在的挑战，除了有类间的差距，还有同类素描人脸图像和光学人脸照片之间的巨大差异。因此，在这种情况下，寻找一个合适的度量空间和同类样本间的差距，有可能解决素描人脸类内间距大的问题。传统的度量学习（Metric Learning，ML）[17]方法主要是在特征空间中学习马氏距离或余弦距离，如两个图像特征 $\boldsymbol{x}_i$ 和 $\boldsymbol{x}_j$ 的马氏距离计算如式（3.10）所示

$$d(\boldsymbol{x}_i,\boldsymbol{x}_j) = \left\|\boldsymbol{W}^{\mathrm{T}}\boldsymbol{x}_i - \boldsymbol{W}^{\mathrm{T}}\boldsymbol{x}_j\right\|^2 = \sqrt{(\boldsymbol{x}_i - \boldsymbol{x}_j)^{\mathrm{T}}\boldsymbol{M}(\boldsymbol{x}_i - \boldsymbol{x}_j)^{\mathrm{T}}} \tag{3.10}$$

素描和照片属于不同来源的图像，若直接使用相同模态的度量学习方法，不足以找到素描人脸和对应照片的非线性关系。基于典型相关分析的方法尝试寻找共同的子空间来减少模态间的差距，但大多数方法都采用原始特征直接投影，无法准确用于非线性数据。尽管有研究人员提出了基于内核的非线性变换，但这些模型无法被扩展到新的训练数据中。受到深度学习中非线性特征学习的启发，Liong 和 Liang 等人[18-19]提出了基于深度学习的度量方法，将深度网络的非线性特性引入度量模型中，取得了较好的结果。因此，可以使用神经网络来学习两组分层非线性变换，其中素描人脸图像和光学人脸照片分别为一组，将数据样本经过非线性网络映射到特征子空间。在该特征子空间内，来自不同模态样本之间的差异被最小化，不同类别样本之间的差异被最大化，从而提高分类器的判别能力。

3.2 基于联合分布适配的素描人脸识别

深度学习一个最大的缺陷就是需要大量的训练数据，素描人脸训练样本是由画师手绘来的，所以构建大规模素描人脸库成本极高，因此目前素描人脸库样本数量都很少，使用深度学习训练会产生过拟合现象。而迁移学习的一个显著特点就是能够适配两个分布不同但彼此关联的数据域，而素描人脸和光学人脸完全符合此特点，据此可以使用深度迁移学习方法从深度学习网络中提取光学人脸特征并使用迁移学习方法将其与素描人脸适配以此来解决素描人脸训练样本不足的问题。联合分布适配（Joint Distribution Adaptation，JDA）法是目前一种主流迁移学习方法，本节基于迁移学习的优势，介绍一种基于联合分布适配的素描人脸识别。

3.2.1 迁移学习

1. 迁移成分分析

降维是机器学习领域中一种常用的也是非有效的数据处理方法，一些具有代表性的降维方法有主成分分析[20]（Principal Component Analysis，PCA），拉普拉斯特征映射[21]（Laplacian Eigen-map），局部线性嵌入[22]（Locally Linear

Embedding，LLE）等。这些数据处理方法都以一个较大的矩阵作为输入，以一个较小的矩阵作为输出。在迁移学习中使用迁移成分分析[23]（Transfer Component Analysis，TCA）对需要迁移的数据进行降维以此去除冗余信息，它能在减小数据维度的同时还能对数据进行迁移。

TCA 是一种基于特征的迁移学习方法，它要解决的就是区域适配问题，其思想为：当源域和目标域的数据分布不同时将两个域的数据映射到一个更高维度的再生核希尔伯特空间，然后在此空间中最小化目标域和源域之间的距离，与此同时还要最大限度保留它们的内部属性。最小化源域和目标域的方法有很多，但 TCA 的最大贡献在于它能将计算距离的方法变得简单通用，假设目标域和源域数据的边缘分布不一样，即：$P\left(\boldsymbol{X}_s\right) \neq P\left(\boldsymbol{X}_T\right)$，对于此问题传统机器学习方法是无法解决的，为解决此问题，TCA 假设存在特征映射 ϕ，源域和目标域的数据经过此映射后的边缘分布会接近，即：$P\left(\phi\left(\boldsymbol{X}_s\right)\right) \approx P\left(\phi\left(\boldsymbol{X}_T\right)\right)$，其对应的条件分布为：$P\left(\boldsymbol{Y}_s \mid \phi\left(\boldsymbol{X}_s\right)\right) \approx P\left(\boldsymbol{Y}_T \mid \phi\left(\boldsymbol{X}_T\right)\right)$，这样一来便解决了区域适配问题。现在的关键问题就转变为求 ϕ。由于迁移学习的本质是最小化目标域和源域之间的距离，于是就可以通过求解目标域和源域之间的最小距离来求解 ϕ，TCA 使用最大均值差异（Maximum Mean Discrepancy，MMD）求解其最小距离，公式为

$$\operatorname{dist}(\boldsymbol{X}'_{\text{src}}, \boldsymbol{X}'_{\text{tar}}) = \left\| \frac{1}{n_1} \sum_{i=1}^{n_1} \phi\left(\boldsymbol{x}_{\text{src}_i}\right) - \frac{1}{n_2} \sum_{i=1}^{n_2} \phi\left(\boldsymbol{x}_{\text{tar}_i}\right) \right\|_H \tag{3.11}$$

式（3.11）在进行平方展开后会有二次项乘积，引用 SVM 中核函数的思想将一个比较难求的映射以核函数形式来求解，于是 TCA 使用了核矩阵 $\boldsymbol{K}$

$$\boldsymbol{K} = \begin{bmatrix} \boldsymbol{K}_{\text{src,src}} & \boldsymbol{K}_{\text{src,tar}} \\ \boldsymbol{K}_{\text{tar,tar}} & \boldsymbol{K}_{\text{tar,tar}} \end{bmatrix} \tag{3.12}$$

系数矩阵 $\boldsymbol{L}$ 为

$$\boldsymbol{L} = \begin{cases} \dfrac{1}{n_1^2}, & \boldsymbol{x}_i, \boldsymbol{x}_j \in \boldsymbol{X}_{\text{src}} \\ \dfrac{1}{n_2^2}, & \boldsymbol{x}_i, \boldsymbol{x}_j \in \boldsymbol{X}_{\text{tar}} \\ -\dfrac{1}{n_1 n_2}, & \text{其他} \end{cases} \tag{3.13}$$

于是目标函数就可以写成

$$\operatorname{trace}(\boldsymbol{KL}) - \lambda \operatorname{trace}(\boldsymbol{K}) \tag{3.14}$$

式（3.14）中的 trace 为矩阵的迹，式（3.14）包含了数学中的一个半定规划（Semi-Definite Programming，SDP）问题，求解非常耗时，于是对核矩阵 $\tilde{\boldsymbol{K}}$ 进行了降维处理，即

$$\tilde{\boldsymbol{K}}=\left(\boldsymbol{K}\boldsymbol{K}^{-1/2}\tilde{\boldsymbol{W}}\right)\left(\tilde{\boldsymbol{W}}^{\mathrm{T}}\boldsymbol{K}^{-1/2}\boldsymbol{K}\right)=\left(\boldsymbol{K}\boldsymbol{W}\boldsymbol{W}^{\mathrm{T}}\boldsymbol{K}\right) \tag{3.15}$$

式中，$\boldsymbol{W}$ 是比 $\boldsymbol{K}$ 维度更低的矩阵，于是 SDP 问题就得到了解决，TCA 最终的优化目标为

$$\begin{aligned}&\min_{\boldsymbol{W}}\ \operatorname{tr}\left(\boldsymbol{W}^{\mathrm{T}}\boldsymbol{K}\boldsymbol{L}\boldsymbol{W}\right)+\mu\operatorname{tr}\left(\boldsymbol{W}^{\mathrm{T}}\boldsymbol{W}\right)\\&s.t.\quad \boldsymbol{W}^{\mathrm{T}}\boldsymbol{K}\boldsymbol{H}\boldsymbol{W}=\boldsymbol{I}_m\end{aligned} \tag{3.16}$$

式（3.16）中的 $\boldsymbol{H}$ 为一个中心矩阵

$$\boldsymbol{H}=\boldsymbol{I}_{n_1+n_2}-1/\left(n_1+n_2\right)\boldsymbol{H}^{\mathrm{T}},\ \boldsymbol{I}\in\mathbb{R}^{n_1+n_2} \tag{3.17}$$

TCA 在对目标域和源域的数据进行迁移成分提取时，首先将源域和目标域数据视作两个输入矩阵，然后计算 $\boldsymbol{L}$ 和 $\boldsymbol{H}$ 矩阵，再使用一些常用的核函数（如高斯核、线性核）映射计算 $\boldsymbol{K}$，接着求 $\left(\boldsymbol{K}\boldsymbol{L}\boldsymbol{K}+\mu\boldsymbol{I}\right)^{-1}\boldsymbol{K}\boldsymbol{H}\boldsymbol{K}$ 的前 m 个特征值，从而获取源域和目标域的迁移成分。TCA 方法在提取迁移成份时能把问题彻底转化为数学问题，并使用纯数学工具来解决，此外对矩阵的优化工作做得相当到位，所以其实现很简单，没有太多的限制条件，但其缺点是仍然没有彻底解决对大矩阵的分解问题从而导致计算很费时。

2. 联合分布适配

JDA[24]是在 TCA 基础上发展起来的，和 TCA 一脉相承，其目标也是解决迁移学习中的区域适配问题，JDA 方法有两点假设：①目标域和源域的边缘分布不同；②目标域和源域的条件分布不同。JDA 的目标就是同时适配这两个分布的联合概率。

JDA 的实现方法就是找到一个变换 $\boldsymbol{A}$，并使得 $P\left(\boldsymbol{A}^{\mathrm{T}}\boldsymbol{X}_s\right)$ 与 $P\left(\boldsymbol{A}^{\mathrm{T}}\boldsymbol{X}_t\right)$ 的距离尽可能近，同时使得 $P\left(y_s\mid\boldsymbol{A}^{\mathrm{T}}\boldsymbol{X}_s\right)$ 与 $P\left(y_t\mid\boldsymbol{A}^{\mathrm{T}}\boldsymbol{X}_t\right)$ 之间的距离也要尽可能小，于是解决这个问题需要适配边缘分布和条件分布。

适配边缘分布的实现方法就是要尽量减小 $P\left(\boldsymbol{A}^{\mathrm{T}}\boldsymbol{X}_s\right)$ 与 $P\left(\boldsymbol{A}^{\mathrm{T}}\boldsymbol{X}_t\right)$ 的距离，这个方法其实就是 TCA，因此同样可又使用 MMD 来最小化目标域与源域的最大均值差。

$$\left\| \frac{1}{n_s}\sum_{i=1}^{n_s} \boldsymbol{A}^{\mathrm{T}}\boldsymbol{X}_i - \frac{1}{n_t}\sum_{j=n_s+1}^{n_s+n_t} \boldsymbol{A}^{\mathrm{T}}\boldsymbol{X}_j \right\|^2 = \mathrm{tr}\left(\boldsymbol{A}^{\mathrm{T}}\boldsymbol{X}\boldsymbol{M}_0\boldsymbol{X}^{\mathrm{T}}\boldsymbol{A}\right) \tag{3.18}$$

式中，$\boldsymbol{A}$ 是变换矩阵，$\boldsymbol{X}$ 是目标域和源域组合起来的数据，$\boldsymbol{M}_0$ 是 MMD 矩阵，其表达式如下：

$$\left(\boldsymbol{M}_0\right)_{ij} = \begin{cases} \dfrac{1}{n^2}, & \boldsymbol{X}_i, \boldsymbol{X}_j \in \boldsymbol{D}_s \\ \dfrac{1}{m^2}, & \boldsymbol{X}_i, \boldsymbol{X}_j \in \boldsymbol{D}_t \\ -\dfrac{1}{mn}, & \text{其他} \end{cases} \tag{3.19}$$

适配条件分布就是要找到变化 $\boldsymbol{A}$ 使得 $P\left(y_s \mid \boldsymbol{A}^{\mathrm{T}}\boldsymbol{X}_s\right)$ 与 $P\left(y_t \mid \boldsymbol{A}^{\mathrm{T}}\boldsymbol{X}_t\right)$ 的距离达到最小，因为在目标域中没有 y_t，所以无法再次使用 MMD 直接求解，然而可使用贝叶斯后验概率准则，即 $P\left(y_t \mid x_t\right) = p\left(y_t\right)P(x_t \mid y_t)$。利用统计学中充分统计量的思想，即如果样本足够好，但样本中有太多的东西未知，如样本的标签及分布，那么就可以从该样本中选择一些统计量来近拟替代要估计的样本的分布，据此就可以忽略 $p\left(y_t\right)$，用 $P(x_t \mid y_t)$ 来接近 $P\left(y_t \mid x_t\right)$，但在实际执行时我们依然无法获得分类标签 y_t，于是就从样本中抽取部分样本 (x_s, y_s) 来训练出一个简单的分类器，如 KNN 或逻辑回归分类器，来直接预测 x_t 从而可得到伪标签 $\hat{y}_t$，然后根据伪标签来使用以上方法进行计算就可解决问题。

类之间的 MMD 为

$$\sum_{c=1}^{C}\left\| \frac{1}{n_c}\sum_{\boldsymbol{X}_{s_i} \in \boldsymbol{D}_s^{(c)}}^{n_s} \boldsymbol{A}^{\mathrm{T}}\boldsymbol{X}_{s_i} - \frac{1}{m_c}\sum_{j=n_s+1}^{n_s+n_t} \boldsymbol{A}^{\mathrm{T}}\boldsymbol{X}_{t_i} \right\|_H^2 = \mathrm{tr}\left(\boldsymbol{A}^{\mathrm{T}}\boldsymbol{X}\boldsymbol{M}_c\boldsymbol{X}^{\mathrm{T}}\boldsymbol{A}\right) \tag{3.20}$$

式中，$\boldsymbol{M}_c$ 为

$$\left(\boldsymbol{M}_c\right)_{ij} = \begin{cases} \dfrac{1}{n_c^2}, & \boldsymbol{X}_i, \boldsymbol{X}_j \in \boldsymbol{D}_s^{(c)} \\ \dfrac{1}{m_c^2}, & \boldsymbol{X}_i, \boldsymbol{X}_j \in \boldsymbol{D}_t^{(c)} \\ -\dfrac{1}{m_c n_c}, & \begin{cases} \boldsymbol{X}_i \in \boldsymbol{D}_s^{(c)}, \boldsymbol{X}_j \in \boldsymbol{D}_t^{(c)} \\ \boldsymbol{X}_i \in \boldsymbol{D}_t^{(c)}, \boldsymbol{X}_j \in \boldsymbol{D}_s^{(c)} \end{cases} \\ 0, & \text{其他} \end{cases} \tag{3.21}$$

为了能同时适配边缘分配和条件分配，将两者的距离结合起来就得到了总的优化目标

$$\min \sum_{c=0}^{C} \text{tr}(\boldsymbol{A}^{\text{T}} \boldsymbol{X} \boldsymbol{M}_c \boldsymbol{X}^{\text{T}} \boldsymbol{A}) + \lambda \|\boldsymbol{A}\|_F^2 \tag{3.22}$$

式中，$\lambda \|\boldsymbol{A}\|_F^2$ 是正则项，是为了增加模型的鲁棒性，此外在模型训练时可以防止过拟合，这一点在卷积神经网络原理中已介绍过多次。为了使变换后的数据方差不变，需要添加一个优化目标 $\boldsymbol{A}^{\text{T}} \boldsymbol{X} \boldsymbol{H} \boldsymbol{X}^{\text{T}} \boldsymbol{A} = \boldsymbol{I}$ 并且使之最大化，即 $\max(\boldsymbol{A}^{\text{T}} \boldsymbol{X} \boldsymbol{H} \boldsymbol{X}^{\text{T}} \boldsymbol{A})$，将其与式（3.16）进行结合，即可得到统一的优化目标

$$\min \frac{\sum_{c=0}^{C} \text{tr}(\boldsymbol{A}^{\text{T}} \boldsymbol{X} \boldsymbol{M}_c \boldsymbol{X}^{\text{T}} \boldsymbol{A}) + \lambda \|\boldsymbol{A}\|_F^2}{\boldsymbol{A}^{\text{T}} \boldsymbol{X} \boldsymbol{H} \boldsymbol{X}^{\text{T}} \boldsymbol{A}} \tag{3.23}$$

为了方便对式（3.23）进行求解，可将其变化成为

$$\begin{aligned} &\min \sum_{c=0}^{C} \text{tr}(\boldsymbol{A}^{\text{T}} \boldsymbol{X} \boldsymbol{M}_c \boldsymbol{X}^{\text{T}} \boldsymbol{A}) + \lambda \|\boldsymbol{A}\|_F^2 \\ &s.t.\ \boldsymbol{A}^{\text{T}} \boldsymbol{X} \boldsymbol{H} \boldsymbol{X}^{\text{T}} \boldsymbol{A} = \boldsymbol{I} \end{aligned} \tag{3.24}$$

使用 Lagrange 法对式（3.24）进行求解，可得

$$\left(\boldsymbol{x} \sum_{c=0}^{C} \boldsymbol{M}_c \boldsymbol{x}^{\text{T}} + \lambda \boldsymbol{I} \right) \boldsymbol{A} = \boldsymbol{X} \boldsymbol{H} \boldsymbol{X}^{\text{T}} \boldsymbol{A} \phi \tag{3.25}$$

式中，ϕ 为 Lagrange 乘子，于是通过求解式（3.25）就可得到 $\boldsymbol{A}$，问题得以解决。

JDA 方法的巧妙之处在于它同时适配了两个分布然后将其整合到一个优化目标中，可使用分类器对其进行迭代，最终能达到很好的效果。虽然 JDA 与 TCA 一脉相承，但二者有 3 个明显的不同之处：①TCA 是无监督学习方法，对其边缘进行适配时不需要标签，而 JDA 需要使用一个弱分类器得到部分样本的标签，属于半监督学习方法；②使用 TCA 不需要进行迭代而使用 JDA 需要进行反复迭代；③JDA 效果要明显比 TCA 效果好。

3.2.2 模型结构

通过实验对比三个框架中部网络各层迁移后特征的效果，发现在 VGGFace 框架上提取到的光学人脸特征与素描人脸特征融合得最好，于是本文将 VGG16 网络共分成了前、中、后三个部分（见图 3.9），前部为网络的 1～4 层，中部为网络的 5～10 层，后部为网络的 11～16 层，首先提取网络前、中、后三个部分的人脸特征，然后将各层提取到的人脸特征矩阵与素描人脸相对应，形成不同源域彼此相关联的训练样本集，最后使用 JDA 方法适配其条件分布和边缘分布，最终使用素描人脸和与之相对应的光学人脸对模型进行测试。

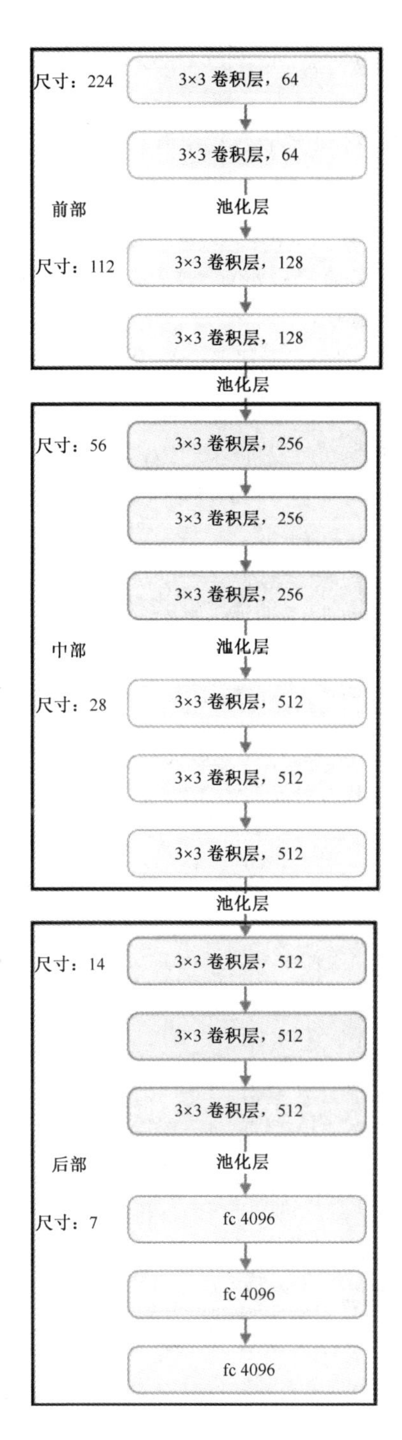

图 3.9　VGG16 网络结构

3.2.3 损失函数

前面通过深度学习及对深度学习网络各层进行迁移成分分析，已将光学人脸特征从 CNN 网络提取出来并将其和与之相对应的素描人脸组合成了一个彼此相关但其条件分布和边缘分布不同训练样本库，此训练样本完全符合 JDA 所能解决问题的特点，于是本节将展示如何将 JDA 用于解决光学人脸与素描人脸相适配的问题。

首先对源域进行定义，源域就是指光学人脸，设 $\boldsymbol{D}$ 有 m 维特征空间 χ 和边缘概率分布 $P(x)$，即：$\boldsymbol{D}=\{\chi,P(x)\}, x\in\chi$，给定的源域 $\boldsymbol{D}$ 及与其相对应的目标域 $\boldsymbol{T}$ 由相应的标签 $\boldsymbol{Y}$（指与光学人脸相对应的素描人脸身份）和分类器 $f(x)$ 组成，即：$\boldsymbol{T}=\{\boldsymbol{Y},f(x)\}, y\in\boldsymbol{Y}$，且 $f(x)=Q(y\mid x)$ 为条件概率分布，JDA 要解决的问题是对于给定的带标签的源域 $\boldsymbol{D}_s=\left\{(x_1,y_1),\cdots,(x_{n_s},y_{n_s})\right\}$ 和未带标签的目标域 $\boldsymbol{D}_t=\left\{x_{n_s+1},\cdots,x_{n_s+n_t}\right\}$［假设 $\chi_s=\chi_t,\boldsymbol{Y}_s=\boldsymbol{Y}_t,P_s(x_s)\neq P_t(x_t),Q_s(y_s\mid x_s)\neq Q_t(y_t\mid x_t)$ 对源域（光学人脸）和目标域（素描人脸）进行适配的目的就是减小 $P_s(x_s)$ 与 $P_t(x_t)$ 及 $Q_s(y_s\mid x_s)$ 和 $Q_t(y_t\mid x_t)$ 之间的距离］，使用 MMD 算法即式（3.17）和式（3.18）来求其距离以此来适配边缘分布，使用式（3.19）和式（3.20）来适配其条件分布。为方便求解，使用式（3.21）和式（3.22）对其进行优化，算法迭代步骤如下：

JDA（联合分布适配）：

输入：数据 x、y_s。

输出：初始化适配矩阵 $\boldsymbol{A}$ 、初始化适配分类器 f 。

（1）开始。

（2）构建 MMD 约束矩阵 $\boldsymbol{M}_0$ 。

（3）重复迭代。

（4）求解式（3.25），得到适配矩阵 $\boldsymbol{A}$， $\boldsymbol{Z}:=\boldsymbol{A}^{\mathrm{T}}\boldsymbol{X}$ 。

（5）训练标准分类器 f ，训练样本为 $\left\{\left(\boldsymbol{A}^{\mathrm{T}}\boldsymbol{x}_i,\boldsymbol{y}_i\right)\right\}_{i=1}^{n_s}$ ，对应的目标标签为 $\left\{\hat{\boldsymbol{y}}_j:=f\left(\boldsymbol{A}^{\mathrm{T}}\boldsymbol{x}_j\right)\right\}_{j=n_s+1}^{n_s+n_t}$ 。

（6）通过式（3.21）来构建 MMD 矩阵 $\{\boldsymbol{M}_c\}_{c=1}^{C}$，直到收敛。

（7）返回 $\{\boldsymbol{A}\boldsymbol{x}_i,\boldsymbol{y}_i\}_{i=1}^{n_s}$ 。

3.2.4　实验结果与分析

1. 数据库及参数设置

本实验选取 CASIA-WebFace 数据库和 UMDFace 数据库作为训练集及测试集。其中，UMDFace 数据库中的光学人脸照片主要使用 GoogleScraper 网络爬虫工具得到，由于爬取后的图像纯净度并不高，于是对其进行了清理，清理后最终得到来自 8501 个人的 367920 张光学人脸照片。此库提供了丰富的人脸属性信息，如人脸框的位置、性别、21 个人脸关键点及人脸姿态（yaw,pitch,roll 属性）。

本实验参数设置如下所述：实验采用上述两个数据库，同时对拥有的 10000 张素描人脸进行分组，随机选取 2000 张为 1 组、4000 张为 1 组，单位间隔为 2000 张，以此类推，共取 5 组；实验时提取 VGG16 网络每一层的网络特征用以确认使用哪一层；实验过程设置变量为无光学人脸特征用以观察无光学人脸特征时的素描人脸准确度。

2. 消融实验

1）CNN 不同网络层特征准确度

为了进一步确定 VGG16 哪些网络层所提取到的脸特征能更好地适配素描人脸，本节提取了 VGG16 每层网络特征并将其与素描人脸进行适配，测试结果如图 3.10 所示。

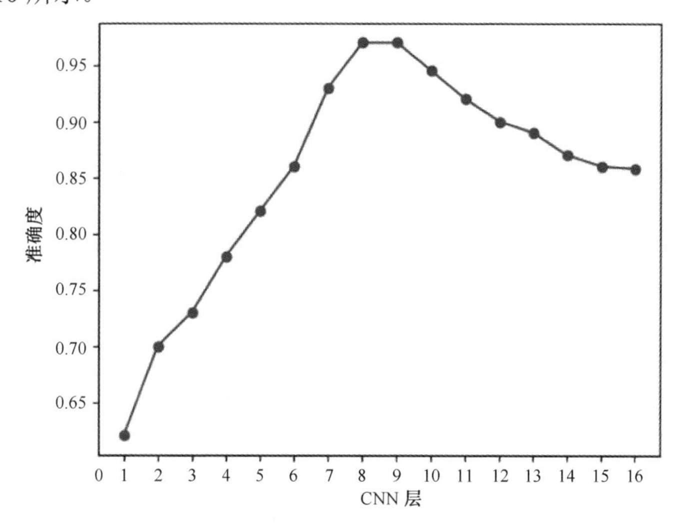

图 3.10　CNN 不同网络层特征准确度

从图 3.10 可以看出，在网络的前部和中部，随着网络层的增加，其所对应的准确度也在提高，这有效说明了网络越深提取到的特征越全，从而使得适配效果越好，最终使得训练出来的模型准确度越高。

2）无光学人脸特征时的素描人脸准确度

使用迁移学习从 CNN 中提取光学人脸特征的目的是提取出与光学人脸相适应的人脸特征，从而可以为训练素描人脸提供人脸基本特征以达到减少素描人脸训练样本的目的，为了证明此方法的有效性，这里针对此问题进行了实验验证，实验验证结果如图 3.11 所示。

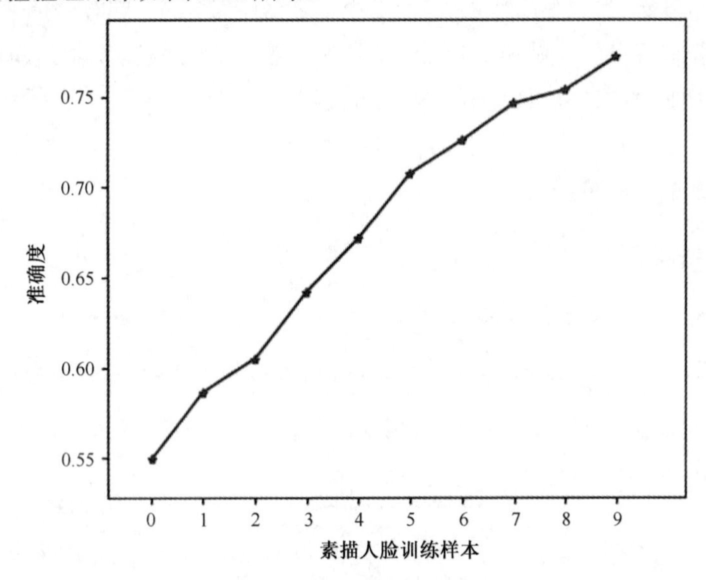

图 3.11　无光学人脸特征时的素描人脸准确度

从图 3.11 可以看出，没有从 CNN 中提取光学人脸特征时，随着素描人脸样本不断增加，其准确度在不断上升，直到所有训练样本全部用完，但其上升趋势仍然存在。由此可知，训练样本的缺失阻碍了素描人脸准确度上升。

3）素描人脸样本数量对模型准确度的影响

以上实验充分证明了从 CNN 不同卷积层提取光学人脸特征能有效减少素描人脸训练样本。为了证明本节所提出的方法否能使得素描人脸样本达到饱和状态，这里进行了更进一步的实验，实验方法为将目前所拥有的素描人脸共分为五组，每组的样本数量分别为：2000、4000、6000、8000、10000，然后抽取

VGG16 各层人脸特征，使用 JDA 方法与素描人脸相适配。素描人脸样本数量对模型准确度影响的实验结果如图 3.12 所示。

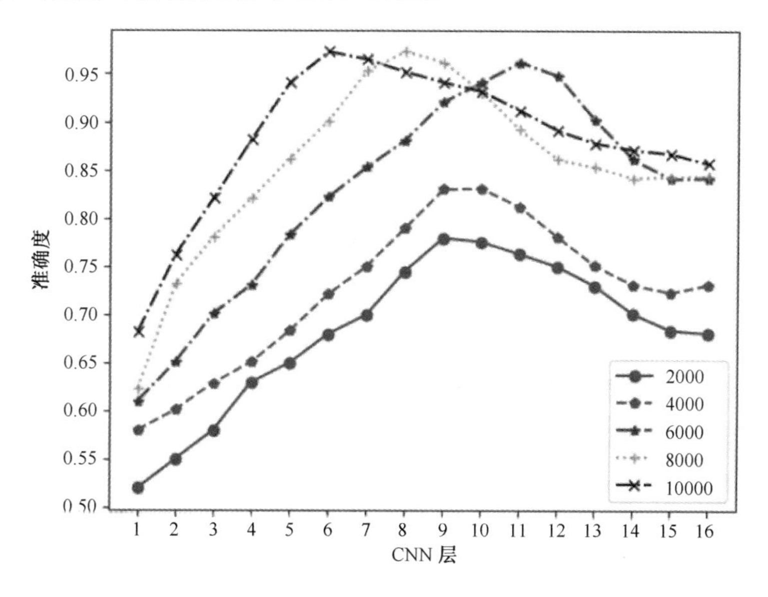

图 3.12　素描人脸样本数量对模型准确度的影响

从图 3.10 所展示的实验结果可以得知，在网络的中间部分提取到的特征最好，再次验证了 CNN 网络中部提取到的人脸特征最适合迁移，图 3.12 的主要作用在于它证明了通过抽取 CNN 网络中的人脸特征能够有效减小素描人脸训练样本。对比图 3.11 可知，没有从 CNN 中抽取光学人脸特征时使用 10000 张素描人脸进行训练，最高准确度只能达到 78%左右，从图 3.12 可得知，当从 CNN 网络中抽取光学人脸特征并将其与素描人脸进行组合训练时，2000 张素描人脸准确度可接近 75%，当素描人脸数量为 4000 张时其准确度便可达到 80%以上，素描人脸数量达到 6000 张时其准确度可达到 95%以上，当素描人脸数量继续增加达到 8000 和 10000 张时其准确度上升并不明显，最高只能达到 97%左右，这说明本节方法成功解决了素描人脸训练样本不足而导致的准确度无法上升的问题。

3. 与其他算法比较

为了突出本节提出的素描人脸识别方法的优势与不足，将本节所述方法的实验结果与目前主流素描人脸识别方法进行对比，对比结果如图 3.13 所示。

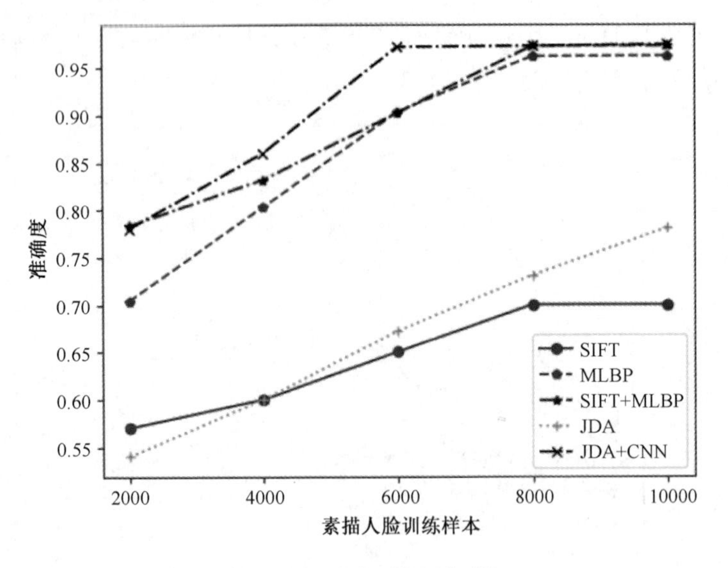

图 3.13　不同识别方法对比

从图 3.13 中的实验结果对比图可分析出，单独使用 SIFT 在样本数量达到 8000 时就已经饱和，并且其准确度只有 68%左右。单独使用 MLBP 算法其准确度为 96.3%，当样本数量达到 8000 时处于饱和状态。将 SIFT 与 MLBP 结合时其准确度达到 97.2%左右，相对于 MLBP 提升了 1%。当单独使用 JDA 算法时其准确度最高只能达能 75%左右，且没有达到饱和状态，将 JDA 与 CNN 结合其准确度能达到 97.4%左右，当样本数量为 6000 时就可达到饱和状态。与传统算法相比，JDA 与 CNN 相结合能使准确度略微提升，并且能有效减少训练样本数。

3.3　基于残差网络和度量学习的素描人脸识别

在素描人脸识别中，光学人脸照片和素描人脸图像属于不同来源的图像，两者之间存在较大的类内差距，导致了素描人脸识别比普通的人脸识别更加困难。针对素描人脸识别中类内差距大的问题，本节介绍一种基于残差网络和度量学习的素描人脸识别方法。首先，采用规模较大的光学人脸数据库训练 ResNet-50 网络，得到预训练模型，以减少模型的过拟合；其次，在素描人脸数据库上对预训练模型不同深度的特征进行实验和分析；再次，基于迁移学习的思想，固定识别率较好的模型参数，同时采用素描人脸数据库微调识别率低的模型参数，使模型可以学习素描人脸的特征分布；最后，结合度量学习的方法，在最大化类间差距的同时，进一步减小素描人脸的类内差距。

3.3.1　模型结构

这里采用 ResNet-50 作为特征提取的基本模型，在该网络的基础上增加了全连接层，通道数为 1024。同时为了减少模型的过拟合，在全连接层之后添加了 dropout 丢失层，概率值设置为 0.5。网络的最后一层为 Softmax 损失层，其通道大小与数据库中的样本种类相同。模型采用随机梯度下降法（Stochastic Gradient Descent，SGD）监督训练模型，动量设定为 0.9，初始的学习率设置为 0.001，权重衰减设置为 1×10^{-5}，迭代次数设置为 150。

由于素描人脸数据库规模较小，且每一类只有唯一的素描和照片对，不能直接训练 ResNet-50 网络。因此，模型的初始化采用了文献[25]中的部分参数。文献[25]的模型是在 VGGFace2 数据库上训练得到的，该数据库的样本包括了不同年龄阶段各种姿态的人脸，且都是彩色图像。为了使模型忽略图像的颜色特征，主要学习人脸的纹理结构，需要将所有的训练图像和测试图像都转换为灰度图像。彩色图像由 R、G、B 三种通道组成，所以初始化模型的输入层是三通道，为了匹配模型的通道数，这里将单通道的灰度图像复制三层后再输入网络中。

度量学习模型采用 ResNet-50 作为基础模型。图 3.14 为度量学习模型结构，其中模型卷积层的参数共享，全连接层的参数不共享。θ 值依据经验设置为 0.5，λ 设置为 1×10^{-4}，学习率设置为 1×10^{-4}，并采用随机梯度下降优化方法。

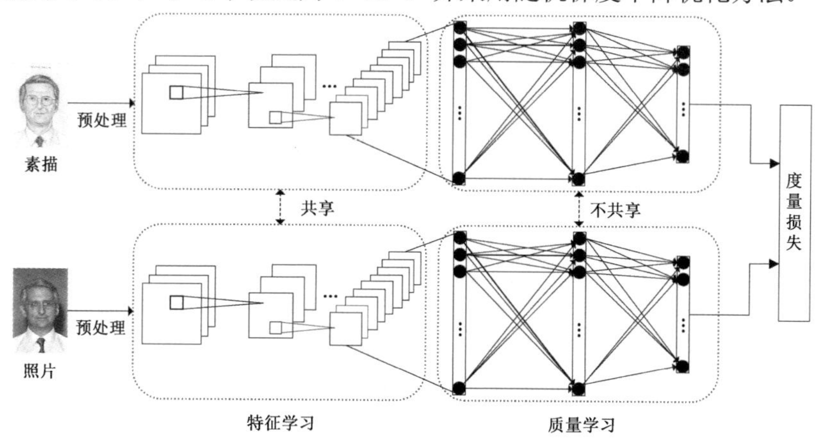

图 3.14　度量学习模型结构示意图

3.3.2 损失函数

这里损失函数采用基于深度学习的度量学习算法。用 $\boldsymbol{x}_i^p$ 表示照片特征，用 $\boldsymbol{x}_j^s$ 表示素描特征，非对称度量学习模型是学习式（3.26）的度量函数

$$d(\boldsymbol{x}_i^p,\boldsymbol{x}_j^s)=\left\|\boldsymbol{W}^{p\mathrm{T}}\boldsymbol{x}_i^p-\boldsymbol{W}^{s\mathrm{T}}\boldsymbol{x}_j^s\right\|^2 \tag{3.26}$$

式中，$\boldsymbol{W}^p$ 和 $\boldsymbol{W}^s$ 分别为照片和素描对应学习的参数矩阵。学习得到的距离应当满足式（3.27）

$$\begin{cases}d(\boldsymbol{x}_i^p,\boldsymbol{x}_j^s)\leqslant\theta_1, y=1\\ d(\boldsymbol{x}_i^p,\boldsymbol{x}_j^s)\geqslant\theta_2, y=-1\end{cases} \tag{3.27}$$

式中，y 为标签，当 $y=1$ 时表示对应的素描和照片是同一个人，$y=-1$ 表示素描和照片是不同的人。θ_1 和 θ_2 是二者的界定距离。

为了满足上述约束，又引入铰链损失

$$l(\boldsymbol{x}_i^p,\boldsymbol{x}_i^s)=\max(0,1-y(\theta-d(\boldsymbol{x}_i^p,\boldsymbol{x}_i^s))) \tag{3.28}$$

如图 3.15 所示，设 8 个样本来自 3 个类别，不同类别分别用圆形、三角形和正方形表示，同一类别用相同的形状表示。不同模态分别用不同的颜色表示，其中白色表示照片，黑色表示素描。采用度量学习特征的表达，目的是增加不同模态下同类样本的相似性，降低类间样本之间的相似性，从而可以减少不同模态间的差距。

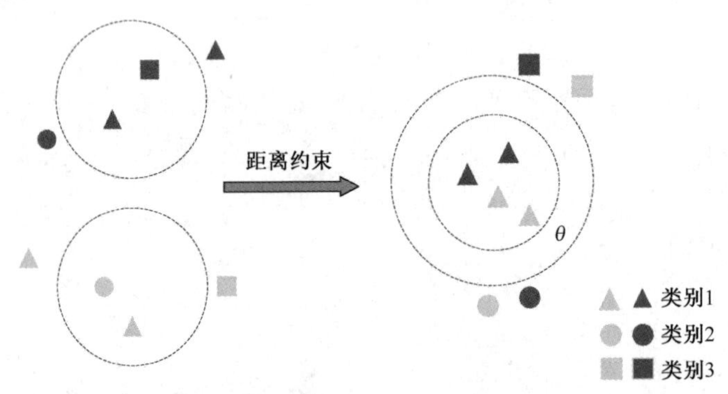

图 3.15　度量学习方法示意图

为了减少特征差异，在目标函数中引入式（3.29）所示的正则化惩罚项，减小不同模态特征变换的非一致性所带来的影响

$$l_{\Delta w}=\left\|\boldsymbol{W}^p-\boldsymbol{W}^s\right\|_2^2 \tag{3.29}$$

最后得到度量学习的损失函数如式（3.30）所示，其中包含了所有正负样本之间的距离和正则化项。

$$L=\sum_{i,j=1}^{N} l(\boldsymbol{x}_i^p,\boldsymbol{x}_j^s)+\lambda(l_{\Delta w}+\left\|\boldsymbol{W}^p\right\|_2^2+\left\|\boldsymbol{W}^s\right\|_2^2) \tag{3.30}$$

3.3.3　实验结果与分析

1. 数据库和参数设置

首先，为了解决成对的素描和照片图像数据少的问题，本节基于深度迁移学习的思想，利用大规模的光学人脸数据库 CASIA-WebFace[26]预训练模型，学习人脸的一般特征表达，为素描人脸数据库的训练提供先验知识，并且减少模型的过拟合问题。

预训练得到的 ResNet-50 网络模型可以提取人脸的一般特征，但是素描人脸与光学人脸具有明显的特征差异，直接使用模型提取特征进行识别并不能达到理想的识别效果。因此，采用素描人脸数据库对模型进行微调，将从光学人脸数据库上学习到的一般人脸特征迁移到素描人脸上，并进一步学习素描人脸图像的特征表达。

在预训练和微调时采用了 Softmax 损失函数，该损失函数能够最大化类间距离，因此被广泛应用在深度学习领域，但仅采用该损失训练模型得到的特征并不能直接适用于素描人脸识别。因此，本节将微调后的模型作为度量学习的基础模型，并将成对的素描和照片输入网络中，再次微调模型参数，以进一步减少素描和照片对的类内差距。

本节在实验中使用 CASIA-WebFace 数据库作为网络模型的训练集。这里依据交叉验证原则将 CASIA-WebFace 数据库划分训练集、验证集和测试集。验证集和测试集分别为 10000 张图像，其余图像用作训练集。

LFW 数据库是公开的测试数据库，目前大部分人脸识别算法都会在该数据库上进行性能测试。LFW 的官网上可以查看各种算法在 LFW 上的性能和 ROC（Receiver Operating Characteristic）曲线。LFW 数据库包括 5749 个类别的 13233 张图像。该数据库主要用来研究在非限制场景中人脸识别算法的准确性，LFW 提供了 6000 对光学人脸照片，共分为 10 组，每组有 300 对正样本和 300 对负样本，用于人脸验证。同时，在 LFW 数据库上计算 ROC 曲线来测试残差网络模型的性能。

这里采用的素描人脸数据库一共有 4729 个类别的 29828 张素描人脸图像。该素描数据库由香港中文大学公开的素描人脸库 CUFS、CUFSF 和收集的 MORPH 人脸数据库[27]中的 3343 个样本以及对应的素描人脸 MORPHFS 组成，其中包括 CUFS 中的 279 对素描照片、CUFSF 素描库中的 1189 对素描照片，以及 MORPHFS 素描库中的 13500 对素描照片。这里将素描数据库分为两部分，第一部分是从 CUHK 和 CUFSF 数据库随机抽取的 418 对素描照片，这部分素描数据库作为测试集。借鉴 LFW 验证集的组成方式，将这 418 对图像首先进行正负配对。其中，每张照片和其对应的素描为正样本对，和不同样本的素描为负样本对，并通过 5 次随机抽取组成 5 组不同的测试样本对，每组有 418 对正样本和 418 对负样本，最后计算该测试集的 ROC 曲线评估模型的性能。第二部分为剩下的 29028 张图像，划分出约 5%的图像共 1500 张作为网络的验证集，验证模型的泛化能力。剩下的 27528 张图像用来训练模型，并在训练阶段采用数据增强的方式，同一图像扩充至 10 张，则训练集由 275280 张图像组成。本节的图像采用 MTCNN 进行人脸检测和对齐，尺寸裁剪为 197 像素×197 像素大小，并转为灰度图像。经处理后的数据库实例如图 3.16 所示。

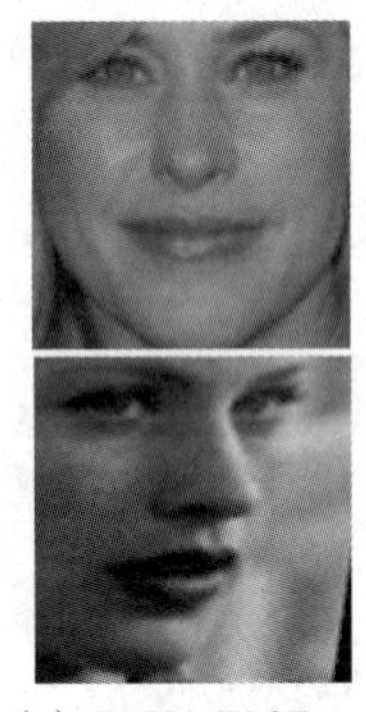
（a）CASIA-WebFace

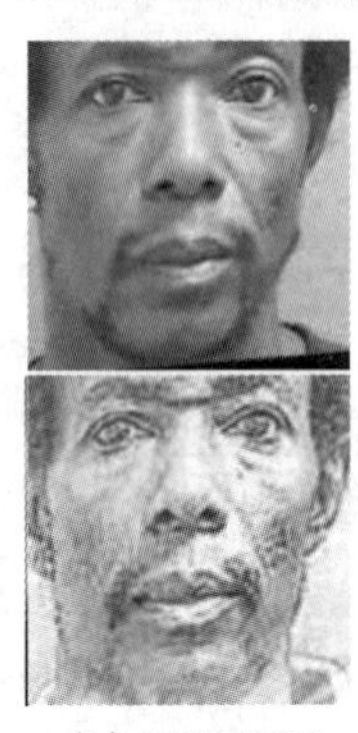
（b）MORPHFS

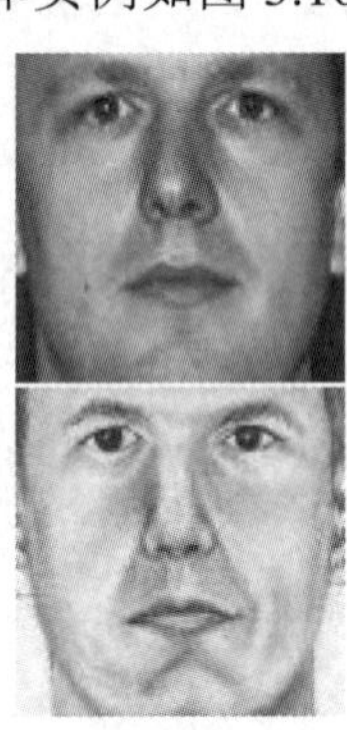
（c）CUFSF

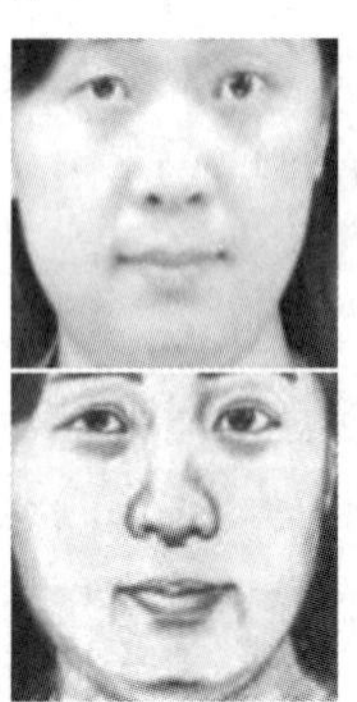
（d）CUFS

图 3.16　处理后的数据库样本实例

由于目前基于深度学习的素描人脸识别研究较少，为了与其他结果进行对比，这里采用了使用较多的 PRIP-VSGC 数据库与其他素描人脸识别方法进行对比。这个数据库包含了 123 张照片两种类型的合成素描，由于该数据库还未完全公开，因此这里的测试和评估只能采用 IdentiKit 软件合成的素描人脸。另外，所有数据均采用了基于面部关键点相似变换的方式对齐人脸。同时，数据库都转换为灰度图像。

在素描等异质人脸的识别评估中，存在一些广泛使用的数据库和标准评估协议。针对素描数据库中类别不平衡问题，这里使用 ROC 曲线、AUC（Area Under the ROC Curve）指标和 Rank 值作为本节方法的评估准则。

ROC 曲线作为人脸识别的评测指标，是将其视为二分类模型，区分对比两张照片是否为同一个人。该曲线的绘制是根据不同阈值得到的真阳性率 TPR（True Positive Rate）和假阳性率 FPR（False Positive Rate）而来，并以 TPR 为纵坐标，FPR 为横坐标。AUC 值为 ROC 曲线所覆盖的区域面积，其面积越大，表明分类器的分类效果越好。

表 3.1　混淆矩阵

真实值	预测值	
	正例（P）	反例（N）
正例	TP	FN
反例	FP	TN

如表 3.1 所示，设正例样本数量为 P，负例样本数量为 N。正确分类部分包括正确分类的正样本（TP）与正确分类的负样本（TN），错误分类部分包括错误分类的正样本（FP）和错误分类的负样本（FN），则 TPR、FPR 计算公式如式（3.31）和式（3.32）所示

$$\text{TPR}=\frac{\text{TP}+\text{FN}}{\text{TP}} \tag{3.31}$$

$$\text{FPR}=\frac{\text{TN}+\text{FP}}{\text{FP}} \tag{3.32}$$

准确率和召回率可以描述一个分类器在测试数据库上的分类能力，其计算方式如式（3.33）和式（3.34）所示

$$\text{准确率}=\frac{\text{TP}+\text{TN}}{P+N} \tag{3.33}$$

$$\text{召回率}=\frac{\text{TP}}{\text{TP}+\text{FN}} \tag{3.34}$$

2. 消融实验

由于计算机内存的限制，这里分别设置了 batch_size 大小为 32、64 和 100 三个不同的尺寸训练模型，图 3.17 为 ResNet-50 模型在不同的 batch_size 下的训练曲线图，模型每次迭代结束后，都会在验证集上测试模型的识别率，且随着模型迭代次数的增加，其分类性能也在逐渐提升。当 batch_size 值设置为 100

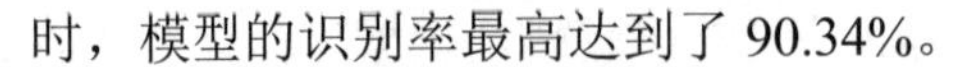

时，模型的识别率最高达到了 90.34%。

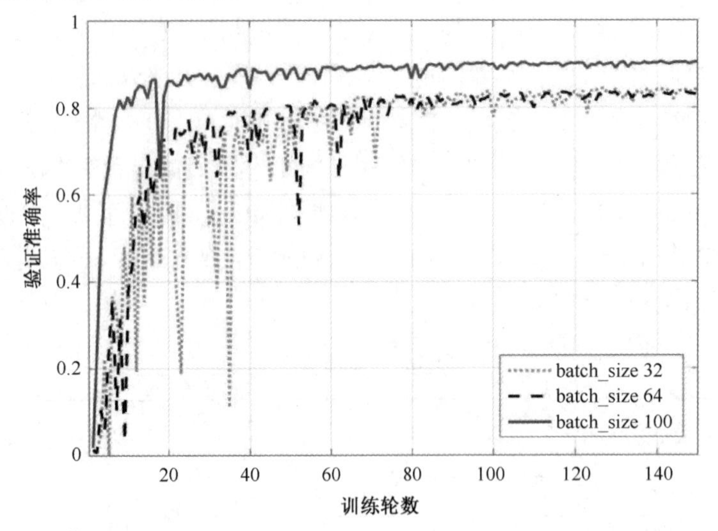

图 3.17　ResNet-50 模型在不同 batch_size 下的训练曲线

为了验证 ResNet-50 模型的性能，实验提取模型全连接层的输出作为人脸的特征，并在 LFW 提供的 6000 对人脸验证集上测试提取的特征在人脸识别中的效果。

这里分别采用余弦距离和欧氏距离度量特征的距离，并不断改变阈值，绘制 ROC 曲线，如图 3.18 所示。

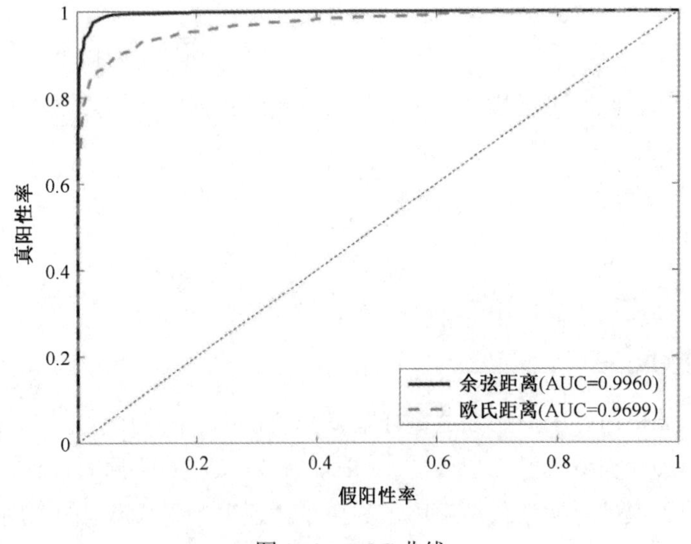

图 3.18　ROC 曲线

这里采用灰度图像训练网络，在 LFW 数据库上测试了模型的准确率，为 97.47%，与文献[26]中的识别率 97.73%相近，证明了该模型的有效性。

在深度学习的方法中，为了防止模型的过拟合，通常固定模型前几层的参数，微调模型后几层的参数，这里通过实验选择固定层数，在 LFW 数据库和 418 对素描照片中进行实验，分别计算预训练模型每个残差块之后提取的特征的识别率，并绘制了不同残差块特征的识别率曲线，如图 3.19 所示。

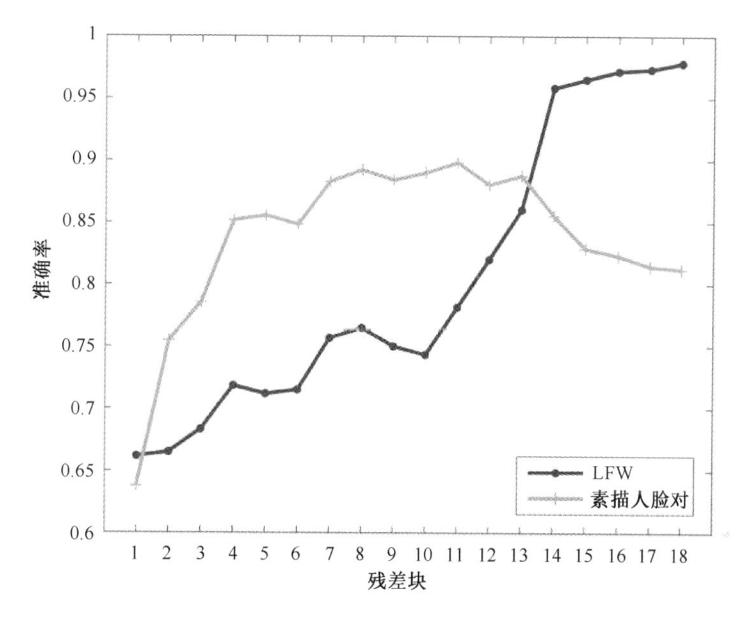

图 3.19　不同残差块的识别率

预训练模型是在光学人脸数据库上训练得到的。由图 3.19 可知，LFW 数据库在预训练模型中识别的准确率随着网络层数增加不断提高，在最后一层获得了最高的识别准确率。素描人脸的识别准确率在网络的前几层中随着网络层数的增加，准确率在不断提高，随后保持在一定范围内。随着网络层数继续增加，素描人脸识别的准确率反而出现下降。该结果表明了素描人脸和光学人脸在模型的浅层阶段可以共用预训练模型学习到的人脸特征，然而随着网络层数增加，模型提取到的特征更加抽象，深层特征不再能准确地表达素描人脸。为了进一步证明该结论，我们固定了预训练模型的第 7、第 10 和第 13 个残差块之前的参数，然后对模型进行微调。同时为验证微调模型的有效性，本节增加了素描人脸库直接训练 ResNet-50 的实验，得到仿真结果如图 3.20 所示。

由图 3.20 可知，微调模型收敛速度很快，在验证集上的准确率比较稳定，最终能够达到 96.72%。

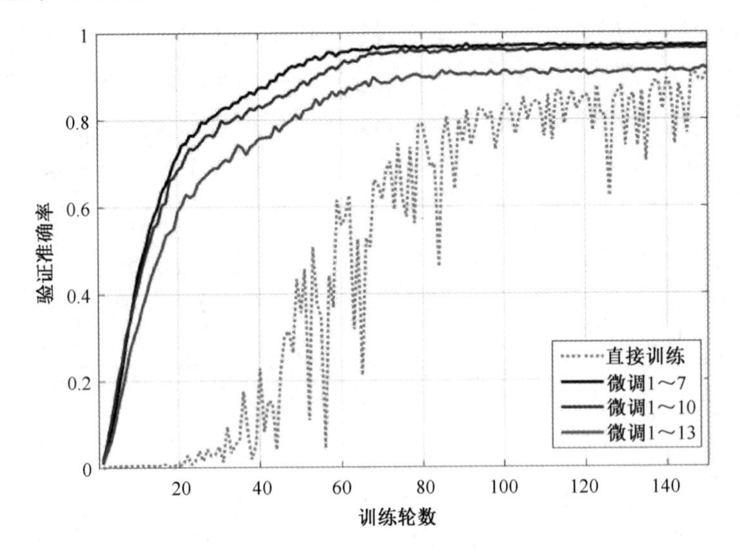

图 3.20　不同微调层的验证准确率

为了验证深度残差网络学习到的特征性能，这里分别提取了素描测试集的传统特征和深度特征，并计算得到 ROC 曲线，如图 3.21 所示。其中，在基于传统特征的实验中，素描数据库采用了高斯差分预处理、分块策略提取特征的

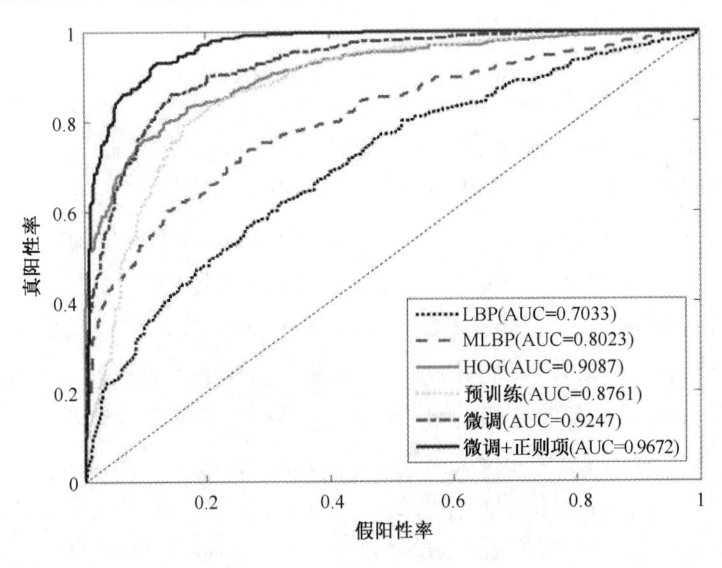

图 3.21　不同特征的 ROC 曲线

方式。由图 3.21 可知，直接使用预训练模型提取的特征测试的识别率仅略低于基于 HOG 的方法，说明了在光学人脸数据库上训练得到的模型可以提高素描人脸识别的准确率，采用素描人脸数据库微调模型后，能够减少不同模态间的差异，使模型识别效果进一步得到提升。在微调模型中加入参数的正则化项，一定程度上可以缓解素描人脸数据库过少产生的过拟合，提高模型的识别效果。

这里采用主成分分析法对提取的传统人脸特征进行降维，维度设置为 1000。然后将降维后特征的识别结果与本节方法的结果对比，得到如图 3.22 所示的 ROC 曲线。从图 3.21 和图 3.22 可以看出，采用 PCA 降维后的传统特征的结果得到显著改善，但仍低于微调模型后的结果。说明了素描微调深度模型可以学习到更适合素描人脸的特征表达。

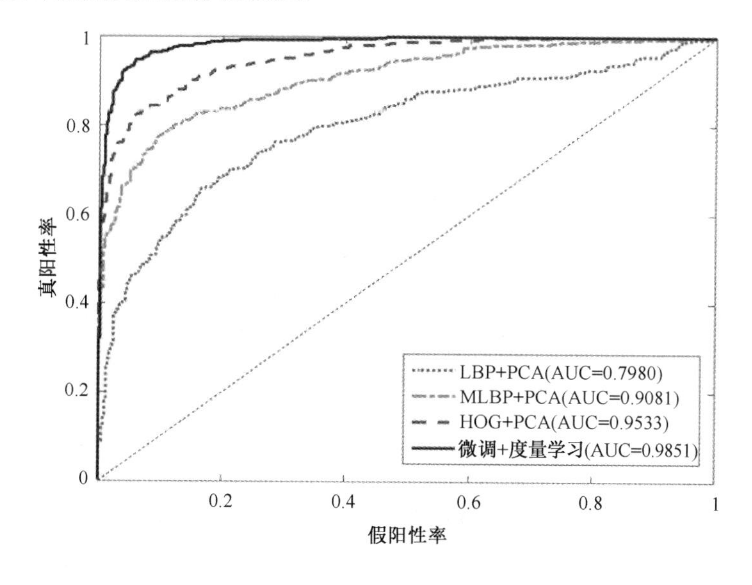

图 3.22　不同方法的 ROC 曲线

3. 和已有识别方法比较

不同方法的识别准确率结果如表 3.2 所示。可以看出，所提出的这种方法的准确率和 AUC 指标均高于其他方法。为了验证本节方法能够减少素描人脸同类差异，进一步比较了不同方法的召回率。召回率反映的是判断正确的同类占总体同类的比例。由表 3.2 可知，本方法在提高准确率的同时实现了最高召回率，实验结果证明了该方法的有效性。在 418 对测试集中计算 Rank 指标，分别在 Rank-1 和 Rank-10 上得到了 32.5%和 72.4%的识别率，同样高于相同测试集下采用 HOG 等传统特征的识别率。

表 3.2　不同方法的识别准确率结果

人脸识别模型	准确率（%）	召回率（%）	AUC
LBP+PCA	73.44	65.79	0.7980
MLBP+PCA	83.97	79.90	0.9081
HOG+PCA	88.40	84.21	0.9533
预训练模型	81.46	81.10	0.8761
微调模型	85.89	86.12	0.9247
微调+正则项	90.55	93.06	0.9672
微调+度量学习	94.42	94.74	0.9851

图 3.23 为本节方法准确率最高时识别错误的例子，其中第一列和第四列为样本素描，第二列和第五列分别为正确对应的样本照片，第三列和最后一列为识别错误的样本照片。

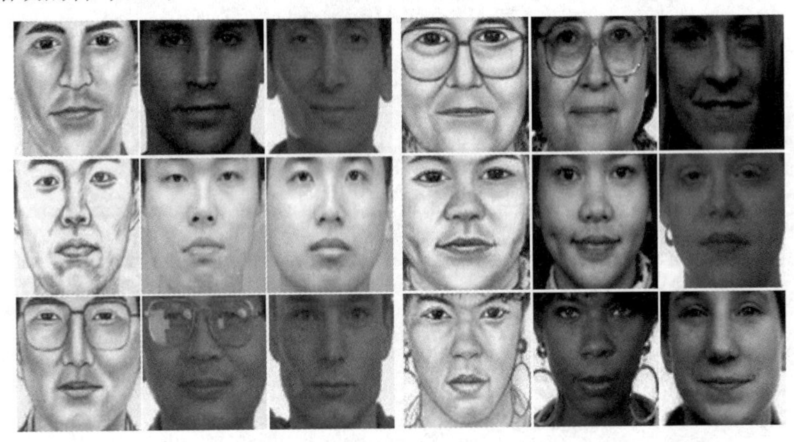

图 3.23　素描人脸识别错误实例

为了与其他方法进行对比，这里也在 PRIP-VSGC 数据库上进行实验，并绘制 CMC 曲线。如图 3.24 所示，图中其他方法的识别率取自 Mittal 的文章[28]。从图中可以看出，本节方法比传统 COTS 方法和自编码 DBN 方法取得了更好的结果，表明了本节方法的有效性。

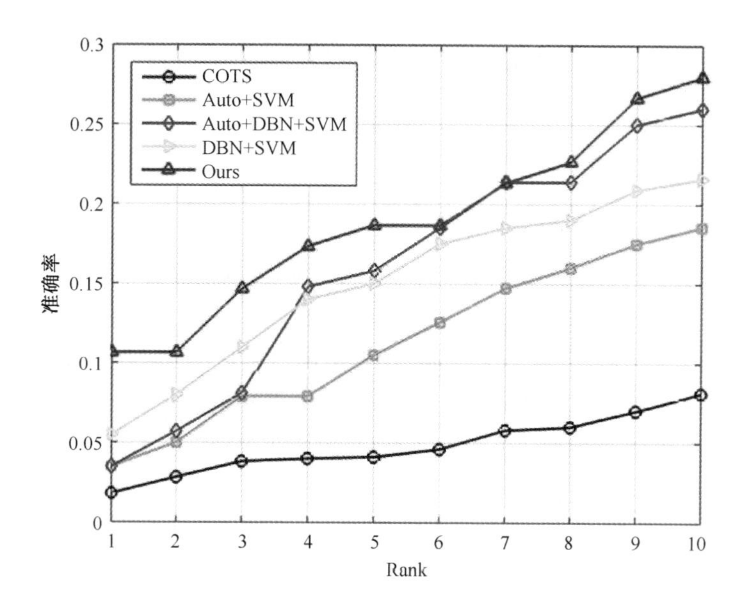

图 3.24　不同方法在 PRIP-VSGC 库上的 CMC 曲线

3.4　基于 SE-ResNeXt 模型的素描人脸识别

本章在 3.3 节的实验证明了基于深度学习的素描人脸识别方法比基于传统特征的方法取得了更好的识别结果。但 3.3 节中的度量学习算法需要大量成对的素描和照片，且大多数公开的素描人脸数据库规模较小，使该方法更容易产生过拟合现象，限制了模型特征的识别能力，无法进一步提升素描人脸的识别率。

在基于深度学习的人脸识别方法中，CNN 网络模型对特征的提取具有关键的作用，因此改进 CNN 网络模型可以提高人脸的识别率。针对网络结构对素描人脸识别结果影响较大的问题，本节介绍一种基于 SE-ResNeXt 模型的素描人脸识别方法。首先，搭建 ResNeXt 网络模型，并利用 SENet 模块的特征重新标定策略，提高模型的特征学习能力；其次，在 Softmax 损失的基础上结合中心损失，共同监督模型的训练，以减少类内差异；再次，采用大规模的光学人脸数据库对融合后的 SE-ResNeXt 模型进行预训练，以获得人脸图像的基本特征表达；最后，在素描人脸数据库上对网络模型进行微调，实现从光学人脸到素描人脸的特征迁移，使模型适应于素描人脸的特征分布。

3.4.1 SE-ResNeXt 网络模型

SENet 网络[29]是 Momenta 自动驾驶人工智能公司和斯坦福大学团队在 2018 年提出的一种新型的网络结构。该团队的主要贡献是提出了一个新的 Squeeze-and-Excitation 网络模块，简称为 SE 模块。SE 模块并不是一个独立的网络结构，而是一个子结构，可以嵌入其他分类模型。SE 模块与 ResNeXt[30]结合构成的 SE-ResNeXt 网络成为 ImageNet 图像分类任务上的冠军。

ResNeXt 网络借鉴了 ResNet 网络的残差模块思想和 Inception 的网络的“拆分—变换—合并”策略，减少了模型过深引起的性能下降问题，还通过增加网络宽度，来提高模型特征的丰富性。该网络中的 cardinality 是指信息分块的大小，已被证明比增加神经网络的深度和宽度更有效。

原始的 SE-ResNeXt 分类网络中，ResNeXt 网络模块单元设置如图 3.25（a）所示，cardinality 的大小设置为 32。由于网络的参数过多容易导致模型的过拟合，因此我们在素描人脸研究中，将 cardinality 的大小设置为 8，同时减少了模块输入层的卷积核数量，将原来的卷积核数量 256 降为 80。另外，为了学习到更加丰富的素描人脸特征，这里增加了每个模块中第二层卷积核的数量，增加后的卷积核数量为 10。图 3.25（b）所示为本节方法 ResNeXt 网络的第一个模块。

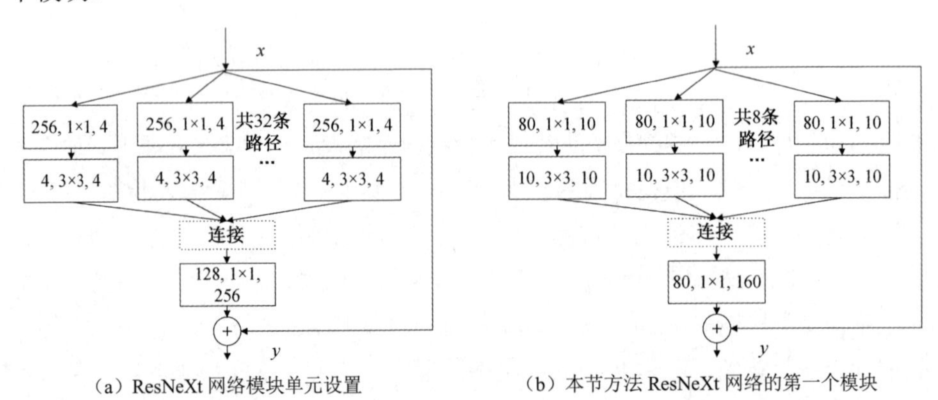

（a）ResNeXt 网络模块单元设置　　（b）本节方法 ResNeXt 网络的第一个模块

图 3.25　ResNeXt 模块示意图

随后将 SE 模块嵌入改进参数后 ResNeXt 的模块中，得到本节方法的 SE-ResNeXt 模块，具体嵌入方式如图 3.26 所示。图 3.26（a）为简化的 ResNeXt 模块示意图，图 3.26（b）为 SE 模块和 ResNeXt 模块结合的示意图。可以看到，

SE 模块的构造非常简单，相当于在 ResNeXt 模块的卷积层和 add 层之间增加了几个网络层参数，即增加了一个全局池化层（Global pooling）、两个全连接层（FC）和两个激活层。这里的全局池化操作被称为 Squeeze 挤压操作，通过在每个通道上做全局池化，将每个特征通道变成一个具有全局感受野的权值，表示特征在网络中的重要程度。其中，第一个 FC 层之后连接 ReLU 激活层，目的是增加网络的非线性学习能力。第二个 FC 层之后连接 Sigmoid 激活层，借鉴了循环神经网络中"门"的机制，为每一个特征通道生成对应的权重，称为 Excitation 的激发操作。最后通过 Scale 加权操作，采用学习到的权重，对每个原始的特征通道作加权计算，完成特征的重新标定。

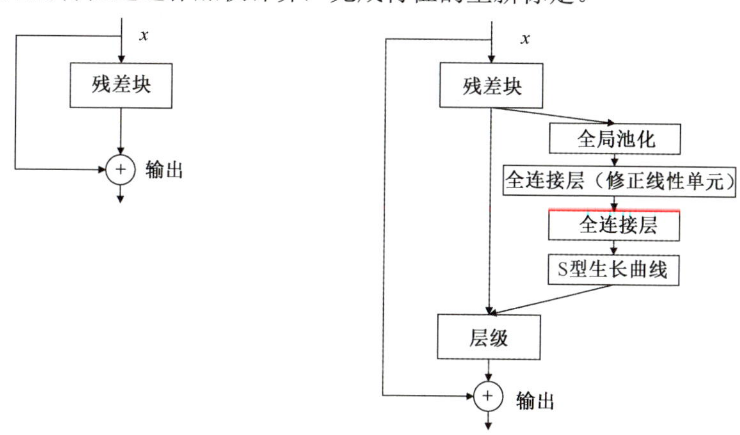

（a）简化的 ResNeXt 模块示意图　　（b）SE 模块和 ResNeXt 模块结合的示意图

图 3.26　嵌入方式

SE-ResNeXt 的网络结构如图 3.27 所示。每个 SE-ResNeXt 模块的通道大小设置如图 3.27 所示，其中每个卷积层之后都采用了 BN 层和 Relu 非线性激活层。BN 层将输入值的分布强制拉近为均值为 0 方差为 1 的正态分布，主要作用是在训练过程中不断纠正中间层特征的分布，使其与输入数据的分布保持一致，从而避免梯度消失，而且网络中引入 BN 层可以加速模型的收敛，防止模型过拟合。

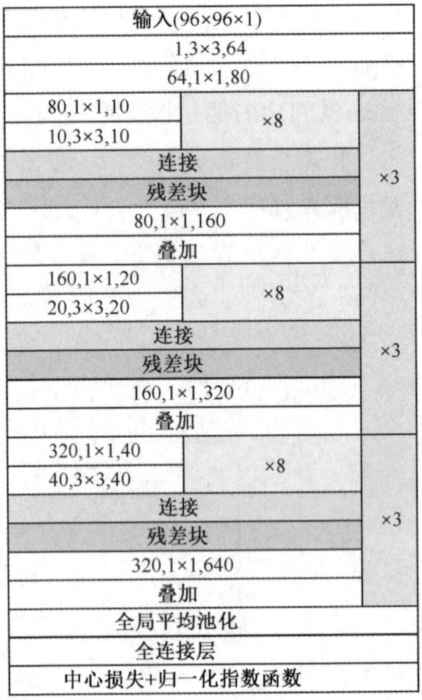

结构		
输入(96×96×1)		
1,3×3,64		
64,1×1,80		
80,1×1,10 10,3×3,10	×8	×3
连接		
残差块		
80,1×1,160		
叠加		
160,1×1,20 20,3×3,20	×8	×3
连接		
残差块		
160,1×1,320		
叠加		
320,1×1,40 40,3×3,40	×8	×3
连接		
残差块		
320,1×1,640		
叠加		
全局平均池化		
全连接层		
中心损失+归一化指数函数		

图 3.27　SE-ResNeXt 网络结构

3.4.2　损失函数

这里结合了 Softmax 损失和中心损失共同监督训练模型，以提高模型特征的判别力。其中，Softmax 损失可以优化类别之间的差异，在深度学习中应用最广泛，如式（3.35）所示

$$L_s = -\frac{1}{n}\sum_{i=1}^{n}\lg\frac{e^{\boldsymbol{W}_{y_i}^{\mathrm{T}} f_i}}{\sum_{j=1}^{c} e^{\boldsymbol{W}_j^{\mathrm{T}} f_i}} \tag{3.35}$$

式中，f 是网络最后一层全连接层的输入，$\boldsymbol{W}_{y_i}$ 和 b_i 是学习的参数，类别的数量为 c。针对样本 i，Softmax 会计算得到一个向量，代表这个样本属于每个类别的概率值，该样本所属的类别就是最大的概率值对应的类。

为了在增大类间距离的同时，减少素描人脸之间的类内差异，需要对学习的特征空间添加类内距离约束。中心损失可以在一定程度上减小样本的类内距离，该损失函数首先学习每个类别的中心特征，然后度量样本特征与该特征所

在类别的中心距离作为惩罚项，加入反向传播的过程中，对网络参数进行优化。中心损失函数如式（3.36）所示

$$L_c = \frac{1}{2}\sum_{i=1}^{m}\left\| x_i - c_{y_i} \right\|_2^2 \tag{3.36}$$

加入中心损失后学习到的特征判别度会更高，且不需要依赖多元组的数据库的选取，可以直接在批度训练中优化类内间距。

Softmax 和中心损失的联合监督损失函数如式（3.37）所示，其中 λ 是平衡二者之间的参数，这里采用了经验值 0.0001。

$$\begin{aligned} L &= L_s + \lambda L_c \\ &= -\sum_{i=1}^{m}\lg\frac{\mathrm{e}^{\boldsymbol{W}_{yi}^{T}x_i + b_{y_i}}}{\sum_{j=1}^{n}\mathrm{e}^{\boldsymbol{W}_{yi}^{T}x_i + b_{y_i}}} + \frac{\lambda}{2}\sum_{i=1}^{m}\left\| x_i - c_{y_i} \right\|_2^2 \end{aligned} \tag{3.37}$$

3.4.3 实验结果与分析

1. 数据库和参数设置

由于素描人脸数据库的规模较小，利用迁移学习的思想，本实验采用大规模的光学人脸数据库 CASIA-WebFace 对模型进行预训练，学习人脸的一般特征，减少模型的过拟合。采用素描人脸数据库对模型进行微调，将从光学人脸数据库上学习到的一般人脸特征迁移到素描人脸上，学习素描人脸图像的特征分布。本实验采用的素描人脸数据库与 3.3 节的素描人脸数据库相同。所有图像均采用 MTCNN 方法进行人脸检测和对齐，并将人脸的尺寸调整为 96 像素×96 像素大小。

为了验证不同裁剪方式对模型识别效果的影响，这里采用了两种裁剪方式，如图 3.28 所示，其中第一行预处理后的图像包括五官、轮廓和发型，简称为 data1；第二行预处理后的图像主要包括面部五官，简称为 data2。这里分别采用两种数据库训练模型，其中测试集是由从对应的 CUHK 和 CUFSF 数据库中随机抽取的 400 对素描和照片组成，最终计算测试集的 Rank 识别率来评估模型性能，并画出 CMC 曲线。

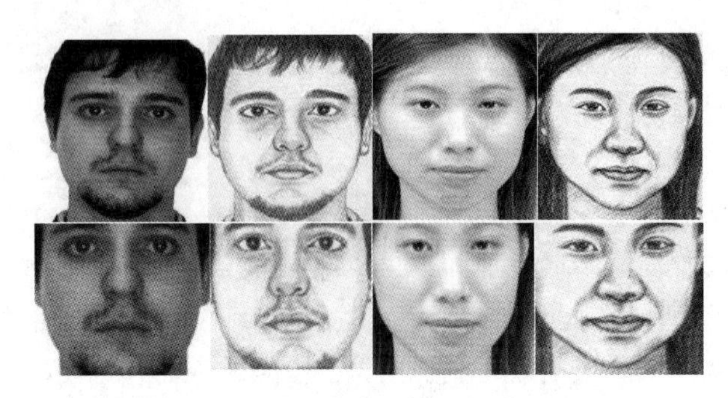

图 3.28　图像预处理示例

本节实验采用随机梯度下降法优化网络，训练时动量设置为 0.9，初始学习率设置为 0.001，权重衰减设置为 1×10^{-5}。网络的训练批度设置为 32，迭代次数设置为 300，当训练的损失值最低时，保存模型的参数，作为当前网络训练的最好模型。这里的数据库尺寸裁剪为 96 像素×96 像素大小，并将所有的训练图像和测试图像都转换为灰度图像，然后将单通道的灰度图像复制三层，重新组成一个三通道的图像作为网络的输入。为了与其他结果对比，本节采用 PRIP-VSGC 数据库与其他方法进行对比。由于数据库权限设置，这里仅采用 IdentiKit 合成的素描人脸用于测试和评估。

2. 消融实验

为了验证两种改进的残差结构 ResNeXt 和 Inception_resnet 对素描人脸识别的效果，实验采用两种训练集 data1 和 data2 在 Inception_resnet_v2 模型和 ResNeXt 模型上分别进行训练，损失函数为 Softmax。然后分别提取两种测试集在模型的后四层特征，计算该特征 Rank1～Rank10 的识别率，得到的 CMC 曲线如图 3.29 所示。由图 3.29 可知，data2 训练得到的结果在两种模型上比 data1 训练得到的结果识别率高。在训练的四个模型中得到同一结论，即网络的倒数第二层和倒数第三层的特征取得了比其他两层更好的识别结果，其中 ResNeXt 模型在 data2 上的 Rank10 的识别率最高，可以达到 94.5%。

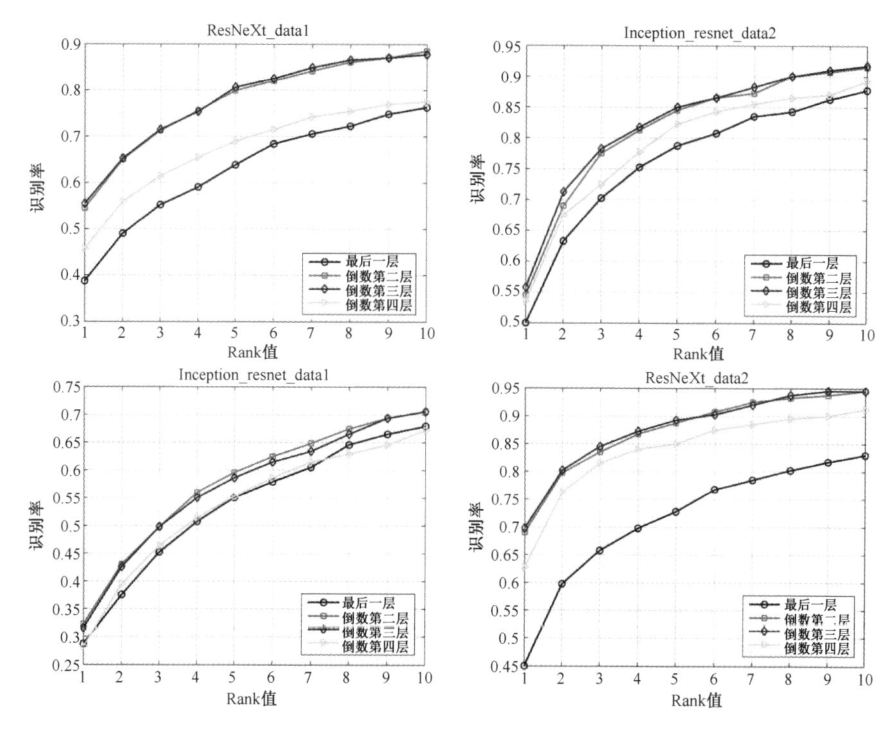

图 3.29　两种模型的 CMC 曲线

然后进一步在 data1 和 data2 两种测试集上提取上述模型的特征，并计算提取特征的识别率，得到的识别结果如图 3.30 所示。

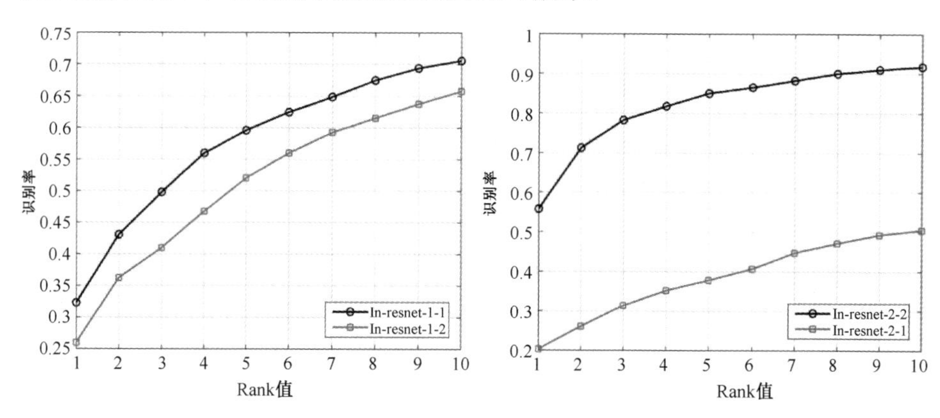

图 3.30　两种模型在不同数据库的交叉对比结果

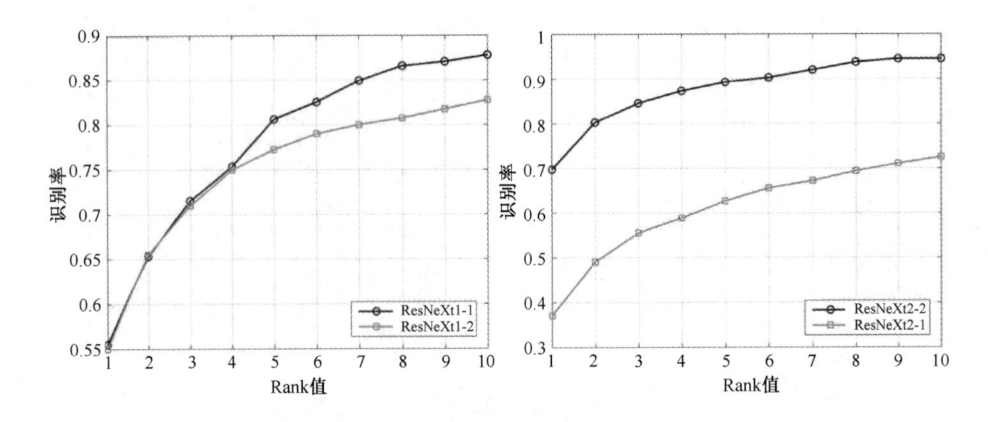

图 3.30 两种模型在不同数据库的交叉对比结果（续）

由图 3.30 可知，采用 data1 训练的模型在 data2 的测试集上进行测试，得到 Rank10 的识别率为 83.56%，该结果低于其在 data1 测试集上的识别率。在 data2 上训练的模型，在 data1 的测试集上得到的 Rank10 的识别率为 72.30%，低于该模型在 data2 测试集上的识别率。另外，模型的测试集和训练集采用了相同的预处理和裁剪方式。由图 3.30 还可以得到，由 data1 训练得到的模型较 data2 训练得到模型特征具有更好的泛化能力。深度模型是通过数据训练学习其内在的抽象特征，data1 中的图像主要包括人脸五官，因此学习到的特征对人脸五官具有更好的特征描述性；而 data2 中的数据库中包括了人脸五官、轮廓和发型，因此学习到的特征对五官的判别性较弱。造成这种结果的原因除了裁剪方式不同外，还有一部分是用于训练素描人脸的数据库较少造成了过拟合。这也是基于深度学习技术的素描人脸识别的阻碍之一。

为了对比两种残差网络的改进模型和原始残差网络的识别性能。这里对 ResNet-50、ResNeXt 和 Inception_resnet_v2 进行实验，分别选取了三个模型中最好的识别结果进行比较。对比结果如图 3.31 所示。左图为三种模型在 data1 上得到的识别结果，右图为三种模型在 data2 上得到的识别结果。其中，Inception_resnet_v2 和 ResNet-50 模型在 data1 数据库上得到了相近的识别结果，Rank10 都达到了 71%左右。Inception_resnet_v2 模型在 data2 数据库上 Rank10 的识别率达到 91.8%，优于 ResNet-50 模型的 88.21%。ResNeXt 模型在 data1 和 data2 上 Rank10 识别率分别为 87.84%和 94.5%，取得了最好的识别结果，且在 data1 数据库中的优势最为明显。

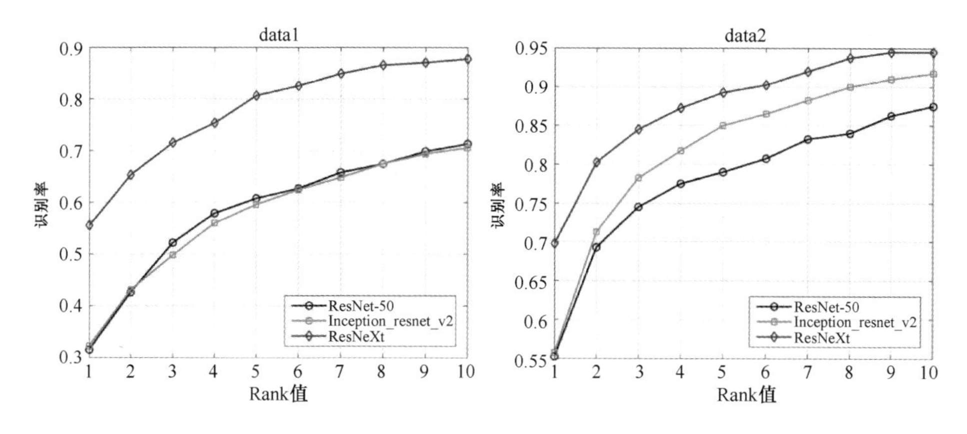

图 3.31　不同数据库上的 CMC 曲线对比

为了提取素描人脸的判别特征，这里在 Softmax 损失的基础上添加了中心损失训练网络，采用了三种不同模型即原始 ResNeXt 模型、添加中心损失的 ResNeXt-center 模型和 SE-ResNeXt-center 模型对 data2 数据库进行了实验，得到如图 3.32 所示的 CMC 曲线。由图 3.32 可知，在 Softmax 基础上添加了中心损失后的结果，比原始 Softmax 的结果在 Rank1 的识别率有 2%的提升。其中，在 Softmax 的监督下可以很好地分离类间距离，对类内距离没有约束。而素描人脸数据库类内之间差距较大，结合了中心损失后，学习到的特征可以拉近

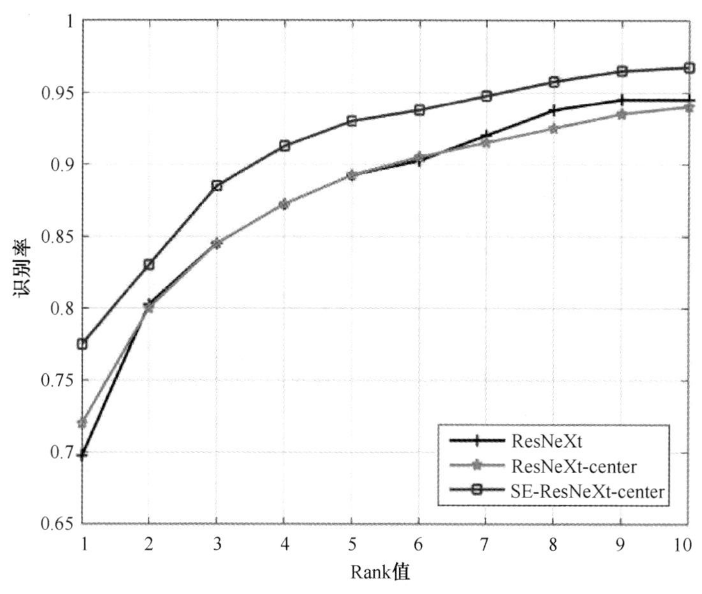

图 3.32　三种模型的 CMC 曲线

类内距离，使特征更具有判别性。由于素描人脸样本存在类别数量和样本数量不平衡的问题，使中心损失函数在约束类内距离时的优势没有明显体现出来。图3.32中，SE-ResNet模型取得了很好的识别结果，Rank10的识别率为96.75%，表明了融合后的网络模型可以提高素描人脸的识别率。

表3.3比较了不同模型的参数量与其在data2上Rank10的识别率。其中，ResNeXt模型参数量最少，且取得了较好的结果，SE-ResNeXt模型参数在ResNeXt基础上有一定增加，但是比较其他两个模型，其参数量大大减少，表明了本节网络模型在计算量上的优势。

表3.3　不同模型的参数量与其在data2上Rank10的识别率

网络模型	参数量（百万）	Rank10（%）
ResNet-50	29	87.25
Inception_resnet_v2	59	91.75
ResNeXt	6	94.5
SE-ResNeXt	8	96.75

3. 和已有方法比较

为了对比其他方法，也在PRIP-VSGC数据库上进行了实验，绘制了CMC曲线，如图3.33所示，并测试了Rank10的识别率，其中本方法模型的识别率

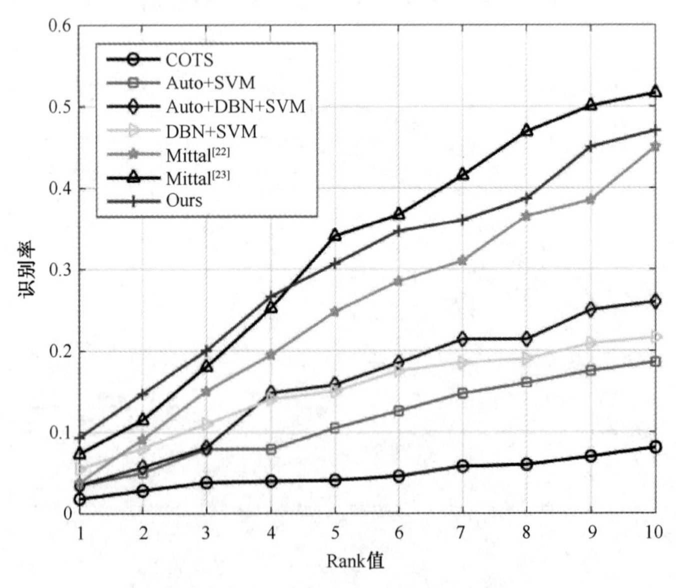

图3.33　不同方法在PRIP-VSGC库上的CMC曲线

达到了 47.5%。表 3.4 中其他网络模型的识别率来自 Mittal 的文章[28]，其他方法都采用了 PRIP-VSGC 数据库中的 48 对样本参与模型训练，剩下的 75 对样本进行识别，而本方法未采用该数据库的样本参与模型的训练，且取得了较好的识别结果，表明了该方法在素描人脸识别中的有效性。

表 3.4　不同方法的结果对比

网络模型	Rank10(%)
COTS	8.1
Auto+SVM	18.5
DBN+SVM	21.7
Auto+DBN+SVM	28.5
Mittal[31]	45.3
Mittal[28]	51.5
Ours	47.5

3.5　本章小结

本章介绍了深度学习的相关原理，包括卷积神经网络、主流人脸识别模型框架和度量学习。本章介绍了 3 种基于深度学习的素描人脸识别方法，分别如下。3.2 节介绍了基于联合分布适配的素描人脸识别，从 CNN 中部网络层提取光学人脸特征并使用 JDA 方法将其与素描人脸相适配，取得了良的效果，通过测试结果对此方法的性能进行了分析，发现使用 JDA+CNN 方法能使素描人脸识准确度达到 97%左右。3.3 节介绍了一种基于残差网络和度量学习的素描人脸识别方法。首先，采用规模较大的 CASIA-WebFace 人脸数据库预先训练 ResNet-50 模型，以减少模型的过拟合。其次，通过提取素描人脸在预训练模型上不同深度的特征，计算识别结果，根据识别结果选择合适的模型参数进行微调。最后，结合度量学习的方法，减少素描人脸的同类之间的距离。在 PRIP-VSGC 上的实验结果表明，该方法比基于传统特征的方法取得了更高的准确率。3.4 节介绍了一种基于 SE-ResNeXt 模型的素描人脸识别方法，该方法将 ResNeXt 网络模型与 SENet 模型相结合，以提高网络对特征的学习能力，并在 Softmax 损失的基础上结合中心损失监督训练模型，以减少类内差异；此外，采用预训练和微调的方法训练模型，减少网络的过拟合。实验结果显示，在 PRIP-VSGC 数据库中 Rank10 的识别率达到了 47.5%，该识别率高于其他大部分方法，证明了该方法在素描人脸识别上的有效性。

参考文献

[1] Xing H, Zhang G, Shang M. Deep Learning[J]. International Journal of Semantic Computing, 2016, 10(3):417-439.

[2] Yanagisawa H, Yamashita T, Watanabe H. A study on object detection method from manga images using CNN[C]. 2018 International Workshop on Advanced Image Technology (IWAIT). IEEE, 2018: 1-4.

[3] Xu B, Wang N, Chen T, et al. Empirical Evaluation of Rectified Activations in Convolutional Network[J]. Computer ence, 2015.

[4] Kaur T, Gandhi T K. Automated Brain Image Classification Based on VGG-16 and Transfer Learning[C]. 2019 International Conference on Information Technology (ICIT). IEEE, 2019: 94-98.

[5] Zhao Y, Yang C, Wang Y, et al. Face Recognition for Embedded System Based on Optimized Triplet Loss Neural Network[C]. 2020 3rd International Conference on Advanced Electronic Materials, Computers and Software Engineering (AEMCSE) , Shenzhen, China, 2020: 260-263.

[6] Kayal S. Face verification experiments on the LFW database with simple features, metrics and classifiers[C]. International Workshop on Multidimensional Systems. VDE, 2013: 1-6.

[7] Ghazi M M, Ekenel H K. A Comprehensive Analysis of Deep Learning Based Representation for Face Recognition[J]. 2016 IEEE Conference on Computer Vision and Pattern Recognition Workshops (CVPRW), Las Vegas, NV, 2016: 102-109.

[8] P. W. Zaki et al. A Novel Sigmoid Function Approximation Suitable for Neural Networks on FPGA[C]. 2019 15th International Computer Engineering Conference (ICENCO), Cairo, Egypt, 2019: 95-99.

[9] Kalman B L, Kwasny S C. Why tanh: choosing a sigmoidal function[C]. International Joint Conference on Neural Networks. IEEE Xplore, 1992: 578-581.

[10] Stursa D, Dolezel P. Comparison of ReLU and linear saturated activation functions in neural network for universal approximation[C]. 2019 22nd International Conference on Process Control (PC19). IEEE, 2019: 146-151.

[11] Karivaratharajan P, Murti, et al. A general form of the O'Neill-Ghausi MFM functions[J]. Circuits & Systems IEEE Transactions on, 1976.

[12] Wen Y , Zhang K , Li Z , et al. A Discriminative Feature Learning Approach for Deep Face Recognition[M]// Computer Vision – ECCV 2016. Springer International Publishing, 2016.

[13] Zhang J, Guo Q, Dong Y, et al. Adaptive Parameters Softmax Loss for Deep Face Recognition[C]. 2019 IEEE 5th International Conference on Computer and Communications (ICCC). IEEE, 2019: 1680-1684.

[14] Erhan D, Szegedy C, Toshev A, et al. Scalable Object Detection Using Deep Neural Networks[J]. 2014 IEEE Conference on Computer Vision and Pattern Recognition, Columbus, OH, 2014: 2155-2162.

[15] He K, Zhang X, Ren S, et al. Deep Residual Learning for Image Recognition[C]. Proceedings of the IEEE Conference on Computer Vision and Pattern Recognition, 2016:770-778.

[16] He K, Zhang X, Ren S, et al. Deep Residual Learning for Image Recognition[C]. IEEE Conference on Computer Vision & Pattern Recognition. IEEE Computer Society, 2016.

[17] Suárez, Juan Luis, García, Salvador, Herrera F. A Tutorial on Distance Metric Learning: Mathematical Foundations, Algorithms and Software[J]. Cornell University, 2018.

[18] Liong V E, Lu J, Tan Y P, et al. Deep Coupled Metric Learning for Cross-Modal Matching[J]. IEEE Transactions on Multimedia, 2017, 19(6):1234-1244.

[19] Liang L, Wang G, Zuo W, et al. Cross-Domain Visual Matching via Generalized Similarity Measure and Feature Learning[J]. IEEE Transactions on Pattern Analysis and Machine Intelligence, 2017, 39(6):1089-1102.

[20] Rujirakul K, So-In C, Arnonkijpanich B, et al. PFP-PCA: Parallel Fixed Point

PCA Face Recognition[J]. 2013 4th International Conference on Intelligent Systems, Modelling and Simulation, Bangkok, 2013: 409-414.

[21] Belkin M , Niyogi P . Laplacian Eigenmaps for Dimensionality Reduction and Data Representation[J]. 2003.

[22] Roweis, Sam, T, et al. Nonlinear Dimensionality Reduction by Locally Linear Embedding[J]. Science, 2000, 290(5500): 2323-2326.

[23] Pan S J , Tsang I W , Kwok J T , et al. Domain Adaptation via Transfer Component Analysis[J]. IEEE Transactions on Neural Networks, 2011, 22(2):199-210.

[24] Chen D , Ren S , Wei Y , et al. Joint Cascade Face Detection and Alignment[C]// European Conference on Computer Vision. Springer, Cham, 2014.

[25] Cao Q, Shen L, Xie W, et al. Vggface2: A dataset for recognising faces across pose and age[C]. Proceedings of the IEEE International Conference on Automatic Face and Gesture Recognition, 2018: 67-74.

[26] Yi D, Lei Z, Liao S, et al. Learning face representation from scratch[J]. Cornell University, 2014.

[27] Ricanek K, Tesafaye T. MORPH: a longitudinal image database of normal adult age-progression[C]. Proceedings of the IEEE International Conference on Automatic Face and Gesture Recognition, 2006:341-345.

[28] Mittal P, Vatsa M, Singh R. Composite sketch recognition via deep network-a transfer learning approach[C]. Proceedings of the IEEE International Conference on Biometrics , 2015: 251-256.

[29] Hu J, Shen L, Albanie S, et al. Squeeze-and-Excitation Networks[C]. Proceedings of the IEEE Conference on Computer Vision and Pattern Recognition, 2018: 7132-7141.

[30] Xie S, Girshick R, Dollár P, et al. Aggregated residual transformations for deep neural networks[C] Proceedings of the IEEE international conference on computer vision, 2017: 1492-1500.

[31] Mittal P , Jain A , Goswami G , et al. Recognizing composite sketches with digital face images via SSD dictionary[C]. Proceedings of the IEEE International Joint Conference on Biometrics, 2014:1-6.

第 4 章 传统素描人脸合成方法

从素描人脸合成技术兴起到目前已有十几年的时间，其间出现了越来越多有效的人脸合成方法。现有的素描人脸合成方法主要分为两类：传统素描人脸合成方法和基于深度学习的素描人脸合成方法[1]。传统素描人脸合成方法又分为数据驱动方法[2]和模型驱动方法[3]。传统素描人脸合成方法是基于图形学的方法，本章具体介绍两种传统素描人脸合成方法：结合 LBP 局部特征提取的素描人脸合成方法和结合 pHash 稀疏编码的素描人脸合成方法。

4.1 结合 LBP 局部特征提取的素描人脸合成方法

基于局部特征的 LBP[4]纹理筛选，本节介绍一种结合 LBP 局部特征提取[5]的素描人脸合成方法。结合相邻图序间的最优相关性实现合成过程，其主要实现的功能是给出一幅光学人脸照片，合成一幅素描人脸图像。该算法的研究核心便是通过层层优选得到最优块进行合成。为了合成素描人脸图像，需要对人脸区域进行分块，利用欧氏距离[6]从训练集中提取与待合成目标相近的粗选块系列；使用子块切分的 LBP 纹理筛选对粗选块系列进行再提取，得到几个与待合成目标更加相近的精选块系列；提出基于最优相关的逐次定位法，即确定首行首块，依次计算相邻块间的相关系数，求得最优块，最终合成一幅完整的素描人脸图像。

4.1.1 欧氏距离粗提取

FERET[7]人脸数据库是大型人脸数据库，约含 14000 幅人脸图像，其获取方式类似于 AFLW[8]人脸数据库，只是对于同一人在不同场景、不同姿态、不同光照及不同表情下进行拍摄，它是由多种族、多拍摄背景、多肤色等人脸组成的。所进行采集的目标多为欧美人，其组成相对单一。

将 Feret 数据库中所有正面人脸图使用软件工具进行素描人脸转化，效果图如图 4.1 所示。

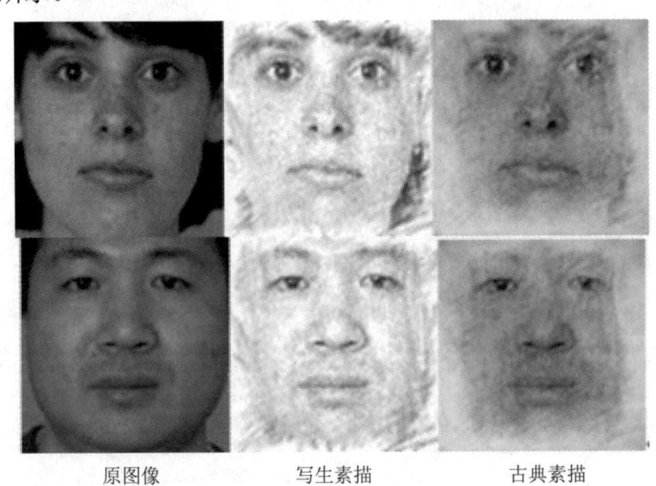

图 4.1　软件工具获取的不同风格素描人脸效果图

图 4.1 展示了两种素描风格，这里主要使用写生素描风格。在预处理阶段，设定训练集（若干光学/素描人脸对组成）和测试集（仅有光学图像）并对其进行几何归一化。然后对训练集和测试集的所有人脸图像进行分块处理，这里存在一个假设：即测试集某一人脸的某光学块与训练集中的某人脸相对应位置的光学块相似度较为理想，则认为它也与该人脸相对应的素描块相似度较为符合。本节主要采用 5×5 分块，如若未特别注明，后续介绍均采用 5×5 分块。

对于上述处理好的分块，以测试图片块为模板，采用欧氏距离公式在训练集中进行粗提取。实验表明，它虽然只是通过像素关系来匹配人脸块，但是这种关系能够有效地提升候选块的平滑度和清晰度，并为后续的精提取做好准备。对该系列按距离从小到大进行排序并取排在前 15 的所有块作为粗候选块。单个块提取的具体过程如图 4.2 所示。

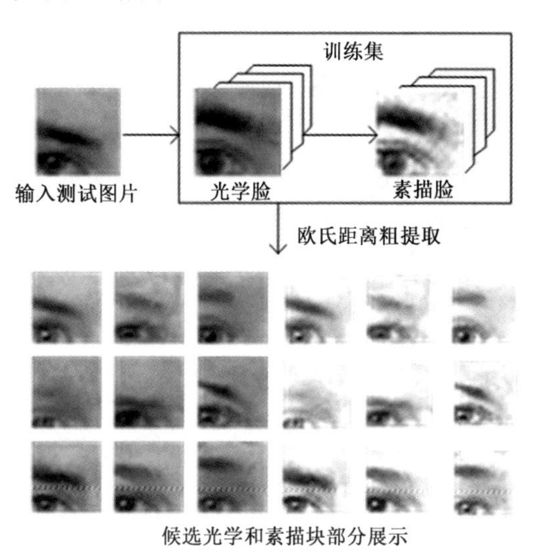

图 4.2　欧氏距离粗提取单个块的过程

以 y_i 表示某测试图片的第 i 块，以 y_i^l 表示训练集中第 l 对人脸的第 i 块，让 y_i 和 y_i^l（$l=1,2,\cdots,n$，n 为训练集大小）进行欧氏距离运算，提取距离较小的前几幅图片块及对应素描块，欧氏距离公式表示为

$$\begin{aligned} D &= \sum_j \left[y_i(j) - y_i^l(j) \right]^2 \\ &= \sum_i y_j^2(i) + \sum_i y_i^l(i) - 2\sum_i y_j(i) {y^l}_i(j) \end{aligned} \tag{4.1}$$

4.1.2　结合子块切分的 LBP 局部特征提取

上述得到的 5×5=25 组分块，由于是按照距离由小到大的顺序排列的，故对于每组分块均取第一个块进行拼接效果应当是最好的，实际效果如图 4.3 所示，图 4.3（a）为原人脸，图 4.3（b）为对应素描脸。

由图 4.3 可以看出，直接拼接的结果是合成的素描人脸出现大面积的纹理不衔接现象及某些纹理特征差距偏大的情况，如图 4.3 的嘴部信息。这是因为欧氏距离虽然能够提取到较为相似的素描块，但是它只是对素描块进行局部考虑，选取了局部相对较为优秀的分块，但这些素描块是相互独立的，而且它也不能从纹理上考虑人脸块的相似度情况。艺术家在绘制素描人脸时，不仅会从局部考察素描图片的特征信息，也会在整体上进行全局考虑，LBP 算子能达到这种要求，实现从局部特征到整体人脸的过渡。

（a）原人脸

（b）对应素描脸

图 4.3　欧氏距离直接拼接实际效果

第 2 章对 LBP 纹理描述子进行了详细的分析与解释。由于该算子对于亮度和色度具有稳定性，接下来使用该算子去处理上述人脸子块。在得到若干较优局部块的前提下，使用子块切分的 LBP 算子能够更加精确地刻画这些块局部纹理信息，使得其与待合成块的纹理信息更为一致，确保纹理的衔接性。具体做法如下：

（1）对待合成图像块和欧氏距离粗选块系列进行子块切分及位置编号，如图 4.4 所示。

（2）对（1）处理的结果用 LBP 算子处理，得到 LBP 图像。

（3）对上述 LBP 图像在 4 个编号位置上进行直方图统计，把各直方图看作一个向量，即局部特征向量，则一幅人脸块可由 4 个位置的直方图向量表示。

（4）将（3）得到的每个子块的局部特征向量直方图连接成整体的直方图，分别计算与欧氏距离粗选块之间的直方图距离。

经过以上处理，对欧氏距离粗选块进行筛选，取得纹理特征吻合度较好的一系列精选块，这些分块满足素描脸人脸全局性的要求。

4.1.3　合成过程

经过 4.1.2 节的处理，得到 10×25 幅符合全局条件的人脸块，虽然这些块保证了待选块和待合成块纹理信息基本一致，相对位置也基本一致，但是在进行拼接合成时仍然存在相邻块平滑度较差的情况，为此在上述局部特征提取的基础上提出基于最优相关的逐次定位方法[9]，使用此方法从位置 LBP 精选块系列中选取相关性最为优秀的分块，组合出素描人脸。各编号 LBP 块及对应直方图如图 4.4 所示。

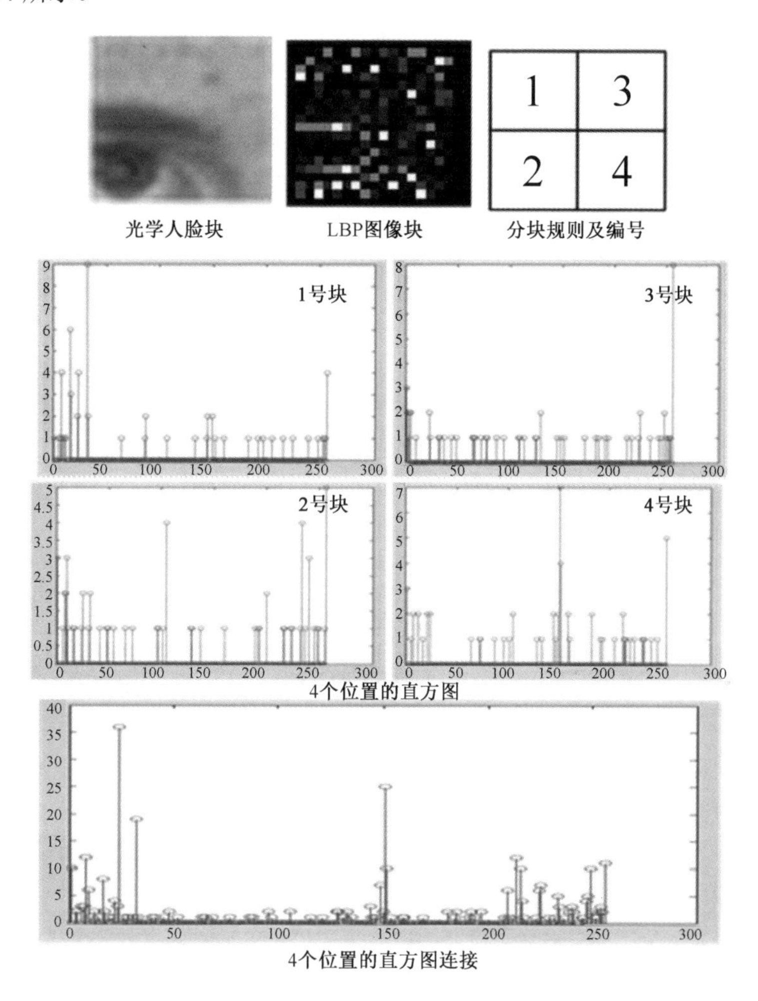

图 4.4　各编号 LBP 块及对应直方图

（1）确定待合成素描图片的首块，设为 O，即第一行第一列位置的块，该块是由 4.1.2 节处理完成之后得到的 10 幅图片块中效果最好的一块。

（2）为了表示某块的准确性及与其他相邻块的关系，定义与该块相邻的 N 块（N 取 2、3、4）分别提供该块 $1/N$ 的价值比重，则一幅图像序列存在三种类型的价值，图像序列的其余分块可以通过这三类块旋转得到。三类块的价值比重示意图如图 4.5 所示，图中空白块表示确定块。

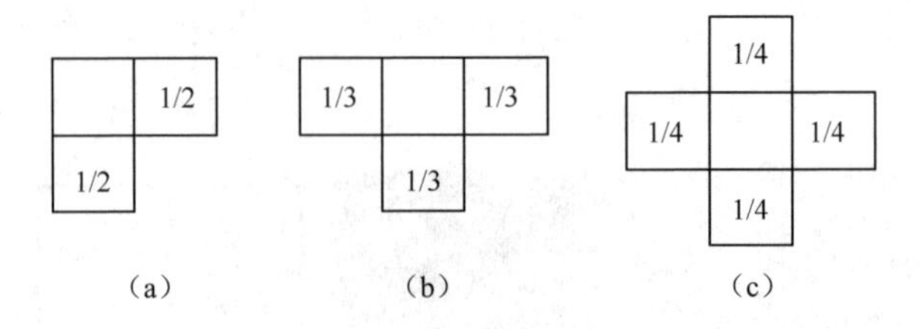

图 4.5　三类块的价值比重

（3）由（1）确定的首块 O，分别和图像序列中相邻的 1 号块中的 10 幅候选块 C_i，i=1, 2, ⋯, 10，进行相关性的计算，1 号块的位置见图 4.6，图 4.6 展示了逐次定位搜索过程。

$$R=\frac{\sum_{j=1}^{M}\sum_{k=1}^{N}(o_{j,k}-\bar{o})(c_{j,k}-\bar{c})}{\sqrt{\sum_{j=1}^{M}\sum_{k=1}^{N}(o_{j,k}-\bar{o})^2}\sqrt{\sum_{j=1}^{M}\sum_{k=1}^{N}(c_{j,k}-\bar{c})^2}} \tag{4.2}$$

式中

$$\bar{o}=\frac{1}{MN}\sum_{j=1}^{M}\sum_{k=1}^{N}o_{j,k} \tag{4.3}$$

$$\bar{c}=\frac{1}{MN}\sum_{j=1}^{M}\sum_{k=1}^{N}c_{j,k} \tag{4.4}$$

这里，M、N 表示图像矩阵的维数，对于大小相同的图像，即有 $M=N$，$\bar{o}$、$\bar{c}$ 是两个图像矩阵的均值。

（4）由于和 1 号块相邻的块共有三个，故相邻块对 1 号块造成的影响所占的价值比重分别为 1/3，符合图 4.7（b）的情况，因此符合条件的 1 号块表示为

$$C_i=\frac{1}{3}\max(R_i) \tag{4.5}$$

（5）按照图 4.6 所示，依据上述步骤，分别依次进行首块横向搜索和纵向搜索，以已知的 1 号块分别求得其相邻块，最终可以得到符合要求的整幅图像序列。

连续的图像序列之间存在一定的相关性，这种相关性在相邻的图像之间表现更为明显，其搜索方法就是根据相邻图像块之间的相关性，求得最优相关时的相关系数 R，取相关系数最大时所使用的块，即最优块。相关系数$|R|\leqslant 1$，即 R 在[−1,1]，刻画两者之间近似程度的线性信息。采用相关系数进行搜索，优点

是既保证了选择的准确性，又降低了块间的不平滑性。最终合成后素描人脸如图 4.7 所示，其中图 4.7（a）是原始光学人脸，图 4.7（b）是艺术家素描作品，图 4.7（c）是合成素描人脸。

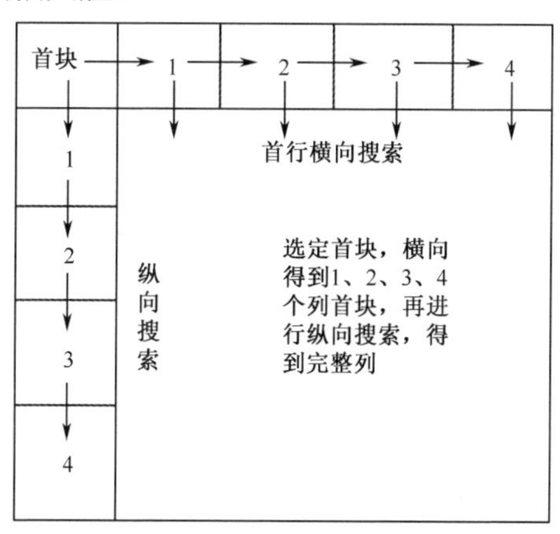

图 4.6　逐次定位搜索过程

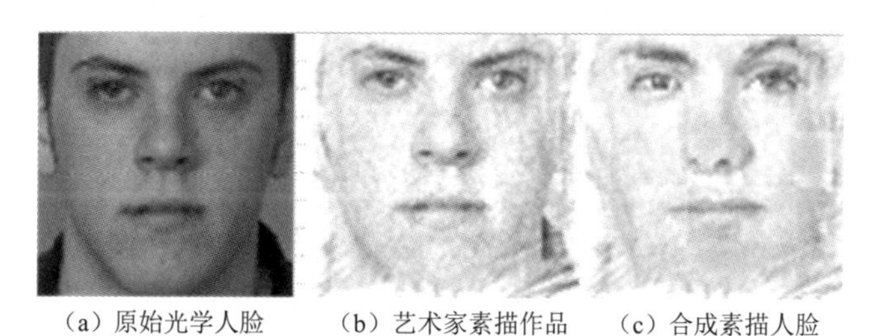

（a）原始光学人脸　（b）艺术家素描作品　（c）合成素描人脸

图 4.7　最终合成后素描人脸

4.1.4　实验结果与分析

1. 数据库设置和参数设置

本实验使用 FERET 数据库，训练集分别采用 80 对、100 对、120 对素描光学人脸对，其中素描人脸图像来自图片处理工具。对于每种训练集，测试集均采用 80 幅光学人脸照片来进行合成。

2. 消融实验

1）原素描人脸和三种训练集合成图对比

依据上述算法，对来自 FERET 数据库的第 186 号人脸进行合成，结果如

图 4.8 所示。图 4.8 中上层两幅图中左侧是光学人脸照片，右侧是素描人脸图像，下层自左向右依次为训练集 120 对、100 对和 80 对时的合成素描人脸图像。

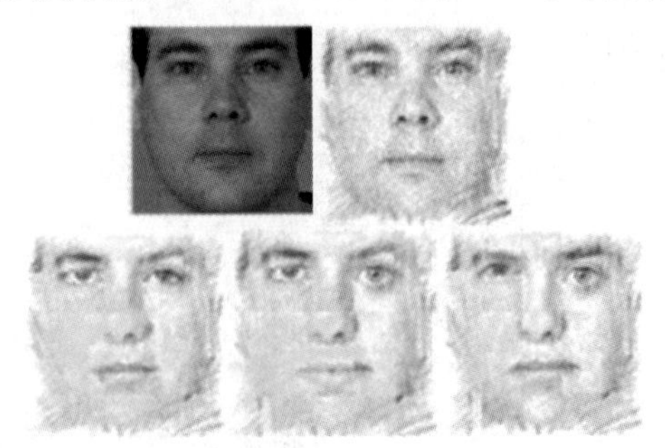

图 4.8　第 186 号人脸合成结果

2）不同数量的训练集对结果的影响

本实验利用 SIFT 人脸验证算法[10]，对经上述算法合成之后的人脸进行验证。这里设定匹配点数量阈值为 8 对，大于或等于 8 对的匹配人脸认为是合格的合成人脸，验证效果分别是在训练集 120 对、100 对和 80 对光学-素描人脸下进行的，效果如图 4.9 所示。

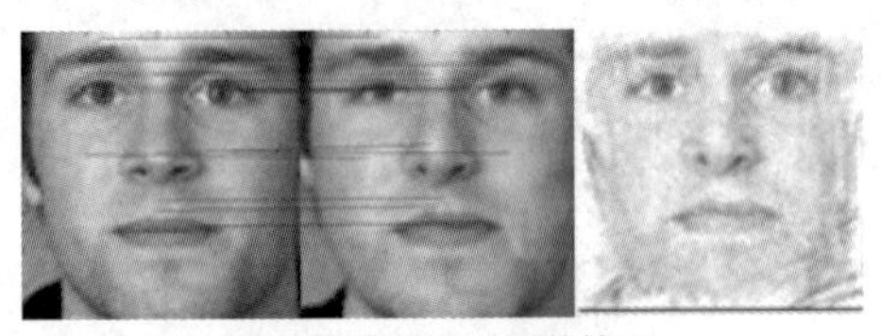

（a）训练集 120 对的情况

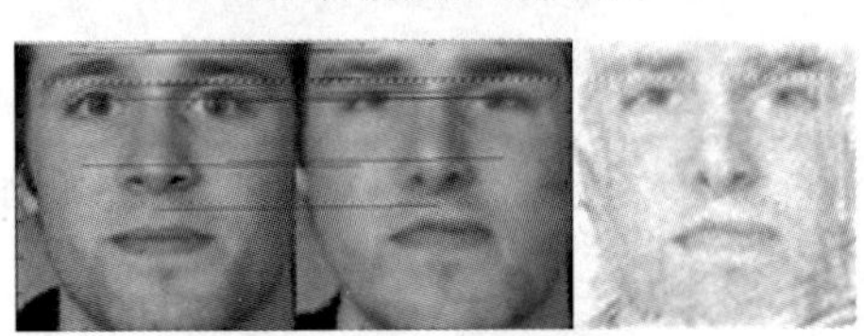

（b）训练集 100 对的情况

（c）训练集 80 对的情况

图 4.9　SIFT 特征点匹配效果示例

从图 4.9 可以看出，三类训练集下验证效果图的匹配特征点均在 8 点以上，由此我们认为此训练效果符合素描人脸合成的要求，但是随着训练集数量的减少，合成效果也在明显下降。因此，对不同数量的训练集下 80 幅测试人脸合成并验证，绘制效果曲线，如图 4.10 实线所示。

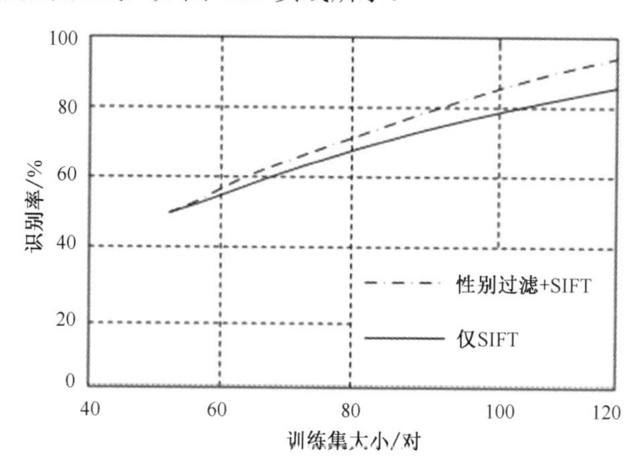

图 4.10　SIFT 及结合性别特征对比

另外，由于 FERET 数据库本身是一个对素描人脸合成要求并不严格的数据库，它是由多种族、多拍摄背景、多肤色的人脸组成的，以至于训练集在 120 对以上时合成后的识别率仍然只有 85%左右。性别过滤的方法可以有效提高合成效果，为此，在实验采用的训练集中，均包含一定数量的女性，将这些女性全部替换成男性，合成识别率得到显著提高，同样也可以将训练集中的所有男性替换为女性，本实验采用前者，识别率在训练集 120 对时达到 92%左右，对比效果如图 4.10 虚线所示。

3）不同方式素描对结果的影响

为了验证该素描人脸合成算法的适用性，采用 CUHK[11]数据库进行素描人脸合成的验证，该数据库是由光学人脸和艺术家素描人脸共同组成的。具体做法是，使用美图工具处理得到素描人脸，采用 100 对光学素描人脸对作为训练集，88 幅光学人脸照片作为测试集，进行素描人脸图像的合成。由于 CUHK 数据库存在艺术家手绘素描图片，故采用合成素描脸分别与测试集美图工具素描脸和测试集艺术家素描脸进行对比，结果如表 4.1 所示。

表 4.1　验证正确率对比

不同方式素描	正确率
美图工具素描脸	90.9%
艺术家素描脸	86.4%

3. 与其他算法比较

其他素描合成人脸方法选择文献[12]和文献[13]的方法，对比如图 4.11 所示。

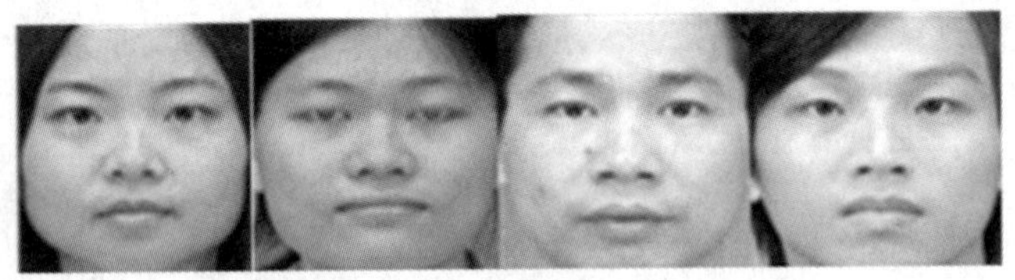

（a）原人脸

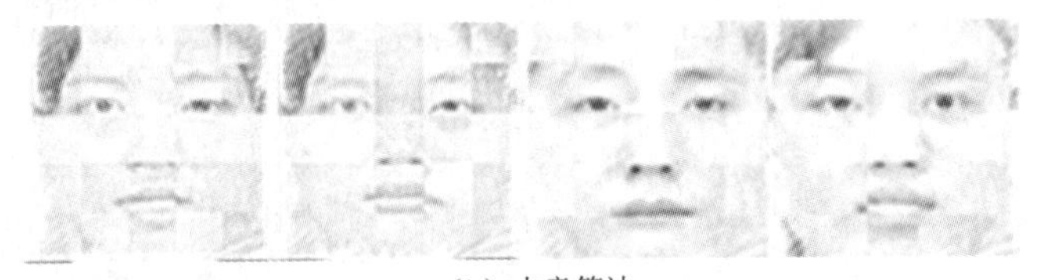

（b）本章算法

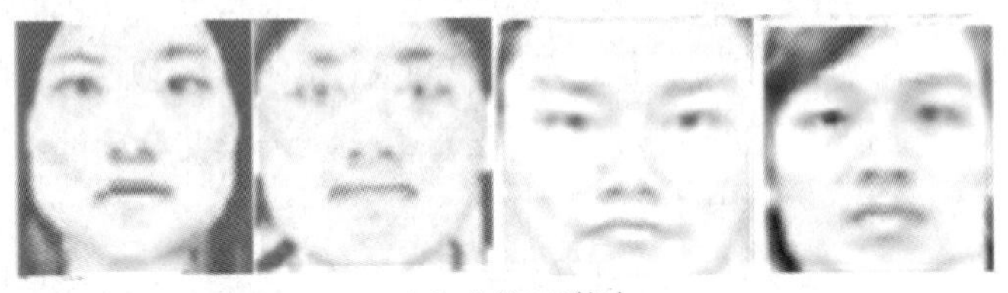

（c）文献[12]算法

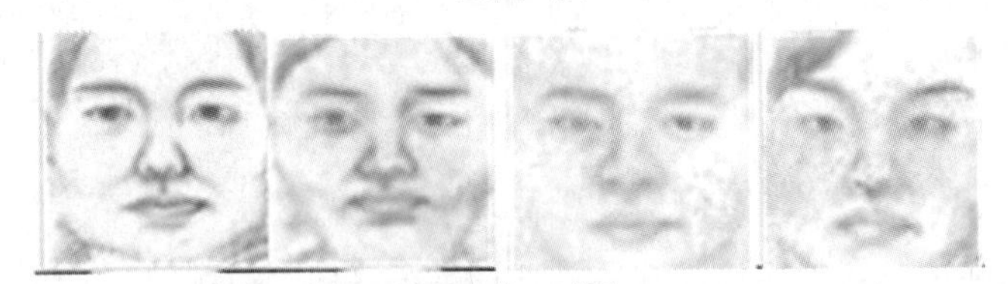

（d）文献[13]算法

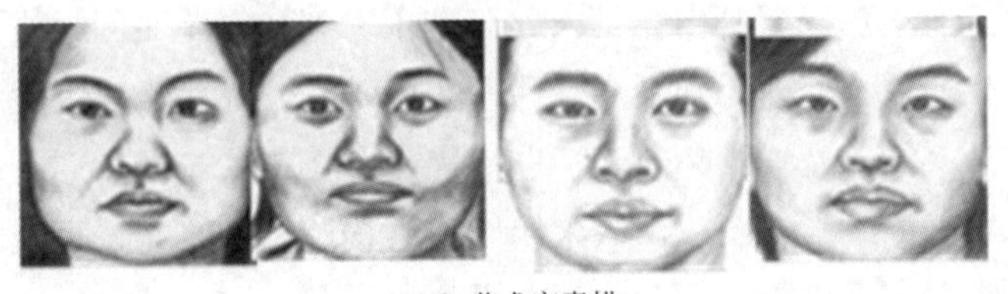

（e）艺术家素描

图 4.11　与其他素描合成方法对比

由图 4.11 可以看出，本章算法由于使用美图素描作为训练集，故得到的色彩深度较浅，但是清晰度明显要优于文献[12]和文献[13]算法的合成图片。对于文献[12]和文献[13]，可以认为它是灰度图的模糊化，与真正意义上的素描作品有所偏差。在实际刑侦案件中，这种所谓的模糊素描作品是很难得到的。

4.2　结合 pHash 稀疏编码的素描人脸合成方法

本节介绍一种基于图像信息熵自适应分块的素描人脸合成方法。首先，根据图像的信息熵对光学人脸照片和素描人脸图像对进行自适应分块处理，接着利用感知哈希算法（pHash）[14]计算出大图像块的哈希指纹，并对小图像块进行稀疏编码[15]；然后，选取与测试照片块最相似的 K 个初始候选照片块，从而得到与之对应的素描块；最后，引入二次稀疏编码的方法，合成最终的素描块，进而合成整幅素描人脸图像。

4.2.1　基于图像熵的图像分块

1. 图像熵

起初，信息论之父 Shannon[16]提出信息熵的概念，用来度量信息的不确定性。一幅图像可以看成一个二维离散信号，所以图像中信息量的多少也可以用信息熵来衡量，也可称为图像熵[17]。对于一幅灰度级为 L（$1<L\leqslant 256$）、大小为 M 行 N 列的灰度级数字图像 L，用 $f(x,y)$ 表示图像中坐标为 (x,y) 的像素的灰度值，则 $f(x,y)$ 的取值范围为 $[0,L-1]$。令 f_i 为图像中灰度级为 i 的个数，则灰度级 i 出现的概率为

$$p_i=\frac{f_i}{M\times N},\quad i=0,1,\cdots,L-1 \tag{4.6}$$

根据信息熵的定义，二维图像的图像熵可以定义为

$$H(I)=-\sum_{i=0}^{L-1}p_i\lg p_i \tag{4.7}$$

此时，一幅图像中含有多少信息量可以用图像熵来度量，信息量越多，图像熵越大；信息量越少，图像熵越小。

在人脸图像中，由于人脸的不同部位结构不同，所含的信息也不同，所以其图像熵的大小也不一样。

图 4.12 给出了三种不同类型人脸部位的图像及其图像熵。由图 4.12 可以看出，所有人脸图像不同部位的图像熵都由其像素变化的复杂度决定，从图 4.12 三种类型的人脸图像可以看出，在同种类型的人脸图像中，头发的信息熵比鼻子、眼睛等其他部位的信息熵小，这是因为头发的纹理比较简单，只有单一的背景色和头发，没有复杂的纹理变化，所以图像熵比较小，而鼻子、嘴巴和眼睛等五官，其纹理变化比较复杂，包含的细节信息就比较多，所以这些图像块的图像熵就比较大。另外，在不同类型的人脸部位中，鼻子、眼睛和嘴巴的信息熵也都高于头发的信息熵，由此也证明了图像的信息熵与图像包含的信息量成正比这一结论的合理性与普适性。

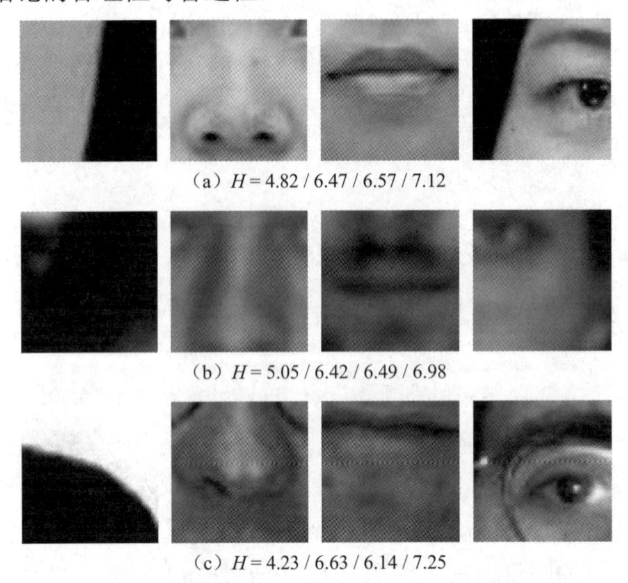

（a）$H = 4.82 / 6.47 / 6.57 / 7.12$

（b）$H = 5.05 / 6.42 / 6.49 / 6.98$

（c）$H = 4.23 / 6.63 / 6.14 / 7.25$

图 4.12　人脸不同部位的信息熵

2. 基于图像熵的图像分块

素描人脸合成中将图像分解成图像块，然后利用图像块间的相似性，寻找与测试图像块相似的图像块，以此来合成不存在于训练集中的人脸照片的素描图像。

传统的基于分块合成的方法中，将图像分成大小一致的图像块，不考虑图像块的信息量。人脸不同部位的细节是不一样的，像眼睛、鼻子这些部分，它包含的纹理细节就比较多，如果分块过大，就会忽略某些细节特征；而头发、脸颊和背景等部分纹理就比较单一，所以分块时就可以考虑粗略分块，在一定程度上可以减少计算量。

为此，本节介绍根据人脸图像不同部位的图像熵对照片进行自适应分块方法。基于图像熵的图像自适应分块方法的具体过程如图 4.13 所示。

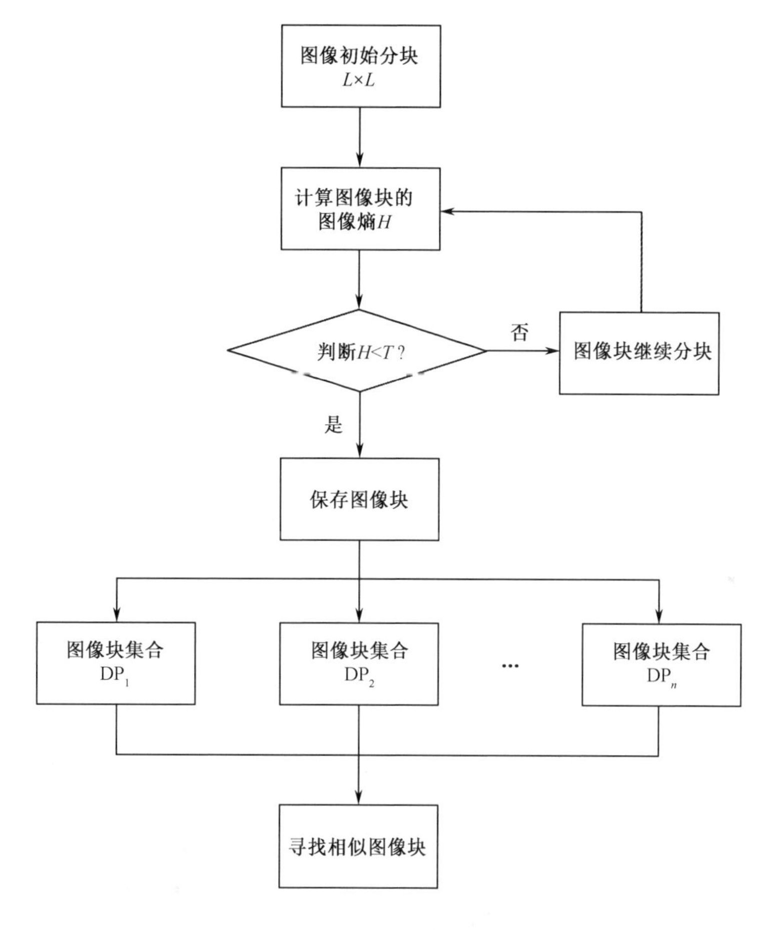

图 4.13　图像自适应分块过程

其中 H 是图像块的图像熵，T 是决定图像是否需要再分块的图像熵阈值。假设一幅人脸图像经过初始分块得到图像块集合 $A\{A_1, A_2, \cdots, A_m\}$，其图像块信息熵为 $H\{H_1, H_2, \cdots, H_m\}$，计算信息熵均值 H_{mean}

$$H_{\text{mean}} = \frac{1}{m}\sum_{i=1}^{m} H_i \tag{4.8}$$

在实验中计算出每幅图像初始图像块的图像熵均值 H，H 的范围在 5.7～6.2。为了确定最合适的阈值 T，实验选取图像熵阈值范围为 5～7、间隔为 0.2 进行仿真实验，分别得到各阈值的合成结果，并计算这些结果图像的SSIM值[18]。

图 4.14 给出了合成素描人脸图像的 SSIM 值随阈值 T 变化的曲线。由图 4.14 可以看出，在阈值 $T \in (5.8,6)$ 时，图像的 SSIM 值较大，即合成的人脸图像质量较高，并且 SSIM 值在 $T = 5.8$ 时取得最大值。所以，在本实验中图像熵阈值 T 经验地选取 5.8。

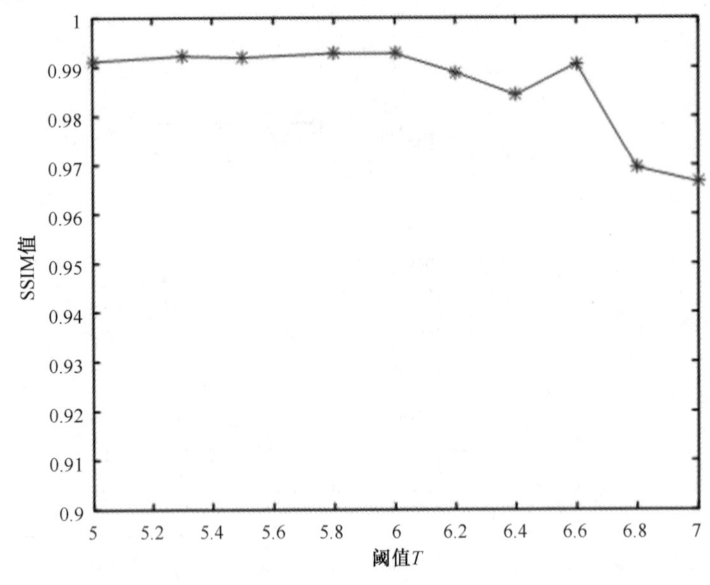

图 4.14 合成素描人脸图像的 SSIM 值随图像熵阈值 T 的变化曲线

为了更好地了解图像的自适应分块准则，图 4.15 给出了一幅人脸图像的分块示意图。

（a）原始图像

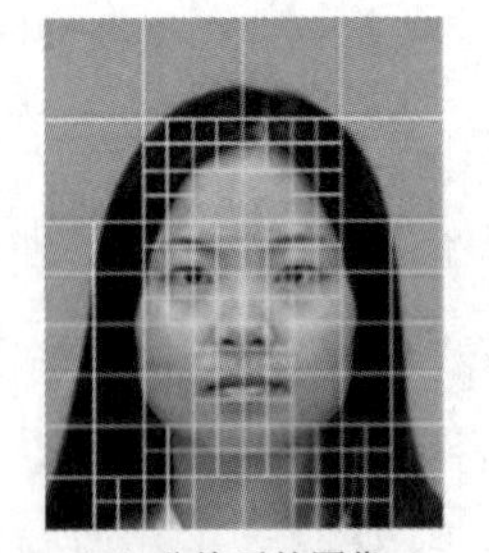

（b）分块后的图像

图 4.15 图像自适应分块示意图

4.2.2　图像块的特征提取

根据信息熵将图像进行自适应分块，由于不同图像块包含的信息各不相同，所以对不同尺寸的图像块采取不同的特征提取法。大图像块主要是头发和下巴等细节较少的部位，一般对这种包含信息量较少的图像块可以采用边缘检测算法，但是一般的边缘检测算法仅能检测出图像明暗过渡的边缘，会丢失大部分低频信息。所以这里选择使用感知哈希算法提取大尺寸图像块的特征，如图 4.16 所示，感知哈希算法在检测图像边缘的同时也可以检测出图像整体的低频分量，利用感知哈希算法提取大图像块的哈希指纹特征更加合适。其余包含细节较多的小图像块则通过字典学习方法进行稀疏编码。

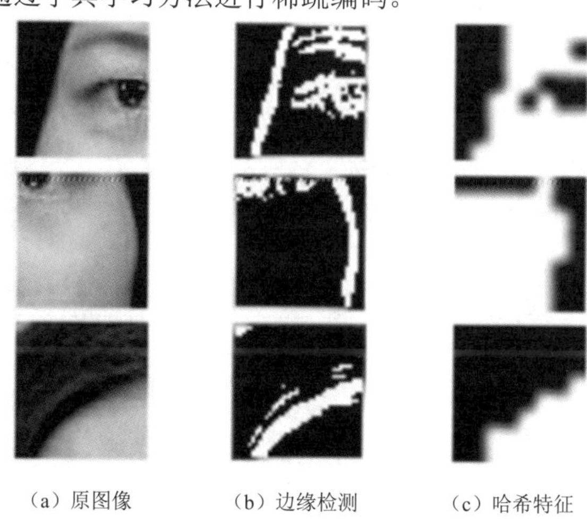

（a）原图像　　（b）边缘检测　　（c）哈希特征

图 4.16　图像块的 sobel 特征和哈希特征

如图 4.16 所示，边缘检测方法[19]只能检测出图像像素发生变化的那条边缘线，而感知哈希算法提取的图像的哈希指纹不仅能够检测出图像纹理变化的边缘线，而且可以分离图像的明暗区域，这也使得感知哈希算法在相似图像快搜索阶段的精确度更高。

1. 感知哈希算法

感知哈希算法是以图搜图中的一个重要方法，属于哈希算法中的一种，它提取的图像特征是一个哈希指纹[20]。所以可以通过比较两幅图像的哈希指纹之间的相似度来确定这两幅图像的相似程度。常用的感知哈希算法有均值感知哈希算法和增强感知哈希算法，两种算法都依赖图像的低频信息。图像的低频信息可以提供一个图像框架，这两种算法就是利用此框架来进行图像搜索的。本节采用均值感知哈希算法，其步骤如下。

（1）缩小尺寸：将图像的尺寸缩小为 8 像素×8 像素；

（2）图像灰度化：将缩小后的彩色图像转化为灰度图像；

（3）计算均值：计算灰度图像的像素均值；

（4）生成哈希指纹：比较灰度图像像素与均值像素的大小，小于均值像素记为 0，反之则记为 1。最后得到一个 64 位的 0、1 序列，这个序列就是哈希指纹。

人脸图像中不同部位的哈希指纹如图 4.17 所示。

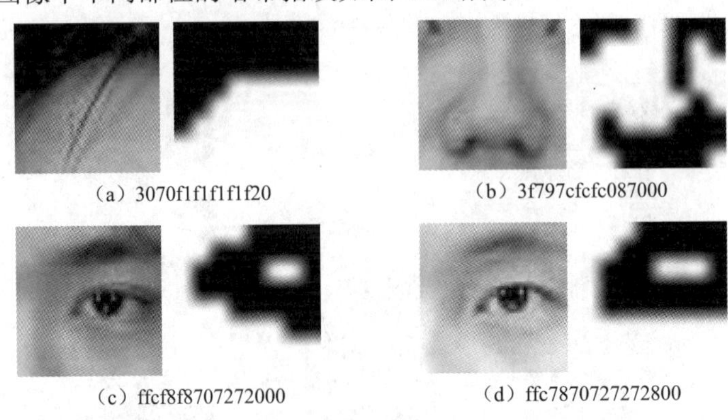

（a）3070f1f1f1f1f20　（b）3f797cfcfc087000

（c）ffcf8f8707272000　（d）ffc7870727272800

图 4.17　人脸图像中不同部位的哈希指纹

生成图像的哈希指纹以后，对比两幅图像的哈希指纹，计算它们之间的汉明距离，相同位置的值相等，则距离不变，不相等则加 1。一般情况下，如果汉明距离小于等于 10，则认为两幅图像相似；汉明距离大于 10，则认为两幅图像完全不相似，即

$$\begin{cases} \text{Hamming\_dis} \leqslant 10，\text{相似} \\ \text{Hamming\_dis} > 10，\text{不相似} \end{cases} \tag{4.9}$$

可以看出，图 4.17（a）和图 4.17（b）是两幅完全不同的图像，它们的哈希指纹之间的距离为 38，而图 4.17（c）和图 4.17（d）两幅图像十分相似，而且其哈希指纹之间的距离为 6，所以这两幅图像就是相似图像。

本节采用均值感知哈希算法对大图像块进行特征提取，计算出图像块的哈希指纹，然后利用哈希指纹的汉明距离选取候选图像块。感知哈希算法不仅能够找出相似图像，而且其搜索速度非常快，可以节省大量的搜索时间。分别利用 Gabor-SC 和 pHash-SC 的合成结果如图 4.18 所示。

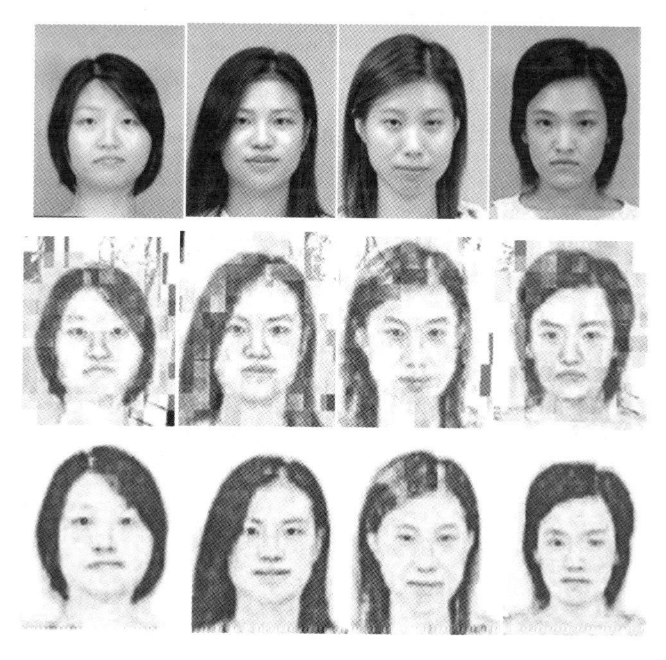

图 4.18　分别利用 Gabor-SC 和 pHash-SC 的合成结果

图 4.18 中，第一行是原始图像，第二行是 Gabor 变换[21]和稀疏编码（Gabor-SC）结合的合成图像，第三行是 pHash-SC 算法的合成图像。由图 4.18 可以明显看出，Gabor-SC 方法合成的人脸图像头发部分出现白块现象，背景有黑色噪声，这是因为 Gabor 变换提取图像块特征时，只能检测图像的边缘，不能分辨出图像的黑白区域。即当搜索白色测试照片块的候选图像块时，误将黑色图像块当成与白色块相似的块；反之，在搜索黑色图像块的候选图像块时，也误将白色块搜索出来，最终导致合成的图像出现灰度差效应。而利用 pHash-SC 算法提取的图像哈希指纹可以给出图像块的灰度值信息，避免将边缘信息相同但灰度分布不一致的图像块认作相似图像块，因此可以很好地解决这一问题，所以利用 pHash 算法搜索图像块比一般边缘检测的方法更加准确。

2. 稀疏编码

从前述内容我们可以知道，DP_2 中图像块的信息分布比较密集，包含的细节信息比较多，而这些细节大部分属于高频信息，所以利用依赖低频信息的感知哈希算法不能提取其有效的高频特征，故利用字典学习[22]的方法对这些小图像块进行稀疏编码。

如果把每个图像块展开成一个一维列向量，那么它可以用过完备照片块特征字典中少数图像块的线性组合表示出来。对于训练集照片块集合DP_2中的图像块，可以通过求解以下最优化目标来求得其照片块特征字典

$$\min_{\{\boldsymbol{D},\boldsymbol{C}\}}\|\mathrm{DP}_2-\mathrm{Df}_2\boldsymbol{C}\|_2^2+\lambda\|\boldsymbol{C}\|_1 \tag{4.10}$$

这里Df_2表示照片块特征字典，$\boldsymbol{C}$表示稀疏系数矩阵，系数λ根据经验设为0.15。显而易见，无论是对于Df_2还是对于$\boldsymbol{C}$来说，这都是一个非凸优化的问题。然而当固定照片块特征字典Df_2求解稀疏系数矩阵$\boldsymbol{C}$时，就变成凸优化问题，反之亦然。

对于这个非凸优化问题，本节选择使用 K-SVD 算法来求解得到最终的照片块特征字典Df_2和稀疏系数矩阵$\boldsymbol{C}$。首先从训练集照片块集合DP_2中随机抽取N个照片块构成初始照片块特征字典Df_2，然后根据式（4.11）求出稀疏系数矩阵$\boldsymbol{C}$

$$\boldsymbol{C}=\arg\{\min_{\boldsymbol{C}}\|x-\mathrm{Df}_2\boldsymbol{C}\|_2^2+\lambda\|\boldsymbol{C}\|_1\} \tag{4.11}$$

得到稀疏系数矩阵$\boldsymbol{C}$的估计后，固定$\boldsymbol{C}$，求照片块特征字典Df_2为

$$\mathrm{Df}_2=\arg\{\min_{D}\|\mathrm{DP}_2-\mathrm{Df}_2\boldsymbol{C}\|_2^2\} \tag{4.12}$$

交替迭代式（4.11）和式（4.12），直到式（4.10）收敛。

对于测试照片块x，利用照片块特征字典Df_2进行稀疏编码，求得其稀疏系数c_1，求解方法为

$$c_1=\arg\{\min_{c_1}\|x-\mathrm{Df}_2c_1\|_2^2+\lambda\|c_1\|_1\} \tag{4.13}$$

根据K近邻方法[23]，选取与之最相近的K个系数，然后找到DP_2和DS_2中对应的K个照片块和素描块，构成候选照片块集合P和候选素描块集合S。

然而，直接利用K近邻方法选择的K个稀疏系数相近的图像块，它们的稀疏系数距离最相近，但这并不意味着这K个图像块和测试图像块最相似。如图4.19所示，根据稀疏系数为每个测试图像块选取最相近的20个候选图像块，但有个别图像块和测试图像块差别比较大，所以在这里我们引入二次稀疏编码的方法，对这20个图像块进行精选操作。图4.19（a）为测试图像块，图4.19（b）为根据稀疏系数选择的初始候选图像块，可以看出，尽管选择的候选图像块和测试图像块相似，都为人眼图像，但各图像块与测试图像之间又存在差异，故可以根据各图像块与测试图像块的差异性大小，给不同的候选图像块赋予不同的权重，由此利用二次稀疏编码的方法对这些候选图像块重新进行稀疏编码。

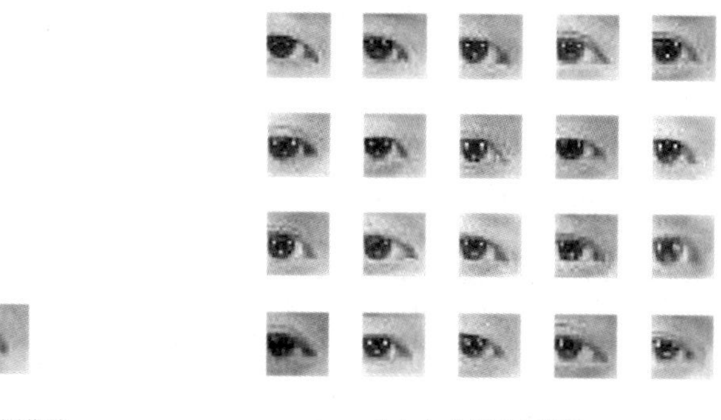

（a）测试图像块　　（b）初始候选图像块

图 4.19　测试图像块的初始候选图像块选择

首先，把候选照片块集合 P 和候选素描块集合 S 看成两个字典；然后，用候选照片块字典 P 对测试照片块 x 进行稀疏表示，得到稀疏系数 c_2

$$c_2 = \arg\{\min_{c_2} \|x - Pc_2\|_2^2 + \lambda \|c_2\|_1\} \tag{4.14}$$

最后，用稀疏系数 c_2 和候选素描块集合 S 合成最终的素描图像块

$$y = Sc_2 \tag{4.15}$$

图 4.20 所示为使用二次稀疏编码的合成结果，图 4.20（a）为原图像，图 4.20（b）为不使用二次稀疏编码的加权平均的合成结果，图 4.20（c）为使用二次稀疏编码的合成结果。可以看出，使用二次稀疏编码合成的素描人脸图像更加清晰，这是因为二次稀疏编码是根据候选图像块和最终的素描块之间的相似度来给每个候选图像块分配不同的权重。二次稀疏编码方法的优点在于，字典中的原子样本和测试样本都比较相近，具有较强的表示该测试样本的能力，所以不需要字典学习的过程，节省了大量的时间。

这种二次稀疏编码的方法，不仅可以提高素描块的合成精确度，而且由于处理的数据都比较小，不需要担心计算量大的问题。所以该方法不仅适用于该尺寸的图像块，对于其他尺寸的图像块的合成过程同样适用。

基于感知哈希算法与稀疏编码的自适应人脸合成方法，以图像熵为依据，对人脸图像进行自适应分块处理，对图像熵较小的图像块提取哈希指纹，对图像熵较大的图像块利用字典学习进行稀疏编码，最后根据小图像块的哈希指纹和大图像块的稀疏系数，选择训练集图像块集合中与之相似的图像块。由于感知哈希算法在图像检索时速度非常快，所以对图像进行自适应分块，利用感知哈希算法搜索信息量较少图像块的相似图像块，对包含信息量大的图像块进行稀疏编码，这种方法比传统的稀疏编码方法速度更快，而且保证了搜索图像块的精确度。

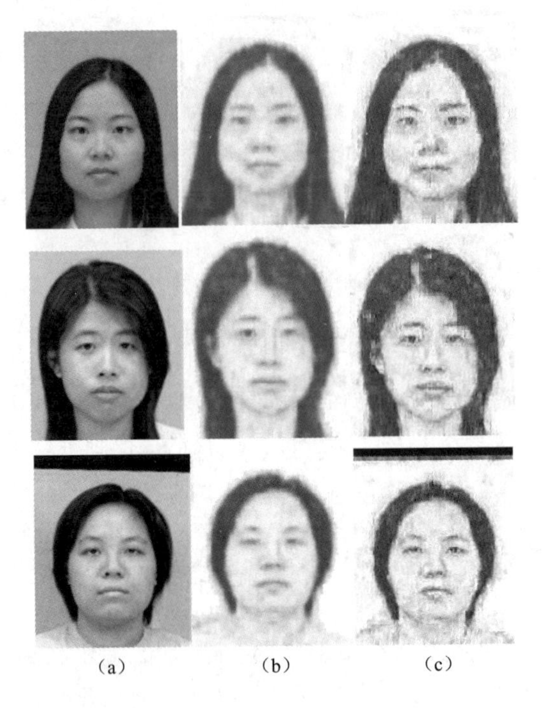

（a）　　（b）　　（c）

图 4.20　使用二次稀疏编码的合成结果

4.2.3　实验结果与分析

1. 数据库和参数设置

结合 pHash 稀疏编码的素描人脸合成方法，采用 CUHK 学生人脸库 134 位男性的照片-素描对作为训练集，测试集包括剩余 54 位女性的照片、AR 人脸数据库（包含 123 个人）和 XM2VTS 人脸数据库（包含 295 个人）。

首先将训练集中的照片-素描对进行初始分块，图像块大小设置为 40 像素×40 像素，图像块的重叠度为 50%。然后根据照片块的图像熵，将图像分成三种不同尺寸的子块，最终得到照片块集合 DP_1 、DP_2 、DP_3 和素描块集合 DS_1 、DS_2 、DS_3 ，且照片块和素描块中的图像块是一一对应的。

对 DP_1 中的照片块进行均值感知哈希指纹特征提取，得到照片块特征集合 Df_1 ；利用字典学习对 DP_2 中的图像块进行稀疏编码，得到一个过完备字典集合

Df_2 和照片块稀疏系数集合 C；鉴于 DP_3 中的图像块比较小，可以直接利用像素特征进行候选块的搜索匹配，所以不再进行特征提取。

给定一张待合成的人脸照片 X，按照同样的方法对 X 进行分块处理，得到三种不同尺寸的照片块集合 TP_1、TP_2、TP_3，对 TP_1、TP_2 中的照片块分别进行均值感知哈希指纹提取和稀疏编码，得到测试照片块特征集合 Tf_1 和稀疏系数集合 C_2，TP_3 不进行处理。

对每一个测试照片块 x，根据照片块特征，从 DP_1、DP_2、DP_3 中选择与之最相近的 M 个照片块；然后从 DS_1、DS_2、DS_3 中找出相对应的 M 个素描块，将这 M 个素描块利用二次稀疏编码方法合成最终的测试素描块；最后将所有测试素描块拼接融合得到一幅素描人脸图像 Y。

实验中，图像块的大小设为 40 像素×40 像素、20 像素×20 像素、10 像素×10 像素，重叠率为 50%，候选图像块的个数 M 为 40。

2. 消融实验

本节实验的自适应分块次数 n 分别选择 1、2、3，对比三种分块次数的合成结果，选取合适的自适应分块次数，最终的合成结果如图 4.21 所示。

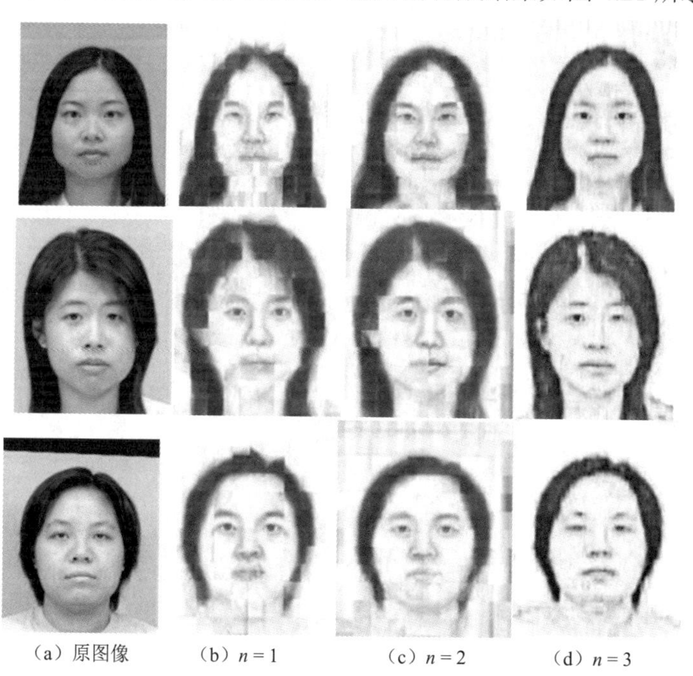

（a）原图像　（b）$n=1$　（c）$n=2$　（d）$n=3$

图 4.21　不同分块次数的合成结果

从图 4.21 中可以看出，当自适应分块次数为 3 时，合成效果明显好于分块次数为 1 和 2 时的合成效果，不仅人脸头像的边缘轮廓比其他分块次数清晰，而且人脸内部的细节也比其他合成结果要完整。所以本节实验中选择 3 次自适应分块次数作为分块次数。

为了进一步证明本算法的合成能力，利用 AR 人脸库和 XM2VTS 数据库作为测试集，对本算法进行验证，图 4.22 和图 4.23 给出了不同算法在 AR 数据库和 XM2VTS 数据库上的合成效果。

由图 4.22 和图 4.23 中可以看出，本节方法在其他两个不包含于训练集中的人脸库上，其合成效果也优于传统合成方法。其他方法合成的素描人脸结果出现不同程度的头发、胡须的缺失，以及脸部轮廓的失真等现象。本节介绍的 pHash-SC 算法能够合成其他方法不能合成的眼镜、胡须等部分，而且合成的素描图像结构比较完整，不会出现发型缺失的现象，脸部轮廓与原始图像更为接近，为后续的人脸识别等问题提供了合适的样本，有效解决了传统算法存在的细节模糊和清晰度低的问题。

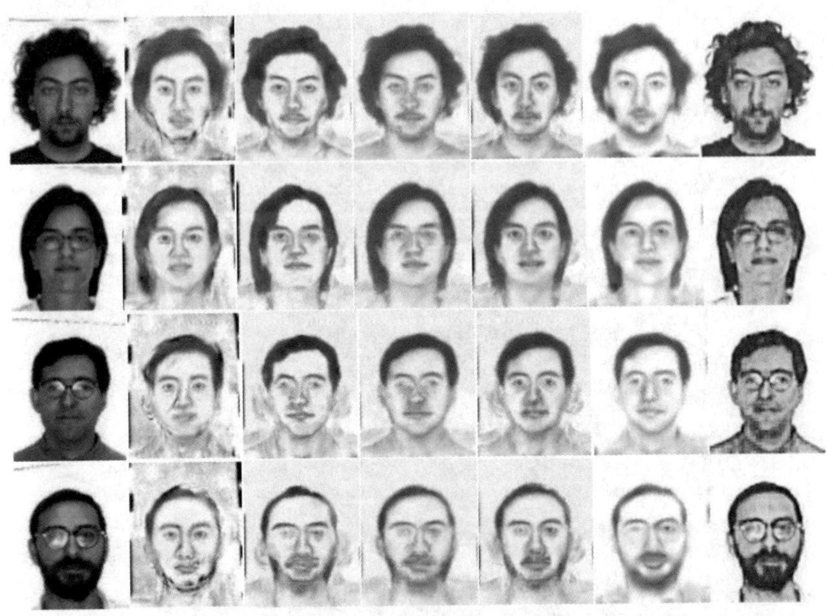

图 4.22　不同算法在 AR 数据库上的合成效果

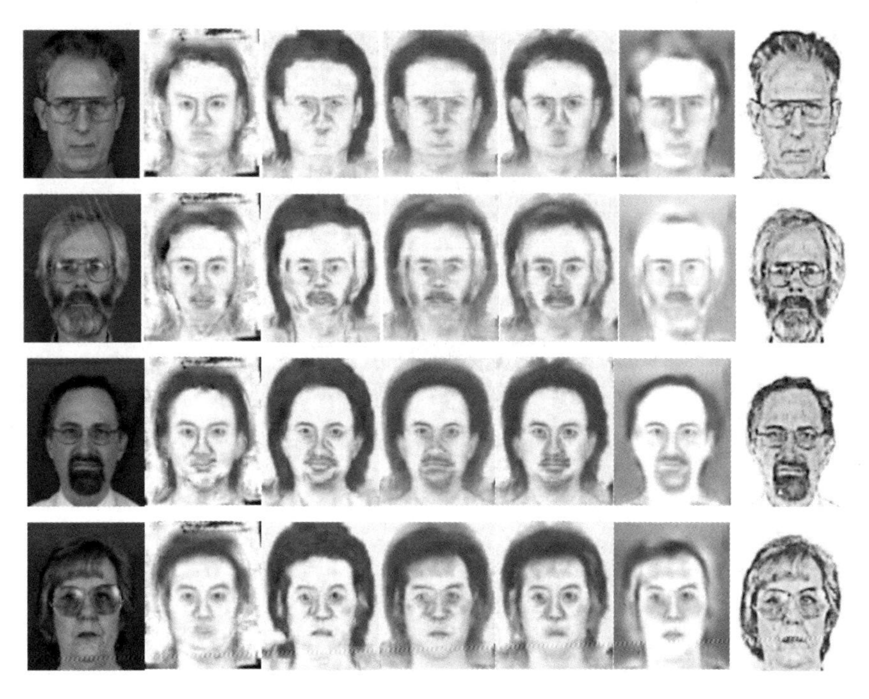

图 4.23　不同算法在 XM2VTS 数据库上的合成效果

一般通过计算结构相似度 SSIM 值[24]和特征相似度 FSIM 值[25]来衡量合成图像与原素描图像之间的相似度。我们把人脸库中原始的素描人脸图像当作参考图像，合成的素描人脸图像当作失真图像，计算两者之间的 SSIM 值和 FSIM 值，值越大，则两幅图像的相似度越高，说明 pHash-SC 算法的合成效果越好。表 4.2 和表 4.3 分别给出了不同算法在不同数据库上合成素描人脸图像的 SSIM 值和 FSIM 值。

表 4.2　不同算法在不同数据库上的 SSIM 值

算　法	数　据　库		
	CUHK 人脸库	AR 人脸库	XM2VTS 人脸库
LLE	0.9910	0.9923	0.9930
MRF	0.9891	0.9921	0.9845
MWF	0.9900	0.9927	0.9888
Trans	0.9902	0.9931	0.9902
SSD	0.9895	0.9911	0.9857
本节算法	**0.9920**	**0.9935**	**0.9915**

表 4.3　不同算法在不同数据库上的 FSIM 值

算　　法	数　据　库		
	CUHK 数据库	AR 数据库	XM2VTS 数据库
LLE	0.9342	0.9235	0.9061
MRF	0.9460	0.9285	0.8926
MWF	0.9513	0.9434	0.8969
Trans	0.9481	0.9351	0.8982
SSD	0.9333	0.9370	0.8971
本节算法	**0.9549**	**0.9595**	**0.9560**

从表 4.2 和表 4.3 中的数据可以看出，本节算法合成的素描人脸图像的 SSIM 值和 FSIM 值基本都高于其他算法，说明本节算法合成的图像更接近于原素描图像，合成素描人脸图像的能力更强。

3. 和其他算法比较

图 4.24 为不同算法在 CUHK 数据库上的合成效果，其中，第一行都为原始照片图像，第二行至第七行分别为 LLE 算法[26]、多尺度 MRF 模型算法[27]、MWF 算法[28]、基于直推学习的合成算法[29]、空间示意图去噪算法（SSD）[30]和本节算法的合成结果图。

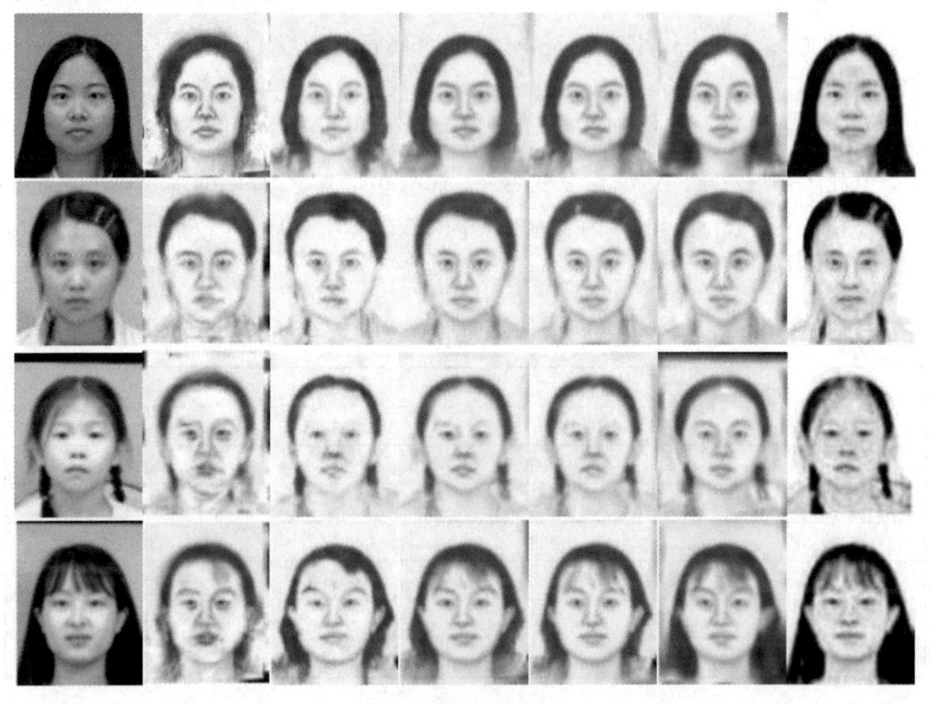

图 4.24　不同算法在 CUHK 数据库上的合成效果

由图 4.24 可以看出，本节算法的合成效果明显好于其他传统素描人脸合成算法，跟其他算法相比，本节算法合成的人脸图像的头发部分跟原始图像更相似，而且本节算法能够合成其他算法不能合成的发饰等非人脸部分，体现了 pHash-SC 算法对人脸细节合成的效果更优。

为了进一步证明本节算法在素描人脸合成中的有效性，利用素描人脸识别率来比较合成的素描人脸图像与原素描人脸图像的相似性。这里采用 PCA 方法对合成的素描人脸图像进行识别，将其识别率与其他素描人脸合成方法的识别率进行比较，其识别结果如图 4.25 和图 4.26 所示。

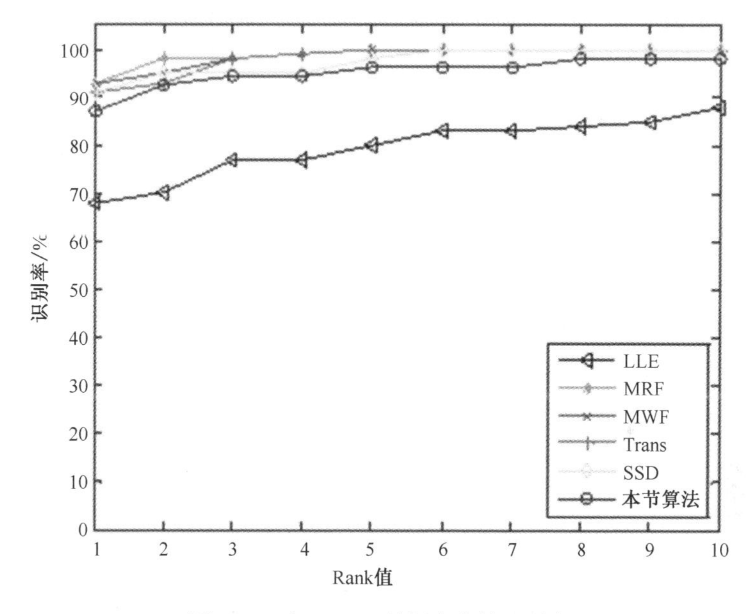

图 4.25　在 CUHK 数据库上的识别率

由图 4.25 和图 4.26 识别率曲线图可以看出，本节算法合成的素描人脸图像在 CUHK 数据库上的识别率与其他算法基本相当，而在 AR 人脸库上的识别率随着 Rank 值的增大，本节算法的识别率高于其他算法，且在 Rank 值为 9 时，识别率达到 100%。这是因为本节算法采用自适应分块算法，对不同的图像块采用不同的特征提取算法，采用感知哈希算法提取大图像块的哈希指纹特征，确定了人脸图像的轮廓，对小图像块进行稀疏编码，保证了人脸的细节信息不被丢失。所以，pHash-SC 算法合成的素描人脸图像不仅结构完整，而且内部细节也比较清晰，所以其识别率高于其他算法，证明此算法合成的素描人脸图像比传统算法效果更优。由此说明本节算法与其他算法相比，具有一定的优越性。

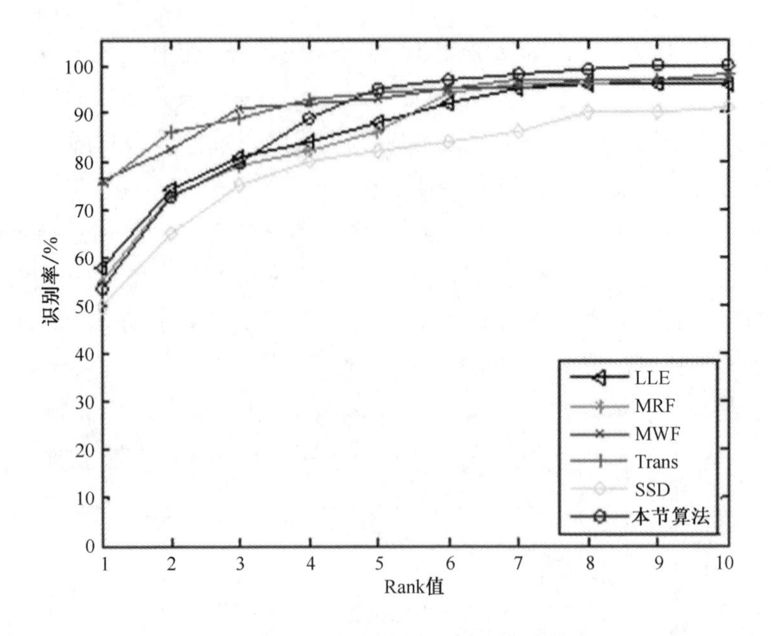

图 4.26　在 AR 数据库上的识别率

大多数已有的人脸合成算法中最耗时的部分都在候选图像块的搜索这一环节。对于每个测试图像块，都需要在所有图像块中搜索相似图像块，选取相似的 M 个候选图像块。表 4.4 给出了已有算法和本节算法时间复杂度的对比。

表 4.4　已有算法和本节算法时间复杂度的对比

算　　法	时间复杂度
已有算法	$O(cp^2MN)$
本节算法	$O(cM(p_1^2N_1+p_2^2N_2+p_3^2N_3))$

在已有算法中，候选图像块搜索的时间复杂度为 $O(cp^2MN)$，本节算法的时间复杂度是 $O(cM(p_1^2N_1+p_2^2N_2+p_3^2N_3))$，其中，$c$ 是每个测试照片块在每张训练图像上所有可能的候选图像块个数，p 为图像块的尺寸，N 为每个图像包含的图像块个数，M 是训练集照片-素描对数，p_i 表示第 i 种尺寸的图像块尺寸，N_i 表示图像中第 i 种尺寸的图像块个数，则可得出 $(p_1^2N_1+p_2^2N_2+p_3^2N_3)=p^2N$，即一幅图像的大小。故本节算法在候选块搜索阶段的复杂度和已有算法的复杂度相等。前面已经证明本节算法的合成效果要优于已有算法，故在复杂度相等的情况下，本节算法在素描人脸合成中更具优势。

4.3 本章小结

本章主要介绍了传统的素描人脸合成方法。4.1 节分析了结合 LBP 局部特征提取的素描人脸合成方法，该方法首先通过对人脸图像进行分块，并经过欧氏距离筛选得到粗选块系列；其次使用结合子块切分 LBP 进行局部特征的纹理筛选，得到与待合成人脸更为相近的精准人脸块系列；最后根据相邻块间的相关性，以及块间平滑度的要求，采用基于最优相关的逐次定位方法，确定首行首块，依次计算块间相关系数，寻找最优解，以及最优解对应的素描块，最终合成一幅完整的素描人脸。4.2 节结合 pHash 算法与稀疏编码相结合的自适应素描人脸画像合成方法根据图像信息熵将图像分成大小不同的子块，对尺寸不同的子块采取不同的特征提取方法，然后根据图像块的特征选取初始候选图像块，随后采用二次稀疏编码的方法合成最终的素描图像块，最后将全部素描块合成整幅素描人脸图像。在实验过程中，采用不同的人脸库对算法进行验证，并和传统的方法进行比较。结果表明，该算法能够合成清晰有效的素描人脸图像，解决了已有算法存在的低清晰度和细节缺失等一些问题。

参考文献

[1] A. Akram, N. Wang, X. Gao and J. Li. Integrating GAN with CNN for Face Sketch Synthesis[C]. 2018 IEEE 4th International Conference on Computer and Communications (ICCC), Chengdu, China, 2018: 1483-1487.

[2] 汪淼，张方略，胡事民. 数据驱动的图像智能分析和处理综述[J]. 计算机辅助设计与图形学学报，2015, 27(11): 2015-2024.

[3] 吉娜烨，柴秀娟，山世光，等. 局部回归模型驱动的人脸素描自动生成[J]. 计算机辅助设计与图形学学报，2014, 26(12): 2232-2243.

[4] Hu R, Qi W, Guo Z. Feature Reduction of Multi-scale LBP for Texture Classification[C]. International Conference on Intelligent Information Hiding &

Multimedia Signal Processing. IEEE, 2016: 397-400.

[5] Yan-Yi S, Shuai C, Liang G. Feature extraction method based on improved linear LBP operator[C]. Information Technology, Networking, Electronic and Automation Control Conference. Chinese Academy of Sciences, Shenyang Institute of Automation, Shenyang, Liaoning, 110016, China, 2019: 1536-1540.

[6] M. D. Malkauthekar. Analysis of euclidean distance and Manhattan Distance measure in face recognition[C]. International Conference on Computational Intelligence & Information Technology. IET, 2014: 503-507.

[7] P. Jonathon Phillips, Harry Wechsler, Jeffery Huang, et al. The FERET database and evaluation procedure for face-recognition algorithms[J]. Image and Vision Computing, 1998, 16(5): 295-306.

[8] K. Cui, H. Cai, Y. Zhang and H. Chen. A face alignment method based on SURF features[C]. 2017 10th International Congress on Image and Signal Processing, BioMedical Engineering and Informatics (CISP-BMEI), Shanghai, 2017: 1-6.

[9] 沈项军, 穆磊, 查正军, 等. 基于多重图像分割评价的图像对象定位方法[J]. 模式识别与人工智能, 2015.

[10] Janez Krizaj, Vitomir Struc, Simon Dobrisek, et al. SIFT vs. FREAK: Assessing the usefulness of two keypoint descriptors for 3D face verification[J]. 2014: 1336-1341.

[11] Wang X, Tang X. Face photo-sketch synthesis and recognition[J]. IEEE Transactions on Pattern Analysis and Machine Intelligence, 2009, 31(11): 1955-1967.

[12] Shengchuan Z, Xinbo G. Face Sketch Synthesis from a Single Photo-Sketch Pair[J]. IEEE Transactions on Circuits and Systems for Video Technology, 2015(99): 1.

[13] Liu Q, Tang X, Jin H, et al. A nonlinear approach for face sketch synthesis and recognition[C]. IEEE Computer Society Conference on Computer Vision & Pattern Recognition, 2005: 1005-1010.

[14] Monga V, Banerjee A, Evans B L. Clustering Algorithms for Perceptual Image Hashing[C]. 3rd IEEE Signal Processing Education Workshop; 2004 IEEE 11th Digital Signal Processing Workshop, 2005: 283-287.

[15] Zhang L, Ma C. Low-rank, sparse matrix decomposition and group sparse coding for image classification[C]. 2012 19th IEEE International Conference on Image Processing, 2013: 669-672.

[16] C. E. Shonnon. A Mathematical Theory of Communication[J]. The Bell System Technical Journal, 1948, 27: 379-423, 623-656.

[17] 蔡青, 刘慧英, 孙景峰, 等. 基于信息熵的自适应尺度活动轮廓图像分割模型[J]. 西安: 西北工业大学学报, 2017, 35(2): 286-291.

[18] Wang Z, Bovik A C, Sheikh H R, et al. Image quality assessment: from error visibility to structural similarity[J]. IEEE transactions on image processing, 2004, 13(4): 600-612.

[19] Zheng Y Y , Rao J L , Wu L . Edge detection methods in digital image processing[C]. International Conference on Computer Science & Education. IEEE, 2010: 471-473.

[20] 宋博, 姜万里, 孙涛, 等. 快速特征提取与感知哈希结合的图像配准算法[J]. 计算机工程与应用, 2018, 54(07): 206-212.

[21] Dai-Xian Z, Zhe S, Jing W. Face recognition method combined with gamma transform and Gabor transform[C]. IEEE International Conference on Signal Processing, 2015: 1-4.

[22] Tang H, Liu H, Xiao W, et al. When Dictionary Learning Meets Deep Learning: Deep Dictionary Learning and Coding Network for Image Recognition with Limited Data[J]. IEEE Transactions on Neural Networks and Learning Systems, 2020: 1-13.

[23] Okfalisa, Gazalba I, Mustakim, et al. Comparative analysis of k-nearest neighbor and modified k-nearest neighbor algorithm for data classification[C]. 2017 2nd International conferences on Information Technology, Information Systems and Electrical Engineering (ICITISEE), 2017: 294-298.

[24] 张媛. 基于结构相似度的图像质量评价技术研究[D]. 西安: 西安电子科技大学, 2014.

[25] Zhang D. FSIM: A Feature Similarity Index for Image Quality Assessment[J]. IEEE Transactions on Image Processing A Publication of the IEEE Signal Processing Society, 2011, 20(8): 2378.

[26] Liu Q, Tang X, Jin H, et al. A nonlinear approach for face sketch synthesis and

recognition[C]// Computer Vision and Pattern Recognition. IEEE, 2005.

[27] Wang X , Tang X. Face Photo-Sketch Synthesis and Recognition[J]. IEEE Transactions on Software Engineering, 2009, 31(11): 1955-1967.

[28] Zhou H. Markov Weight Fields for face sketch synthesis[C]// IEEE Conference on Computer Vision and Pattern Recognition. IEEE Computer Society, 2012: 1091-1097.

[29] Wang N, Tao D, Gao X, et al. Transductive Face Sketch-Photo Synthesis[J]. IEEE Transactions on Neural Networks and Learning Systems, 2013, 24(9): 1364-1376.

[30] Song Y, Bao L, Yang Q, et al. Real-Time Exemplar-Based Face Sketch Synthesis[C]// European Conference on Computer Vision, 2014: 800-813.

第 5 章

生成对抗网络在素描人脸合成中的应用

5.1 生成对抗网络相关原理

生成对抗网络（Generative Adversarial Networks，GAN）[1]是一种新型神经网络结构，该网络结构被广泛应用于图像合成与图像风格迁移领域，并取得了巨大的成功。

5.1.1 生成对抗网络模型概述

生成对抗网络属于众多生成模型中拟合效果较好的一种模型，其目的是通过大量训练使模型能够生成尽可能真实的数据。该网络结构由一个生成器 G（Generator）和一个判别器 D（Discriminator）组成。生成器 G 以一个随机噪声向量作为输入，通过对训练集中的真实数据分布不断进行学习，最终将输入的随机噪声向量转换为尽可能真实的数据分布。判别器 D 则是对输入的数据分布进行真伪判别，区分其为真实数据还是生成数据。在训练过程中，生成器 G 与判别器 D 相互博弈，竞争学习，共同提高彼此的生成与判别能力。生成器 G 的作用是尽可能拟合真实的数据分布，从而使生成的数据无法被判别器 D 鉴别。判别器 D 的目的是不断提升自己的鉴别能力，判定输入生成数据为假数据。生成对抗网络的结构如图 5.1 所示。

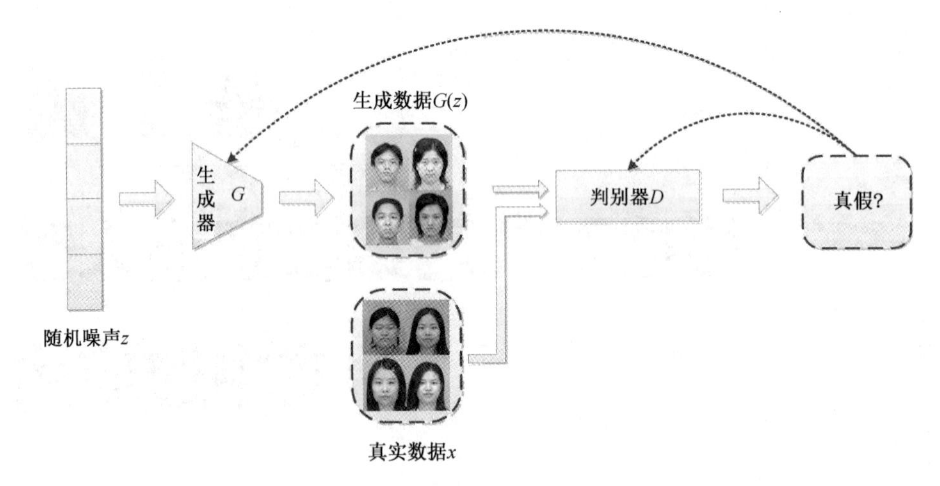

图 5.1　生成对抗网络结构示意图

生成对抗网络中的生成器与判别器通常由深层神经网络构成。生成器用来构建满足一定分布的随机噪声和真实数据分布的映射关系。判别器则用于判别输入的数据是否为真实数据并提供给生成器一个反馈信息。生成器用可微函数 $G(z;\theta(g))$ 表示，z 为输入数据，$\theta(g)$ 为生成器 G 待训练参数。判别器用可微函数 $D(x;\theta(d))$ 表示，x 为输入数据，$\theta(d)$ 为判别器 D 待训练参数集合。训练过程中，交替迭代训练生成模型和判别模型，不断更新参数 $\theta(g)$ 与 $\theta(d)$，使得 $\theta(g)$ 为生成器损失函数的最小值点，同时 $\theta(d)$ 为判别器损失函数的最小值点，最终达到纳什均衡，使判别器无法判别生成模型生成数据的真伪。生成对抗网络的目标函数定义如式（5.1）所示。

$$\min_G \max_D V(D,G)=E_{x\sim P(x)}[\lg D(x)]+E_{z\sim P(z)}[\lg(1-D(G(z)))] \tag{5.1}$$

式中，第一项表示判别器输入真实数据时的目标函数值，第二项为输入生成数据时的目标函数值，x 代表真实数据，$G(z)$ 代表生成的数据，$D(x)$ 为判别器判断真实数据是否真实的概率，$D(G(z))$ 为判别器判断生成器生成的数据是否真实的概率。在优化过程中，对于判别器，当输入真实数据 x 时，$D(x)$ 的值应尽可能地接近 1，即式（5.1）中第一项的值越大越好；当输入生成数据 $G(z)$ 时，$D(G(z))$ 的值应尽可能地接近 0，即式（5.1）中第二项的值同样也是越大越好，所以在给定生成器 G 的情况下最大化 $V(D,G)$ 得到最优的判别器 D。生成器的最优状态为生成的数据分布尽可能接近真实的数据分布，即判别器将其判别为真实数据，因此 $D(G(z))$ 的值应尽可能地接近 1，所以在给定判别器 D 的情况下最小化 $V(D,G)$，得到最优的生成器 G。

5.1.2　生成对抗网络的改进

1. 基于损失函数的生成对抗网络改进

在实际应用环境中，生成对抗网络存在一些局限性，如训练困难、训练过程中梯度消失、合成图像缺乏多样性等问题。本节将介绍针对生成对抗网络的缺陷进行改进的工作，主要有两类：一类是改进生成对抗网络中的损失函数，从而解决训练过程中稳定性差、梯度消失的问题；另一类是改进生成对抗网络的结构，从而克服模式崩溃的问题并提高合成图像的质量。

在生成对抗网络中，原有的损失函数存在一些局限性，在训练过程容易引起梯度消失，降低合成图像的质量。因此，很多专家学者从损失函数的角度对生成对抗网络进行了一系列的创新。下面简单介绍三类基于损失函数的生成对抗网络改进。

1）Wasserstein GAN[2]

近年来，生成对抗网络被广泛应用于图像合成领域，但是传统的生成对抗网络在训练过程中存在梯度消失、稳定性差等问题，Arjovsky 等人[3]从理论上阐述了出现这些问题的原因，并提出一种简单并且有效的解决方案，称为 Wasserstein GAN（WGAN）。Arjovsky 等人解释了生成对抗网络中原有损失函数的缺陷，当判别器达到最优且真实数据分布与生成数据分布不存在相互重叠时，生成器收到的回传梯度为 0，从而引起梯度消失的问题。在生成对抗网络的训练过程中，Wasserstein 距离相较于 Jensen-Shannon（JS）散度更加稳定。当真实数据分布与生成数据分布不存在相互重叠时，JS 散度则会认为训练过程达到稳定状态，不再优化生成器与判别器，即使这些生成图像距离判别器的决策边界还很远。而 Wasserstein 距离则会对真实数据分布与生成数据分布继续优化，避免回传给生成器的梯度为 0，造成训练早期梯度消失的问题。因此，Arjovsky 等人提出使用 Wasserstein 距离来代替原有损失函数中的 JS 散度，从而克服训练过程中梯度消失的问题。Wasserstein 距离表达式为

$$W(P_r, P_g) = \inf_{\gamma \sim \Pi(P_r, P_g)} E_{(x,y)\sim y}\left[\|x-y\|\right] \tag{5.2}$$

式中，$\Pi(P_r, P_g)$ 表示生成数据的分布与真实数据的分布相组合的所有联合分布。

WGAN 在理论上可以解决梯度消失的问题，但在生成对抗网络的损失函数中直接应用 Wasserstein 距离，则导致损失函数无法求解。所以 WGAN 借鉴 Kantorovich-Rubinstein 的对偶性思想，将 Wasserstein 距离转变为

$$W(P_r, P_g) = \frac{1}{K}\sup_{\|f\|_L \leqslant K} E_{x\sim P_r}\left[f(x)\right] - E_{x\sim P_g}\left[f(x)\right] \tag{5.3}$$

在求解的过程中需要使函数 f 满足 Lipschitz 连续的条件，因此 $\|f\|_L \leqslant K$ 表示在集合内对于任意两个元素 x_1 和 x_2，存在一个常数 $K \geqslant 0$ 使得

$$\left|f(x_1) - f(x_2)\right| \leqslant K\left|x_1 - x_2\right|$$

即函数 f 满足 Lipschitz 常数为 K 连续的条件。

在生成对抗网络的训练过程中，为了使判别器满足 Lipschitz 连续的条件，WGAN 中提出将判别器的参数限制在 $[-c, c]$ 这一固定的范围内。WGAN 中的损失函数如式（5.4）所示。

$$L_{\text{WGAN}}(D) = E_{x\sim P_r}[D(x)] - E_{x\sim P_g}[D(x)] \tag{5.4}$$

生成器的损失函数如式（5.5）所示。

$$L_{\text{WGAN}}(D) = -E_{x\sim P_g}[D(x)] \tag{5.5}$$

2）带有梯度惩罚项的 Wasserstein GAN

WGAN 在训练过程中将判别器的参数限制在 $[-c, c]$ 这一固定的范围内，使损失函数满足 Lipschitz 连续的条件。但是，Gulrajani 等人[4]通过实验证明这种参数限制将会导致判别器的参数集中于这个固定范围的两端，影响判别器的判别能力并导致生成器的生成质量降低。因此，Gulrajani 等人提出 Wasserstein GAN-Gradient Penalty（WGAN-GP），在原有 WGAN 损失函数的基础上增加一个梯度惩罚项。WGAN-GP 使用一个梯度惩罚项来约束判别器满足 Lipschitz 连续的条件，这样不仅能够有效提升判别器的判别能力，而且改善了生成器的生成质量。WGAN-GP 的损失函数如式（5.6）所示。

$$L_{\text{WGAN-GP}} = E_{x\sim p_r}[D(x)] - E_{x\sim p_g}[D(x)] + \lambda E_{\hat{x}\sim p_{\hat{x}}}[(\| \nabla_{\hat{x}} D(\hat{x}) \|_2 - 1)^2] \tag{5.6}$$

式中，前两项为 WGAN 中的损失函数，最后一项为梯度惩罚项。p_r 表示真实数据的分布，p_g 表示生成数据的分布，$p_{\hat{x}}$ 为真实样本分布 p_r 与生成样本分布 p_g 连线上的随机插值取样。

3）最小平方生成对抗网络

为了改善生成图像的质量，构建一个稳定性更强、收敛速度更快的生成对抗网络，Mao 等人[5]提出一种最小平方生成对抗网络（Least Squares GAN，LSGAN），通过最小平方损失函数约束生成对抗网络的训练过程，提高训练过程的稳定性，改善生成器的生成质量。LSGAN 中判别器的损失函数如式（5.7）所示。

$$L_{\text{LSGAN}}(D) = \frac{1}{2} E_{x\sim p_r}[(D(x)-1)^2] + \frac{1}{2} E_{z\sim p_z}[(D(G(z))-m)^2] \tag{5.7}$$

生成器的损失函数如式（5.8）所示。

$$L_{\text{LSGAN}}(G) = \frac{1}{2} E_{z\sim p_z}[(D(G(z))-m)^2] \tag{5.8}$$

2. 基于网络结构的生成对抗网络改进

在改进网络结构方面，原有的生成对抗网络采用多层感知机来构建生成器与判别器，在训练过程中很难达到平衡状态，训练困难。因此，很多专家学者针对网络结构来对生成对抗网络进行改进。下面介绍两种经典的基于网络结构的生成对抗网络改进方法。

1）深度卷积生成对抗网络

在早期对生成对抗网络的研究中，很多专家学者仅针对损失函数来优化改进生成对抗网络的性能，并没有考虑设计不同的生成对抗网络结构，所以同一损失函数在不同的图像合成实验中很难取得良好的性能。深度卷积生成对抗网络[6]是在生成对抗网络的基础上对生成器与判别器的网络结构进行改进，从而提高训练过程的稳定性，增强生成器的性能，改善合成图像的质量。深度卷积生成对抗网络的生成器结构如图 5.2 所示。

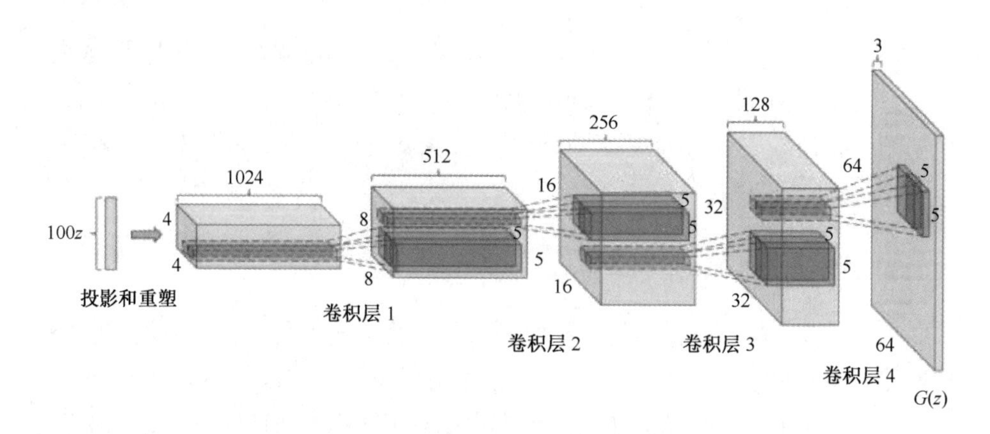

图 5.2　深度卷积生成对抗网络的生成器结构

深度卷积生成对抗网络的具体改进之处如下：

（1）使用卷积神经网络来代替多层感知机；

（2）使用带步长的卷积层代替池化层；

（3）在生成器和判别器的网络结构中都添加批量归一化操作；

（4）在生成器与判别器的网络结构中去掉全连接层；

（5）生成器网络结构的最后一层使用 Tanh 激活函数；

（6）判别器中的各网络层采用 Leaky ReLU 激活函数。

2）Discover Cross-Domain Relations GAN（DiscoGAN）

为了能够使合成的图像保留原始图像的关键属性，如人脸的五官特征，Kim 等人[7]提出一种基于生成对抗网络的图像跨域学习模型。该模型采用双层生成对抗网络的结构，通过两个镜像对称的生成对抗网络，构成一个环形网络，从而克服标准生成对抗网络训练过程中梯度消失、模式崩溃等问题。DiscoGAN 无须建立训练数据集之间的一对一映射，便可以学习目标域的数据分布，完成源域到目标域的数据转换。DiscoGAN 的网络结构如图 5.3 所示。

DiscoGAN 中的两个生成对抗网络共享两个生成器的参数，并各自拥有一个判别器，即整个网络共有两个判别器和两个生成器。DiscoGAN 采用标准生成对抗网络的损失函数，通过增加两个额外的重建损失来约束生成的数据分布，从而提高生成数据的质量。

在素描人脸合成中，WGAN-GP 方法有助于改善合成素描人脸图像的纹理效果，LSGAN 方法能够提高网络的收敛速度及合成素描人脸图像的清晰度，

DiscoGAN 方法则有助于合成素描人脸图像的五官细节。

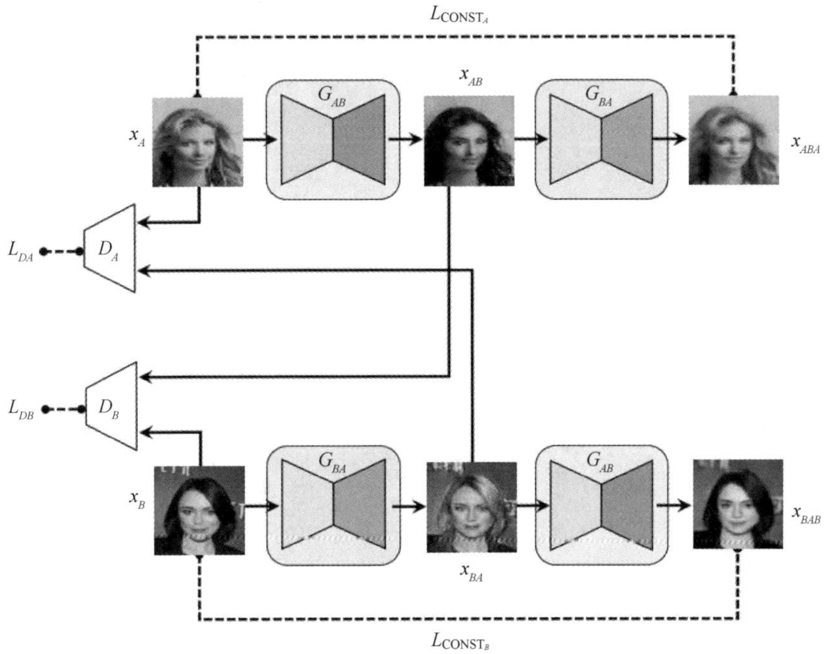

图 5.3 DiscoGAN 网络结构

3）U-Net 网络

在深度学习领域中，想要训练一个深度神经网络需要大量的训练样本，但在某些情况下，研究人员可能无法获得足够的数据，导致训练出的网络模型不具有普适性。2015 年，Ronneberger[8]提出了一种新的结构和训练方法，可以通过数据增强使已有数据发挥出最大作用，解决了训练样本不足的问题。U-Net 网络是一种编码-解码的网络结构，是对图像进行编码再解码的一个过程。编码部分主要提取图像的空间信息等低层信息，解码部分主要恢复图像的空间分辨率及物体的细节信息。在解码的过程中，解码部分会把与其对应的编码过程中的特征抽取过来，将这两部分的特征进行级联，实现低层特征和高层特征的有效融合，利用高层的特征在解码过程中为低层补充信息，使得解码之后的信息更加丰富。U-Net 的模型结构如图 5.4 所示。

每个灰色框对应一个多通道特征图。通道数在框顶部给出。图像的尺寸标注在灰色框的左下方。白框表示复制的特征图。箭头表示不同的操作。从图 5.4

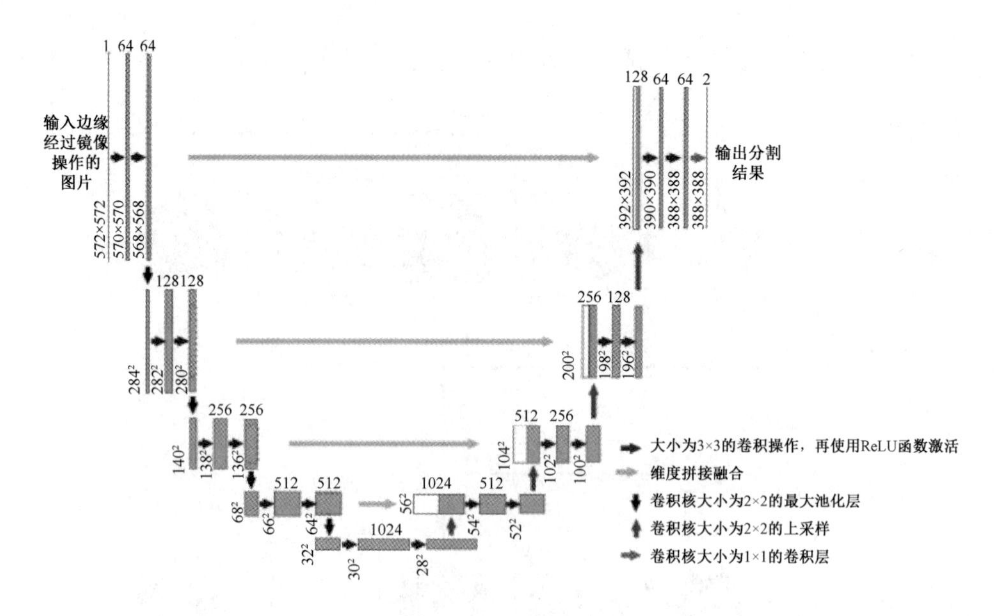

图 5.4　U-Net 的模型结构

中可以看出，输入图像的尺寸大小为572×572，输出分割结果的尺寸为388×388。U-Net 编码部分具有四个模块，每个模块内部包含两个卷积层用于提取特征，在进行下一个模块的处理之前，采用 2×2 的核进行下采样，使得特征的尺寸减小，然后在下一个模块中进行同样的处理。经过编码部分的操作之后，特征尺寸变为 30×30，如果要想获得 388×388 的分割结果，需要对 30×30 的特征图进行上采样，经过上采样之后特征的尺寸为输入特征的 2 倍。上采样的目的不仅仅是恢复图像的尺寸，还要对图像中每个像素位置进行精准还原并对其进行分类，U-Net 有效地利用了编码部分特征中的位置信息。由于卷积过程中没有使用 padding，即没有对图像的四周进行补零，因此图像的尺度会减小，导致编码部分和上采样之后的特征尺寸存在一些差异。为了保证两部分特征能够级联起来，将编码部分的特征抽取出来，进行裁剪，即使得裁剪之后的特征尺寸和解码部分的特征尺寸一致，然后才能将两种特征进行级联，得到新的特征，再进行卷积操作。在上采样的过程中，每个模块存在两个卷积层，目的是能够更好地实现特征的融合，使得输出的合成结果更加准确。

5.2　基于生成对抗网络的素描人脸合成方法

传统的图像处理方法已经不能满足如今图像处理领域中的高精度需求，而且传统的图像处理方法需要人工干预去设计特征、选取特征。这些主观信息的引入并不能很好地表征图像的详细信息，而且传统的图像处理方式只能选取图像中的某一种特征，不能获得图像的全局上下文信息，因此很难完整、准确地提取出所有有效特征。卷积神经网络在图像分类、目标检测、图像分割领域大放异彩。卷积神经网络不需要人为设计更多特征，直接对图像进行特征抽取，并设计与任务相对应的监督函数，模型就可以根据监督信息去学习整体的数据分布，完成任务。本节针对传统方法合成的素描人脸存在模糊、五官不清晰等现象，介绍基于生成对抗网络的素描人脸合成方法，此方法不需要任何后处理便可实现端到端的素描人脸合成，合成结果清晰逼真。

5.2.1　生成对抗网络模型

生成对抗网络的模型结构如图 5.5 所示。

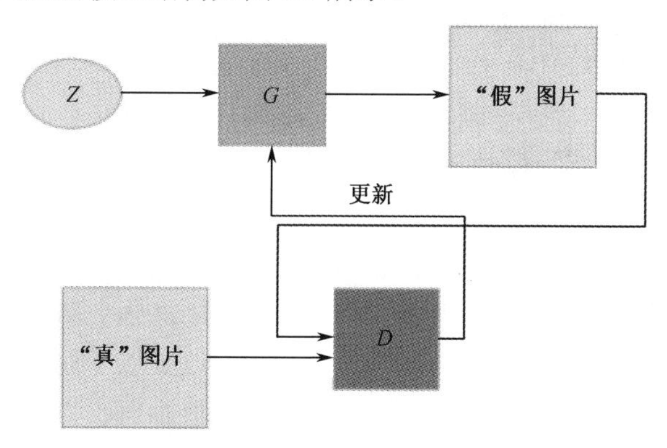

图 5.5　生成对抗网络的模型结构

为了学习生成器 G 在数据库上的概率分布 P_g，我们定义一个输入噪声 $P_z(z)$ 作为先验，然后用 $G(z)$ 表示将输入的噪声 z 通过生成器生成的图片。$D(x)$ 代表 x 来自真实数据分布 P_{data} 而不是 P_g 的概率，优化的目标函数定义如下：

$$\min_{G}\max_{D} V(D,G) = E_{x\sim P_{\text{data}}(x)}[\lg D(x)] + E_{z\sim P_z(z)}[\lg(1-D(G(z)))] \quad (5.9)$$

式中，x 代表真实图片，z 表示输入噪声，$D(G(z))$ 是判别器 D 判断生成器 G 生成的图片是否为“真”的概率。对于来自真实分布 P_{data} 的训练样本 x 而言，我们希望 $D(x)$ 的输出越接近于 1 越好，即 $\lg D(x)$ 越大越好；对于由噪声 z 生成的图片 $G(z)$ 而言，我们希望 $D(G(z))$ 越接近于 0 越好，即 D 能够分辨出“真假”图片，因此 $\lg(1-D(G(z)))$ 也是越大越好，所以需要 $\max_{D}$。对于生成器 G 我们希望 $G(z)$ 尽可能和真实图片一样，即 $P_g = P_{\text{data}}$，因此 $D(G(z))$ 尽可能接近 1，即 $\lg(1-D(G(z)))$ 越小越好，所以需要 $\min_{G}$。

当固定生成器 G 更新判别器 D 时，最优解为 $D^*(x) = \dfrac{P_{\text{data}}(x)}{P_{\text{data}}(x)+P_g(x)}$；而当更新生成器 G 时，目标函数取到全局最小值，当且仅当 $P_g = P_{\text{data}}$。最终的训练结果是生成器 G 能够生成以假乱真的图片 $G(z)$，判别器 D 难以分辨 G 生成的图片和真实的图片，即 $D(G(z)) = 0.5$。

在素描人脸合成中，我们将训练集照片作为输入噪声，对应的素描图像作为真实图片，通过生成对抗网络模型，让生成器通过不断迭代学习照片和素描图像之间的映射关系，不断提高判别器辨别真假素描图片的能力，在生成器和判别器相互博弈的过程中，生成器生成的素描人脸图像越来越逼近真实的素描图像，判别器的识别能力逐渐提高，最终二者趋于平衡，因此也就实现了从人脸照片向素描图像的转化。

U-Net 模型是一种端到端的图像处理模型，不需要任何后处理就可以实现图像到图像的转换，即输入一幅图像，输出也是一幅图像，故考虑将 U-Net 用作 GANs 中的生成器，用于生成素描图像。然后为了判断 U-Net 生成的素描图像的“真伪”，采用一个二分类模型作为判别器，分辨输入模型的图像是否为真实的素描图像，这样在 U-Net 模型和分类器不断迭代更新中，训练生成器和判别器。在测试时，给定一张测试照片，利用训练好的生成器，加载其对应的权重，然后将测试照片转化成对应的素描人脸图像。原始的 U-Net 网络在卷积的过程中没有考虑图像尺寸变化，导致其输入图像和输出图像尺寸是不一样的。但是在素描人脸合成中，我们需要得到与原始照片相同尺寸的素描图像，为了保证最后的图像尺寸不变，在 U-Net 网络的每一层进行卷积之前，先在原始图像的最外层进行补 0 操作，这样卷积后的图像大小与原始图像大小保持一致，卷积操作过程如图 5.6 所示。

图 5.6（a）为原始的卷积操作，可以看出输入图像的尺寸为 5×5，经过卷积之后输出特征的尺寸为 3×3。图 5.6（b）中在输入图像的四周进行了补 0 操作，经过卷积之后输出的特征尺寸仍然为 5×5。因此对输入图像进行补 0 操作可以满足输入和输出图像尺寸不变这一要求，具体公式为

$$F_{\text{out}} = (F_{\text{in}} - k + 2p)/s \tag{5.10}$$

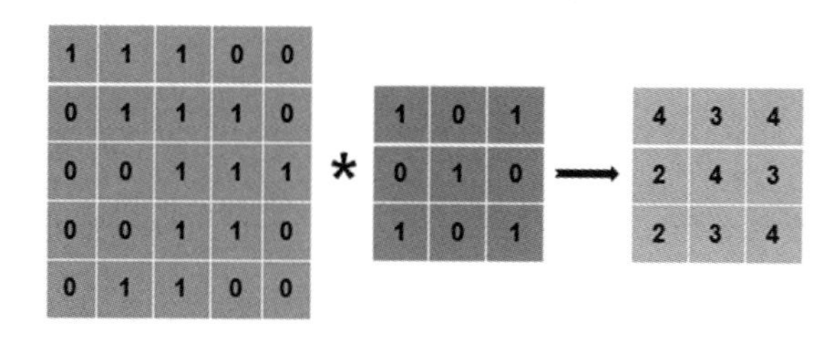

（a）外层不补 0

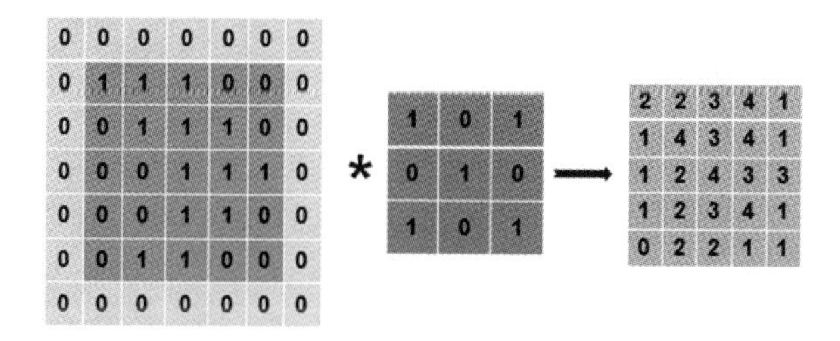

（b）外层补 0

图 5.6　卷积操作过程

在原始的 U-Net 网络中，网络的每一层在进行卷积后会有一个池化操作，相当于对图像进行下采样操作，将图像的宽度和高度变为之前的 1/2。在本节的方法中，我们省略池化操作，在进行卷积操作时，直接设置步长 stride = 2，这样在卷积的同时又对图像进行了下采样操作。一般来说，对于分类模型，通常采用 max pooling 或 average pooling[9-10]进行采样的效果更好，因为分类问题不需要考虑图像恢复时的逆向操作问题。而对于生成模型来说，利用 stride > 1 方式对图像进行采样效果更好，因为在进行逆操作时，此方式比 max pooling 更加方便。不仅如此，采用 stride > 1 方式在一定程度上也减少了计算量，提高了模型的运算速度。本节采用的 U-Net 网络结构如图 5.7 所示。

该网络结构包括编码和解码两个过程，编码部分是一个包括卷积层和下采样的过程，主要是提取图像的低层特征；解码部分是一个包括卷积层和上采样

的过程，主要对图像的细节部分进行重建，并且逐渐恢复图像的尺寸。其中每个卷积和采样过程，称为一个 Block，单个 Block 的结构如图 5.8 所示。

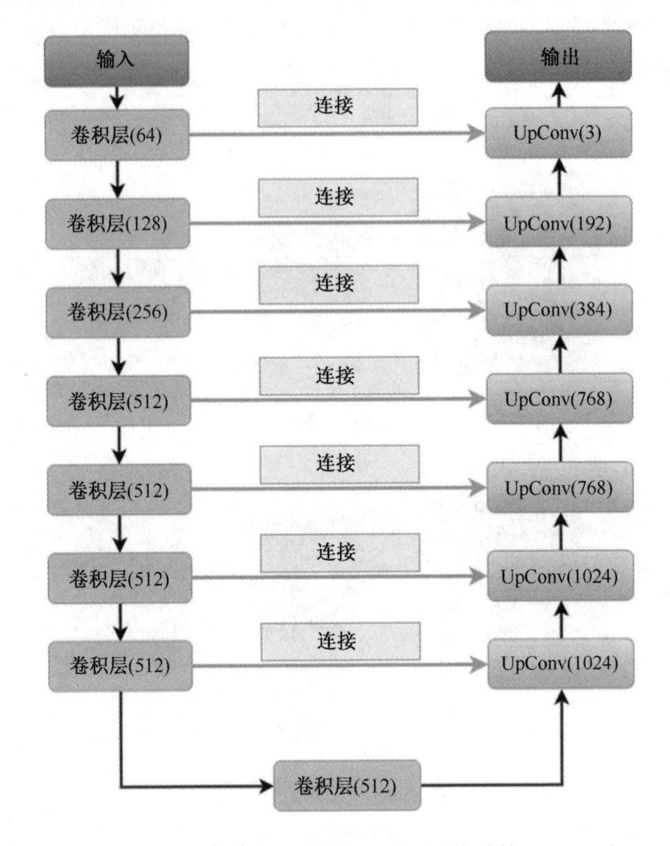

图 5.7　本节采用的 U-Net 网络结构

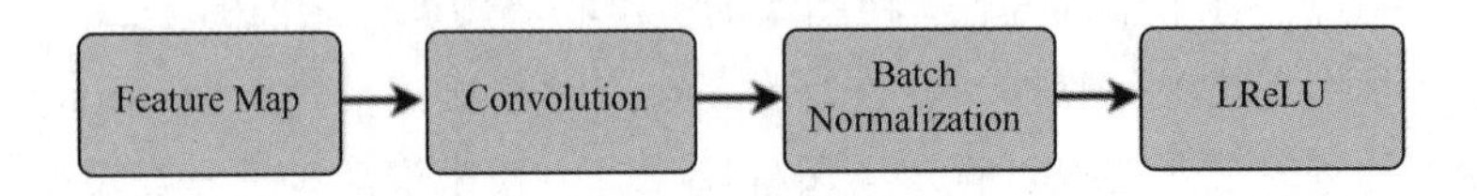

图 5.8　单个 Block 内部结构

每个 Block 都包括一个卷积、一个批标准化[11]（Batch Normalization，BN）和一个 LReLU，卷积的作用主要是进行特征提取，提取图像更高层次的特征，然后下采样去除图像中的冗余信息，加快模型的计算速度。BN 的表达式如式（5.11）和式（5.12）所示

$$\hat{x}_i = \frac{x_i - \mu_\beta}{\sqrt{\delta_\beta^2 + \varepsilon}} \tag{5.11}$$

$$y_i = \gamma \hat{x}_i + \beta \tag{5.12}$$

其中

$$\mu_\beta = \frac{1}{m}\sum_{i=1}^{m} x_i \tag{5.13}$$

$$\delta_\beta^2 = \frac{1}{m}\sum_{i=1}^{m} (x_i - \mu_\beta)^2 \tag{5.14}$$

γ 和 β 为两个可学习的参数，当 γ 和 β 满足式（5.14）的条件时，可以还原当前层的输入特征分布

$$\gamma = \sqrt{\mathrm{Var}(x)}\text{，}\ \beta = E(x) \tag{5.15}$$

$\hat{x}_i$ 为经过 BN 层归一化之后的特征，计算当前批次特征的均值和方差，然后对特征进行归一化，使得特征的分布均值为 0、方差为 1。经过 BN 层之后，模型学习的数据的分布始终保持一致。BN 的作用是：在深度神经网络训练过程中，使得每层神经网络的输入保持相同分布。模型学习的过程就是学习输入数据的分布，通过参数来表征输入数据的分布，然后才能对测试数据进行预测。但是模型在学习过程中经过了很多非线性变化，导致模型的分布出现了“漂移”（Internal Covariate Shift），使得模型在学习过程中会出现偏差，需要不断调整，学习新的数据分布，这样会使得模型最终学习的分布与原始输入数据的分布相差很大。因此，为了避免这种现象的发生，在训练过程中引入 BN 层，BN 层的主要作用是在训练过程中不断纠正中间特征的分布，使其与输入数据的分布保持一致。引入 BN 层可以加速模型的收敛，防止过拟合。

判别器的模型结构如图 5.9 所示，判别器由多个特征提取器组成。

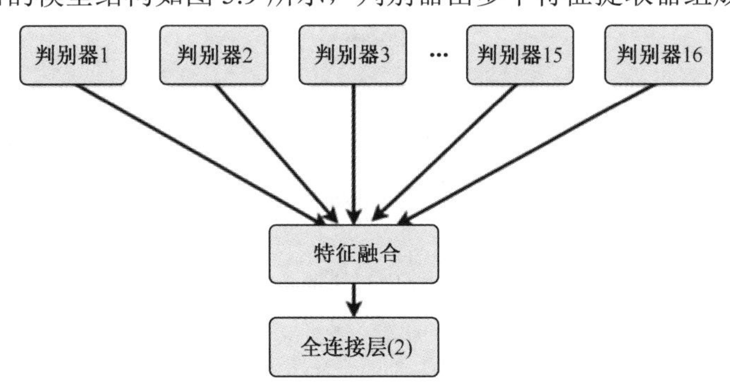

图 5.9　判别器的模型结构

判别器的主要功能是进行二分类，用于判断输入数据是真实素描图像还是合成的素描图像。采用深层卷积神经网络就可以实现分类功能。传统方法合成

的素描人脸图像较为模糊，缺乏对五官等细节信息的描述。主要是因为模型对素描人脸图像中各个区域不具有区分性，使得图像中特征较为鲜明的眼镜、下巴、鼻子等信息受到图像中的脸部或者头发等平滑区域的影响，造成这些区域的特征被平滑掉。因此，本节提出使用分块处理，即将生成器生成的素描图像进行分块，将分块之后的素描图像送到判别器中。判别器对这些块分别进行特征提取，然后将提取到的特征级联在一起，做出最终的判断。如图 5.9 所示，首先将所有块提取到的特征级联在一起，然后对级联后的特征进行分类，判断是否为原始素描图像。对图像块进行特征提取的模型如图 5.10 所示，模型具有 6 个卷积 Block，每个 Block 的结构如图 5.8 所示。最后将模型的 Feature Map 展开成向量，并将所有块的特征向量级联在一起，实现最后的分类。

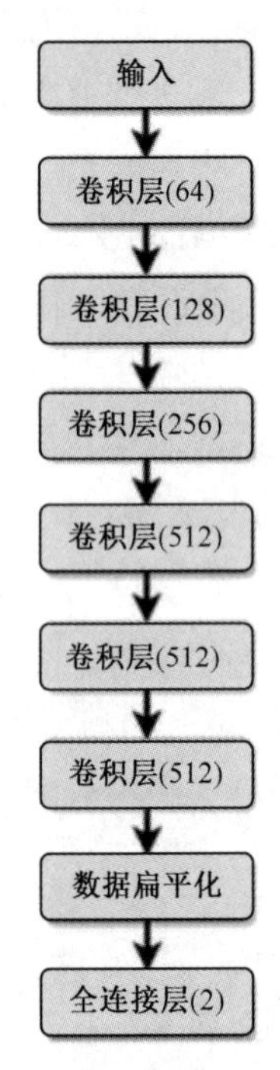

图 5.10　判别器模型组成部分

5.2.2　损失函数

在训练模型时，需要选择合适损失函数。本实验中选择平均绝对误差（Mean Absolute Error，MAE）作为生成器的损失函数，选择二元交叉熵（binary_cross_ entropy）作为判别器的损失函数。

MAE 是一种用于回归模型的损失函数，是目标变量和预测变量之间差异绝对值之和。因此，它在一组预测中衡量误差的平均大小，而不考虑误差的方向。MAE 是残差或误差之和，损失范围是 0 到∞ 。MAE 损失函数的表达式如式(5.16)所示。

$$\text{loss}_{\text{MAE}} = \frac{\sum_{i=1}^{n}\left|y_i - y_i^p\right|}{n} \tag{5.16}$$

式中，y_i 为真实值，y_i^p 为预测值，n 为数据量。MAE 函数曲线如图 5.11 所示。

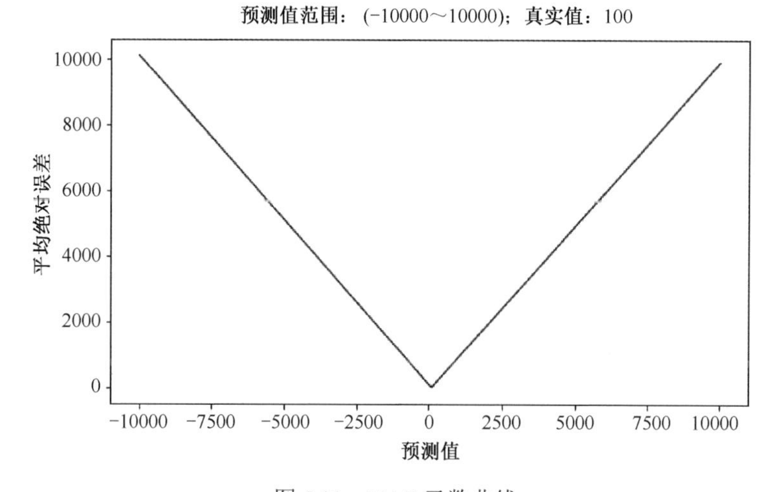

图 5.11　MAE 函数曲线

在实验中，判别器相当于一个二分类器，所以采用二元交叉熵 binary_cross_entropy 作为模型的损失函数，二元交叉熵的计算公式为

$$\text{loss} = -\sum_{i=1}^{n}[\hat{y}_i \lg h(x_i) + (1-\hat{y}_i)\lg(1-h(x_i))] \tag{5.17}$$

在二分类问题中，$\hat{y}_i$ 的值为样本的标签，取 1 或 0，$h(x_i)$ 为训练样本 x_i 分类为 $\hat{y}_i$ 的概率，其中 $h(x)$ 表示为

$$h(x) = P(y=1|\boldsymbol{w},b,x) = \frac{1}{1+\mathrm{e}^{-(\boldsymbol{w}^{\mathrm{T}}x+b)}} \tag{5.18}$$

式（5.17）代表分类器将样本的标签预测为 1 的概率。1−$h(x)$ 表示为

$$1-h(x) = P(y=0|\boldsymbol{w},b,x) = \frac{\mathrm{e}^{-(\boldsymbol{w}^{\mathrm{T}}x+b)}}{1+\mathrm{e}^{-(\boldsymbol{w}^{\mathrm{T}}x+b)}} \tag{5.19}$$

式（5.19）代表分类器将样本的标签预测为 0 的概率。我们可以将式（5.18）与式（5.19）合并成一个表达式

$$J(h(x),y)=h(x)^y(1-h(x))^{(1-y)} \tag{5.20}$$

如果 y=1，则 1−y=0，式（5.19）就只剩 $h(x)^y$ 一项，得到类别为 1 的概率。如果 y=0，式（5.20）就只剩 $(1-h(x))^{(1-y)}$ 一项，得到类别为 0 的概率。同时将式（4.19）取对数之后，得

$$\lg[J(h(x),y)]=y\lg h(x)+(1-y)\lg(1-h(x)) \tag{5.21}$$

当给定一个样本之后，我们就可以得到该样本属于某一类别的概率值，而且概率值越大说明模型的置信度越高。当将式（5.20）取反之后，即可得到当前样本的损失值，损失越小表明模型的鉴别能力越强。整个数据库中所有样本的损失叠加起来即构成损失函数。通过梯度下降算法[12]不断地更新参数 w 的值，就能使损失函数 loss 取到最小值。参数更新的表达式为

$$w_i=w_i-\alpha\frac{\partial\text{loss}}{\partial w_i} \tag{5.22}$$

将式（5.22）对参数 w 求导之后得到的参数更新表达式为

$$w_i=w_i-\alpha\frac{\partial\text{loss}}{\partial w_i}=w_i-\alpha x^i[y^i-h(x_i)] \tag{5.23}$$

按照式（5.23）的参数更新方式即可完成最终的模型更新。

在本节实验中，损失函数随训练次数的收敛曲线如图 5.12 所示。

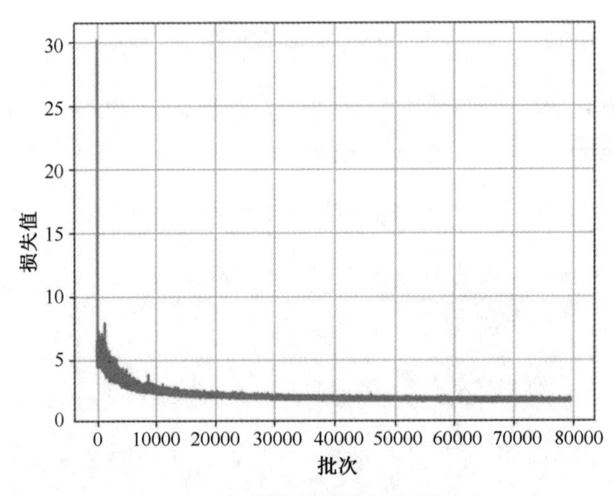

（a）生成器损失函数收敛曲线

图 5.12　损失函数随训练次数的收敛曲线

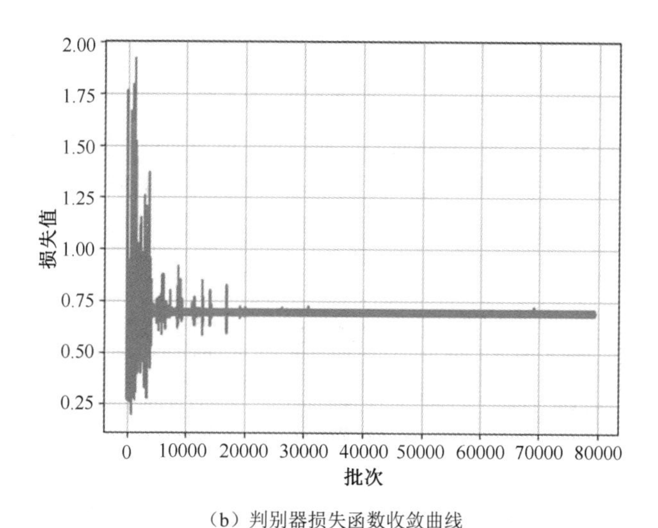

（b）判别器损失函数收敛曲线

图 5.12　损失函数随训练次数的收敛曲线（续）

由图 5.12 中损失函数的收敛曲线可以看出，当训练的批次数量为 20000，即整个训练集图像训练 100 轮时，生成器的损失值基本趋于稳定且不再收敛，说明生成器生成的结果与原始素描人脸图像已经非常接近，损失函数收敛速度变得极其缓慢，继续训练损失略有下降，基本不再变化，故模型训练基本趋于收敛。

5.2.3　实验结果与分析

1. 实验设置

本节利用香港中文大学的 CUHK 数据库进行实验，采用 CUHK 数据库中 134 个人的照片-素描对作为训练集。由于数据不足，为了防止模型过拟合，采用了数据增强的方式对训练集图像对进行扩展，通过对图像进行平移、旋转、缩放和翻转操作，将每幅图像增强到 100 幅图像，这样就有足够的数据进行训练和学习。最后利用剩余 54 人的照片作为测试集，利用训练好的生成模型，合成对应的素描人脸图像。

此外，设置了不同的 U-Net 网络层数进行实验，实验分别对编码部分层数为 6、7、8 的网络进行训练，最后对合成结果进行对比分析，用于验证加深模型的深度是否可以提高模型生成图像的质量。

2. 消融实验

选取 CUHK 数据库作为训练集，在最后的合成结果中，AR 数据库作为测试集的合成效果不如 CUHK 数据库的合成效果好，推测模型的性能受训练集照片风格影响，故在本节中利用 AR 数据库中的 100 对图像作为训练集对模型进行训练，然后测试此模型在不同数据库上的合成效果。图 5.13 为模型在 AR 数据库和 CUHK 数据库上的合成效果。

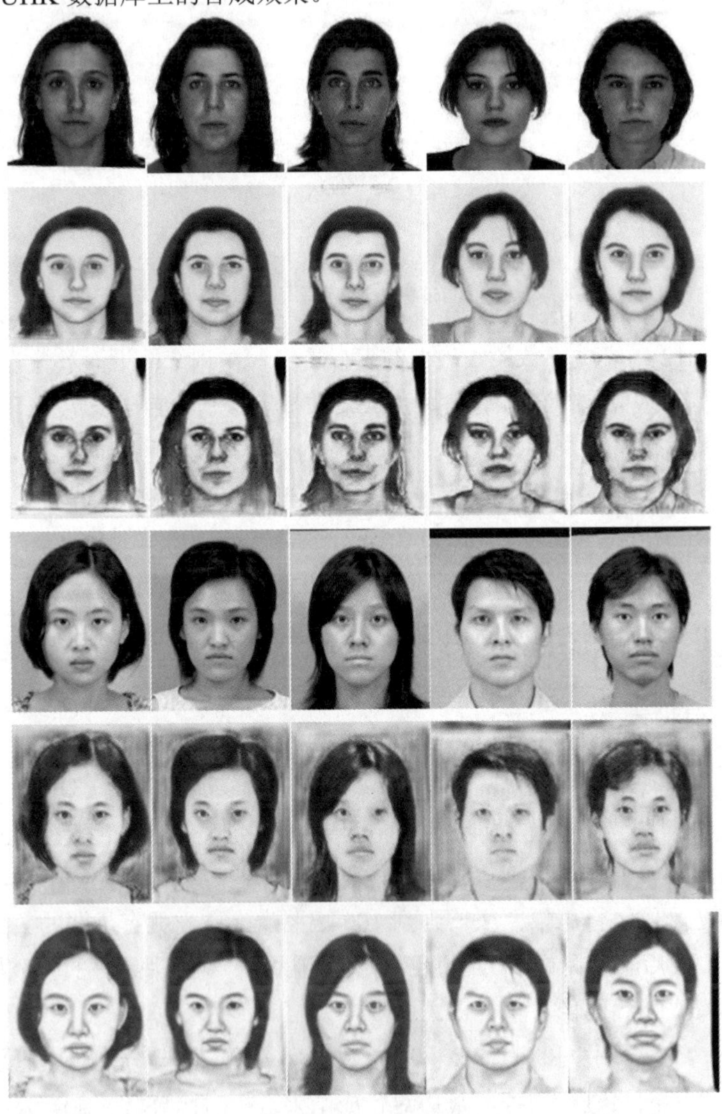

图 5.13　模型在 AR 数据库和 CUHK 数据库上的合成结果

图 5.13 中第一行和第四行是原始照片，第二行和第五行是训练集为 AR 数据库的合成效果，第三行和第六行是训练集为 CUHK 数据库的合成效果。从图 5.13 中可以看出，当测试集和训练集来自同一数据库时，图像的合成结果较好，当来自不同的数据库时，合成效果略差。这是由于不同数据库中的照片来自不同种族，其人脸特征分布也不同。模型在训练时学习到人脸库的特征分布，在测试的时候会按照训练集的特征分布合成人脸图像，所以导致当测试集与训练集风格一致时，会取得较好的合成结果，当风格不一致时，合成图像质量低于来自同一数据库的合成结果。

我们知道，模型的深层特征表达能力更强，全局上下文信息更加丰富。在生成素描图像时，全局上下文信息越丰富，得到的结果越接近真实的图像。不同网络层数的模型合成效果如图 5.14 所示。

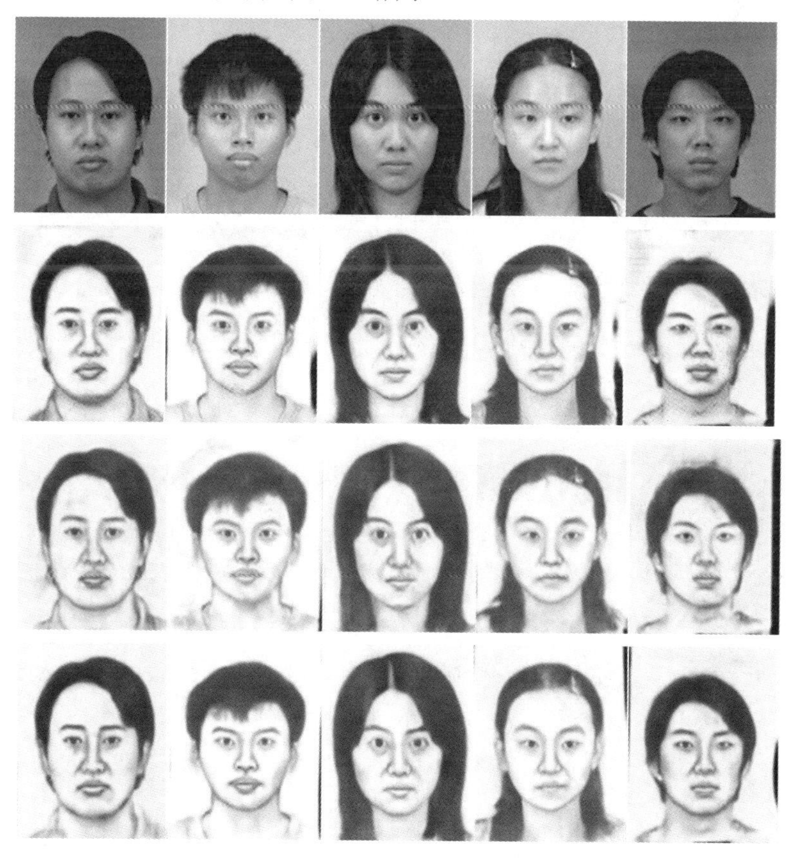

图 5.14　不同网络层数的模型合成效果

图 5.14 中第一行为输入照片，第二行至第四行分别为 U-Net 编码部分层数为 6、7、8 层时得到的结果，从图 5.14 中可以看出，随着层数的增加，生成效果更加逼真一些。因为网络层数越多，提取到的深层信息越多，最终合成的素描人脸图像细节也就越清楚。可以看出第一个人的眼睛处有眼袋存在，在生成的结果中只有层数为 8 的模型得到的结果可以看出眼袋的存在。第二个人生成结果中，层数为 8 的模型得到的结果中下巴较为清晰，而其他层数的结果较为模糊且存在间断。另外，从后面三个人的生成结果中也可以看出，层数越深，生成的结果越干净、清晰。

3. 和已有方法比较

分别对比不同方法下素描人脸合成效果，不同方法在 CUHK 数据库上的合成效果如图 5.15 所示。

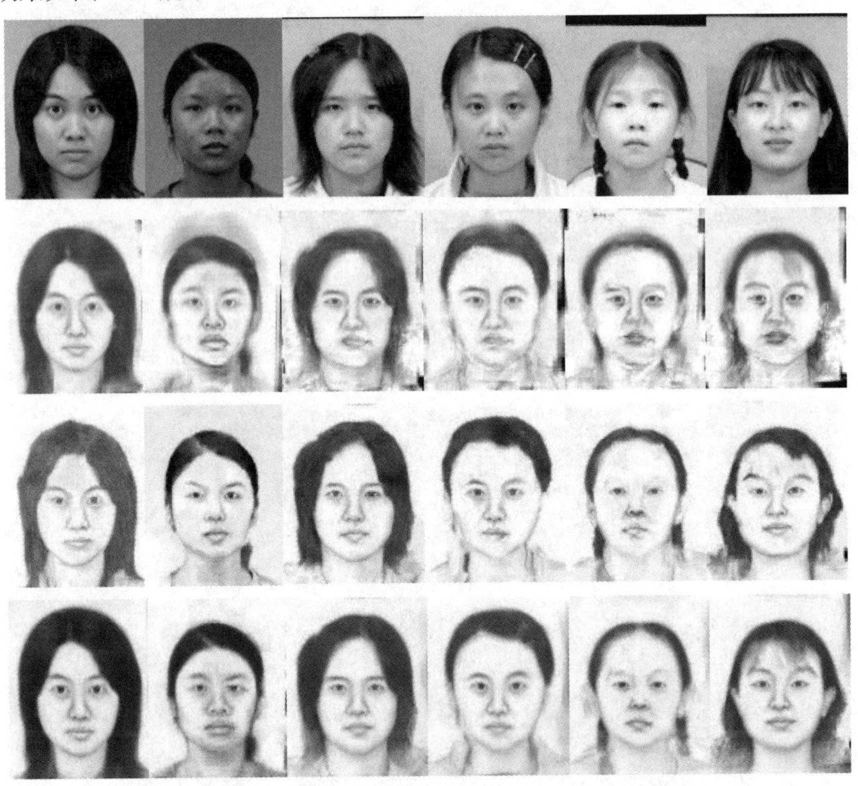

图 5.15　不同方法在 CUHK 数据库上的合成效果

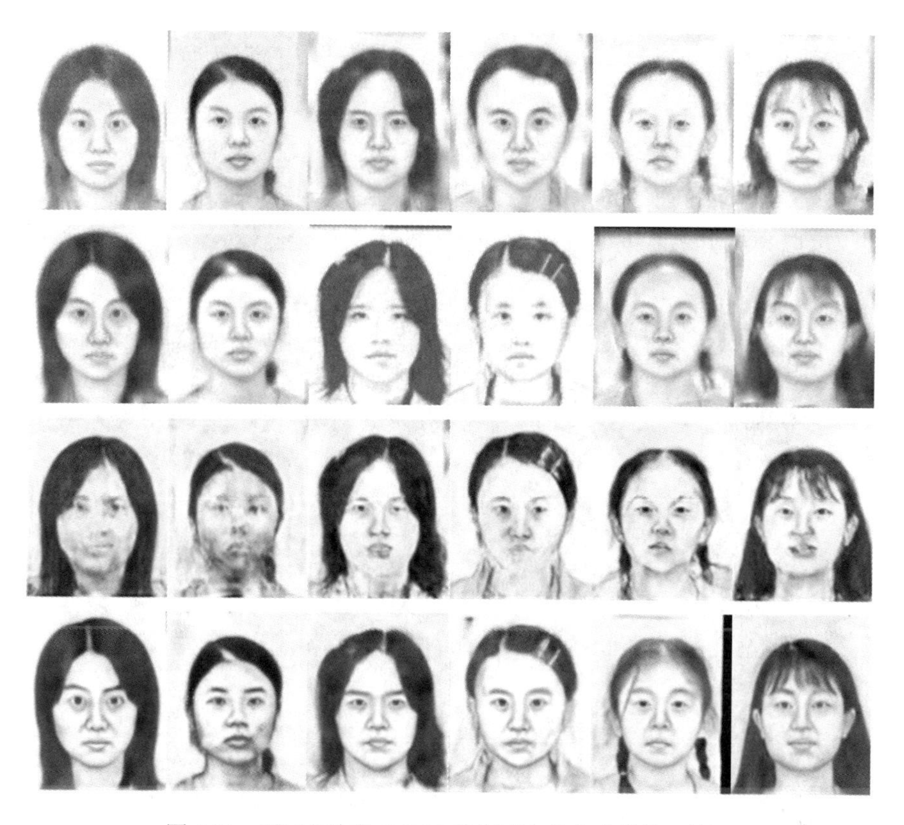

图 5.15　不同方法在 CUHK 数据库上的合成效果（续）

图 5.15 中第一行为输入照片，第二行至第六行分别为 LLE 方法[13]、多尺度 MRF 模型方法[14]、MWF 方法[15]、基于直推学习的合成方法[16]和空间示意图去噪方法[17]（SSD）的合成效果，第七行为 U-Net 的合成效果，最后一行为本节方法生成的素描图像。从图 5.15 中可以看出，本节方法生成的素描人脸图像与原始素描图像非常接近，特别是一些细节部分的捕捉。以第四幅图像的发夹为例，输入照片中发夹在头部是比较明显的，而且原始素描图像中发夹部分比较模糊，但是生成的结果中发夹是比较清晰的。可以看出，本节方法捕获细节的能力是比较强的，而且生成的结果是比较清晰的，脸部的五官及头发等信息都可以生成出来。在只用 U-Net 网络进行图像合成时，生成的图像五官不完整，且图像不清晰，本节方法在 U-Net 网络基础上加入判别器后，其合成图像质量明显提高，进而表明了生成对抗网络的数据生成能力。

利用在 CUHK 数据库上生成的权重，预测模型在 AR 数据库和 XM2VTS 数据库上的表现，结果如图 5.16 和图 5.17 所示。模型未在以上两个数据库上进行训练，只是利用预训练模型进行测试。可以看出，预测结果较差一些，但是仍然可以预测出人脸的整体轮廓、头发等信息。由于 CUHK 数据库中都为中国人的面孔，而这两个数据库中都为欧洲人的面孔，数据的分布自然存在一些差异，但是本节方法的模型依然能够预测出人脸的整体轮廓，而且对于眼睛这些特征也可以预测出来，可以看出本节介绍的模型鲁棒性较好。

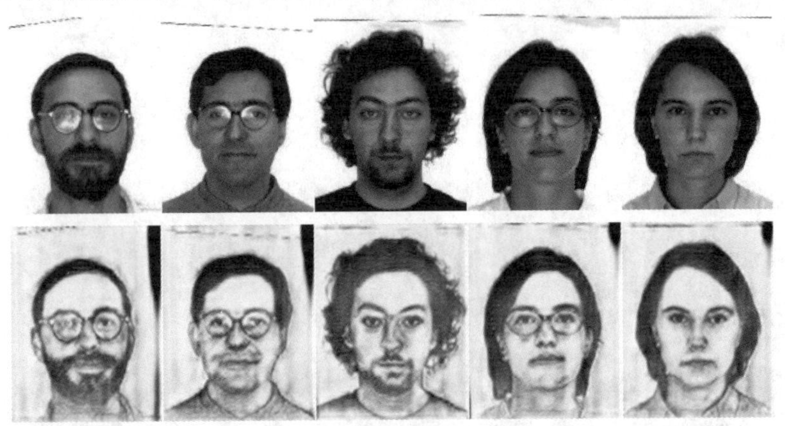

图 5.16　模型在 AR 数据库上的合成结果

图 5.17　模型在 XM2VTS 数据库上的合成结果

利用在 CUHK 数据库上生成的权重，在 FERET 数据库上进行预测，合成结果如图 5.18 所示。虽然模型未在该数据库上进行训练，但是依然能够在该数据库上预测出人脸的轮廓。FERET 数据库上的照片不仅包含人的脸部信息，还包含人的上半身部分信息，这部分的信息在 CUHK 数据库上是没有的。但是本节提出的模型也可以预测出这部分信息，见图 5.18 中第三张照片中衣领部分的环状信息，以及第五张照片中衣领处的条形信息。FERET 数据库中的人脸多为侧向的，是没有进行矫正的照片，使用本节提出的模型仍然可以预测出来，体现出该模型的通用性和鲁棒性。

图 5.18　模型在 FERET 数据库上的合成结果

从以上合成结果来看，在 CUHK 数据库上的合成效果最好，AR 数据库上次之，而在 XM2VTS 数据库和 FERET 数据库上的合成效果相对前面的数据库较差。这是由于 CUHK 数据库图像与训练集图像来自同一数据库，两者的照片风格一致，AR 数据库图像与 CUHK 数据库图像由于种族差异，分布会有所差异，而且 AR 数据库还增加了胡子和眼镜等其他信息，所以合成效果会稍差一些。XM2VTS 数据库和 FERET 数据库的照片背景都比较暗，而且 FERET 数据库照片中的人脸姿势各异，风格差异比较明显，所以合成效果相对较差。由此可以看出，此方法对数据库中照片的风格要求比较严格。

利用训练好的模型权重对网络上的明星照片进行实验，合成结果如图 5.19 所示。通过实验结果可以看出，模型也可以生成人脸的轮廓和五官等信息，表明该方法可以生成给定任意照片的素描图像，模型可以很好地捕获信息，说明模型的通用性、鲁棒性较好，不局限于某一类数据库。

为了验证本节方法的合成结果优于已有算法，对本节算法利用 CUHK 数据库做训练集，计算不同数据库上的合成结果图像与对应原图像的 SSIM 值和 FSIM 值，并比较其相似程度，对比结果如表 5.1 和表 5.2 所示。

图 5.19　网络上的明星照片的合成结果

表 5.1　不同数据库上的合成结果图像与对应原图像的 SSIM 值

算　法	数　据　库		
	CUHK	AR	XM2VTS
LLE	0.9910	0.9923	0.9930
MRF	0.9891	0.9921	0.9845
MWF	0.9900	0.9927	0.9888
Trans	0.9902	0.9931	0.9902
SSD	0.9895	0.9911	0.9857
本节方法	**0.9979**	**0.9958**	**0.9911**

表 5.2　不同数据库上的合成结果图像与对应原图像的 FSIM 值

算　法	数　据　库		
	CUHK	AR	XM2VTS
LLE	0.9342	0.9235	0.9061
MRF	0.9460	0.9285	0.8926
MWF	0.9513	0.9434	0.8969
Trans	0.9481	0.9351	0.8982
SSD	0.9333	0.9370	0.8971
本节方法	**0.9336**	**0.9457**	**0.9341**

由表 5.1 和表 5.2 可以看出，本节方法在 CUHK 数据库和 AR 数据库上合成结果的 SSIM 值明显高于其他传统算法，而 XM2VTS 数据库上的合成结果略差于其他算法，造成这种结果的原因主要是本节方法受训练集图像风格影响，XM2VTS 数据库中的照片背景比较暗，人脸照片和背景分界不明显，人脸风格

与训练集照片人脸风格差异较大，导致训练的模型对 XM2VTS 数据库不友好，这个问题可以采用更换训练数据集的方法进行解决。在合成图像的 FSIM 值对比中，CUHK 数据库中本节方法的合成结果和传统算法持平，AR 数据库和 XM2VTS 数据库的 SSIM 值稍高于其他算法，这说明本节方法捕获图像特征的能力比其他算法要强。

5.3　基于双层对抗网络的素描人脸合成方法

传统的数据驱动类素描人脸合成方法通常需要先在训练集中寻找相似图像块，然后计算不同图像块间的权重，根据不同权重进行组合拼接整幅素描人脸图像。由于合成的素描人脸图像块是训练集中素描人脸图像块的线性组合，因此数据驱动类方法可以合成较为完整的面部细节特征。但是，此类方法在寻找相似图像块的过程中需要遍历整个数据集，消耗了大量时间，应用范围得到了限制。而且图像分块的大小受人为主观因素的影响，通常很难选择一种合适通用的分块方式。传统的模型驱动类素描人脸合成方法是学习光学面部照片与素描人脸图像之间的映射关系，通过预训练的模型去加载目标照片并合成与其对应的素描人脸图像。该类方法不需要对图像进行分块，测试过程中也不需要遍历整个数据集，因此在一定程度上缩短了合成素描人脸图像的时间。但是此类方法很难寻找一个具有面部细节强表征能力的非线性回归模型，所以合成结果通常会丢失一些关键信息（如眼镜、发卡等），并且缺乏素描纹理特征，图像过于平滑。基于深度学习的素描人脸合成方法主要是通过卷积层堆叠构建一个端到端的神经网络框架，但是简单的卷积层堆叠很难充分学习图像面部细节之间的特征信息，导致合成的素描人脸图像出现伪影、模糊等现象。

近年来，生成对抗网络被广泛应用于图像处理领域。考虑到光学面部照片合成素描人脸图像可以看成类似机器翻译的问题，借鉴机器翻译中对偶学习的思想，并在 DiscoGAN 的基础上进行改进，介绍一种基于双层生成对抗网络的素描人脸合成方法。该方法通过双层网络（两个单向的生成对抗网络级联）来学习面部照片与素描人脸图像之间的映射关系，然后利用重建损失函数约束生成网络，提高合成能力，从而有效避免传统素描人脸合成方法中复杂的图像分块与拼接步骤，解决现有方法合成结果清晰度低的问题。

5.3.1 双层对抗网络模型

假设数据库为光学人脸照片和素描人脸图像数据库，M_p 表示光学人脸照片域中的数据 I_i 到素描人脸图像域中的映射网络，M_s 表示素描人脸图像域中的数据 J_j 到光学人脸照片域中的映射网络。为了找到光学人脸照片与素描人脸图像有意义的对应关系，通过双层网络将网络的映射限制为一对一的映射关系，避免出现合成素描人脸图像缺乏多样性的问题。网络在训练的过程中同时学习 M_p 和 M_s 两个映射，实现 $P(G_{ps}(G_{sp}(I_i)) \approx I_i$，$S(G_{sp}(G_{ps}(J_j)) \approx J_j$。

素描人脸合成框架如图 5.20 所示，整个框架中有四个生成模型，两个判别模型。两个 G_{sp} 为相同的生成器，两个 G_{ps} 为相同的生成器，各自分别共享参数，判别器用以区分光学人脸照片域和素描人脸图像域的真假图像，判别器 D_s 用于判别 G_{ps} 合成的素描人脸图像的真实性，判别器 D_p 用于判别 G_{sp} 合成光学人脸照片的真实性。

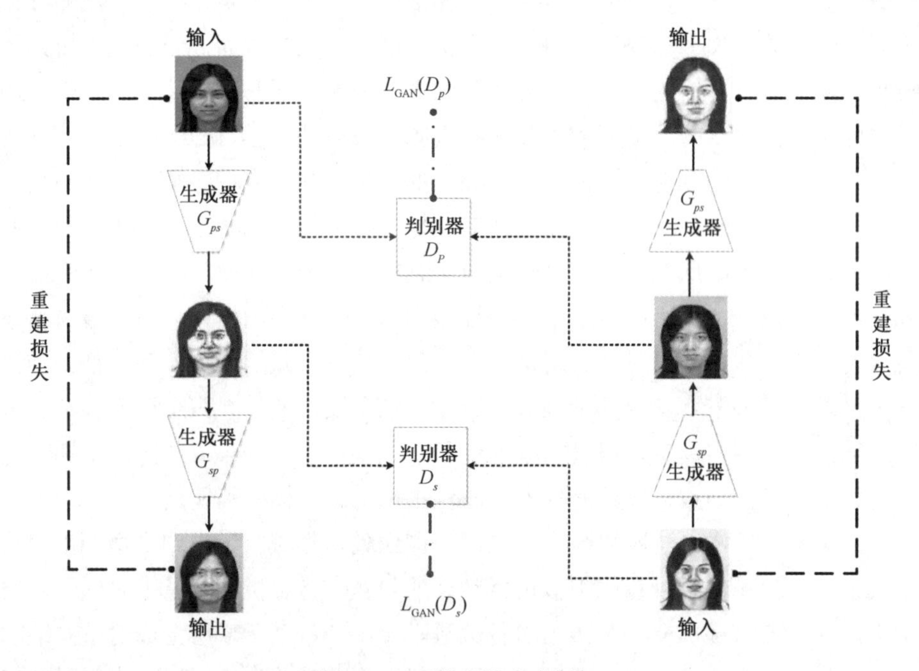

图 5.20 素描人脸合成框架

将重建光学人脸照片域的数据分布与真实光学人脸照片域的数据分布进行对比，当二者分布一致时，则可以认为合成的素描人脸图像域的数据是合理的。

要使重建光学人脸照片域的数据与真实光学人脸照片的数据达到一致分布，需要严格的约束，而这种约束在训练过程中很难优化。在本节方法中，两个生成模型采用最小化重建损失来满足这种近似的分布一致。对两个网络采用生成对抗损失进行约束，对生成对抗网络“零和博弈”的训练过程不断优化网络参数，使最终合成的素描人脸图像在视觉上更真实，更符合素描图像的纹理风格。

在这里，生成模型的设计区别于传统的编码器-解码器（Encoder-Decoder）结构，在生成模型的网络中加入了跳跃连接（Skip-Connection），如图 5.21 所示，其中虚线箭头为跳跃连接。跳跃连接将经过卷积层后的特征映射和反卷积层后对应相同尺寸的特征映射按通道连接在一起，充分利用了卷积层中的位置结构特征信息，更好地提升了合成图像的效果。

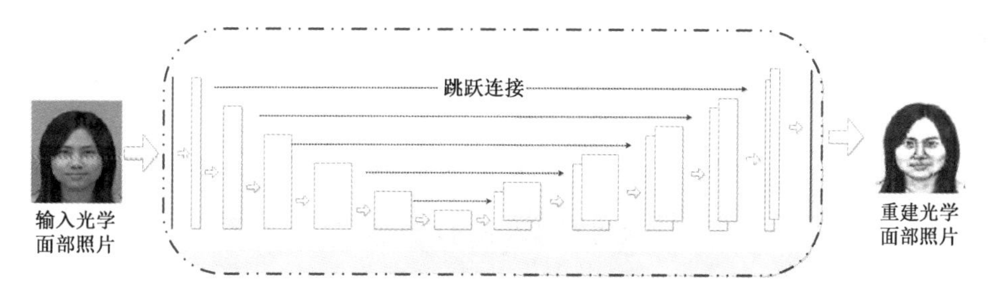

图 5.21　生成模型结构图

判别模型采用传统的全卷积神经网络，用于区分输入的图像是真实图像还是合成的图像。通过对抗训练不断强化自身的判别能力并优化生成模型的输出，保证生成模型合成的图像更真实、更清晰。

生成模型由 14 层卷积神经网络组成，为了提高模型的执行效率，在本节中去除了传统卷积神经网络中的池化层，设置了 7 层步长为 2 的卷积层与 7 层步长为 1 的反卷积层来替代传统卷积神经网络中的池化层。每层网络后都进行了补零（Padding）操作，用于保持边界信息，防止图像边缘像素信息遗失，并保持输出图片与输入图片尺寸一致。在部分卷积层与反卷积层之间采用了跳跃连接。卷积层中的激活函数设置为 Leaky ReLU 函数，反卷积层中的激活函数设置为 ReLu 函数，判别模型由 5 层卷积神经网络组成，激活函数设置为 Leaky ReLU 函数。生成模型与判别模型中卷积核尺寸大小为 4×4，具体参数设计如表 5.3 和表 5.4 所示。

表 5.3　生成模型参数设计

层　名	输入通道	步　长	卷积核数	输出通道
Conv_1	3	2	64	64
Conv_2	64	2	128	128
Conv_3	128	2	256	256
Conv_4	256	2	512	512
Conv_5	512	2	512	512
Conv_6	512	2	512	512
Conv_7	512	2	512	512
Dconv_1	512	1	512	512
Dconv_2	512	1	512	512
Dconv_3	512	1	512	512
Dconv_4	512	1	256	256
Dconv_5	256	1	128	128
Dconv_6	128	1	64	64
Output	64	1	3	3

表 5.4　判别模型参数设计

层　名	输入通道	步　长	卷积核数	输出通道
Conv_1	3	2	64	64
Conv_2	64	2	128	128
Conv_3	128	2	256	256
Conv_4	256	2	512	512
Output	512	1	1	1

5.3.2　损失函数

根据在合成素描人脸图像的过程中面部属性及细节特征清晰度的重要性，这里采用 L_1 范数作为重建损失函数，来描述经过两个生成器之后的图像重建效果与原始真实图像的差距。L_1 损失函数相比其他函数能更好地约束模型合成清晰、高质量的图像，更容易满足素描人脸图像合成中面部细节特征高清晰度的要求，重建损失函数定义为

$$L_{\text{REC}}(i,j)=E_{i\sim S}\left[\left\|G_{sp}(G_{ps}(i))-i\right\|_1\right] \tag{5.24}$$

式中，G_{sp} 表示由素描人脸图像生成光学人脸照片的生成器，G_{ps} 表示由光学人

脸照片生成素描人脸图像的生成器，i 表示真实光学照片，j 表示真实素描图像。

本节中生成模型 G 的损失函数采用式（5.25）的最小二乘损失函数。

$$\min_{G_{ps}} L_{\text{GAN}}(G_{ps})=\frac{1}{2}E_{i\sim M_s}[(D(G_{ps}(i))-n)^2] \tag{5.25}$$

式中，n 为常数，表示生成模型为了让判别器将生成数据误判为真实数据而设定的值。

GAN 的生成损失函数以 S 形交叉熵作为损失，当判别器达到最优的情况下，生成损失函数等价为最小化真实分布与生成分布之间的 JS 散度。但 JS 散度并不能拉近真实分布和生成分布之间的距离，会使得在训练过程中生成器不再优化那些被判别器识别为真实图像的生成图像，即使这些生成图像距离判别器的决策边界还很远，这就会导致最终生成器生成的图像质量不高。而最小二乘损失函数在混淆判别器的前提下还可以保证让生成器把距离决策边界比较远的生成图像拉向决策边界，这样就可以使生成模型继续优化，不断提高生成图像的质量。同样，判别模型 D 的损失函数也采用最小二乘损失函数。

$$\begin{aligned}\min_{D_s} L_{\text{GAN}}(D_s)=&\frac{1}{2}E_{j\sim M_s}[(D(j)-k)^2]+\\&\frac{1}{2}E_{i\sim M_p}[(D(G(i))-m)^2]\end{aligned} \tag{5.26}$$

式中，m、k 为常数，分别表示生成数据和真实数据的标记，M_p 表示光学人脸照片到素描人脸图像的映射，M_s 表示素描人脸图像到光学人脸照片的映射。

本节方法的全局目标函数为总生成网络损失与总判别网络损失之和

$$L_{\text{SFS\_GAN}}=L_{\text{Sum\_GAN}}(D)+L_{\text{Sum\_GAN}}(G) \tag{5.27}$$

总生成网络损失是每个生成模型的最小二乘生成损失与重建损失的总和

$$\begin{aligned}L_{\text{Sum\_GAN}}(G)=&L_{\text{REC}}(i,j)+L_{\text{REC}}(j,i)+\\&L_{\text{GAN}}(G_{ps})+L_{\text{GAN}}(G_{sp})\end{aligned} \tag{5.28}$$

总判别网络损失是每个判别模型的最小二乘判别损失之和

$$L_{\text{Sum\_GAN}}(D)=L_{\text{GAN}}(D_p)+L_{\text{GAN}}(D_s) \tag{5.29}$$

5.3.3　实验结果与分析

1. 数据库和参数设置

为验证本节方法合成素描人脸图像的有效性，采用 CUHK 数据库进行实验。

将 CUHK 数据库中的 150 对光学人脸照片-素描人脸图像作为训练集，38 对光学人脸照片-素描人脸图像作为测试集。

在实验过程中，输入图像的大小为 128 像素×128 像素，输出图像的大小为 128 像素×128 像素。本节方法中的两组网络同时开始训练，生成模型与判别模型相互对抗，不断“博弈”，最终使全局目标函数与模型参数达到最优。整个网络采用 Adam 算法进行优化，网络的学习率设置为 0.0002。依据文献[5]中的优化理论，式（5.26）中参数设置为 $m=1$，$k=0$，式（5.25）中参数设置为 $n=1$。

在对比实验中，为了验证本节方法的合成效果，利用 AR 数据库[18]进行测试验证。

2. 消融实验

这里选择批处理大小（Batch-size）为 1，并保存迭代 30、40、50 和 60 阶段的合成结果，模型的损失变化如图 5.22 所示，合成结果如图 5.23 所示。图 5.23 中第一列为原照片，第二列到第五列依次为 30 阶段、40 阶段、50 阶段和 60 阶段的结果图。

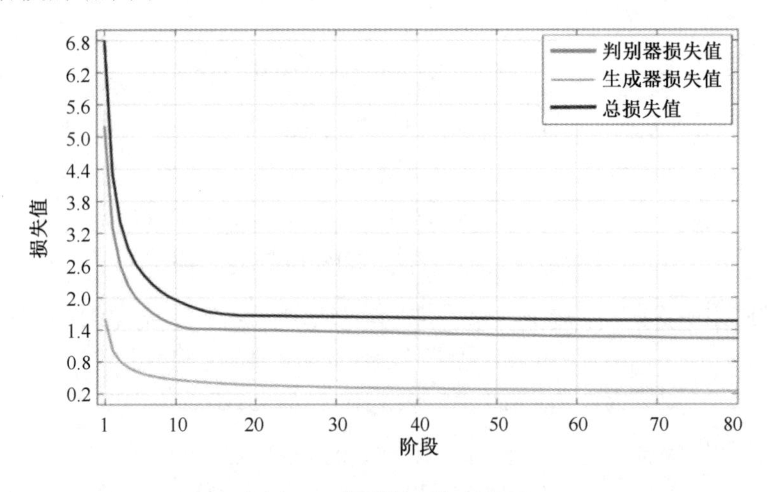

图 5.22 模型损失值变化图

图 5.22 和图 5.23 的结果表明，随着迭代次数的增加，模型逐步优化，损失值呈现稳定下降，合成的图像质量不断提高。当迭代到 60 阶段时，损失函数已经基本收敛，合成的素描人脸图像不仅面部细节更完整、图像清晰度更高而且风格特征与真实素描图像更相近。因此，在本节方法的对比实验中选择 60 阶段的模型参数进行实验。

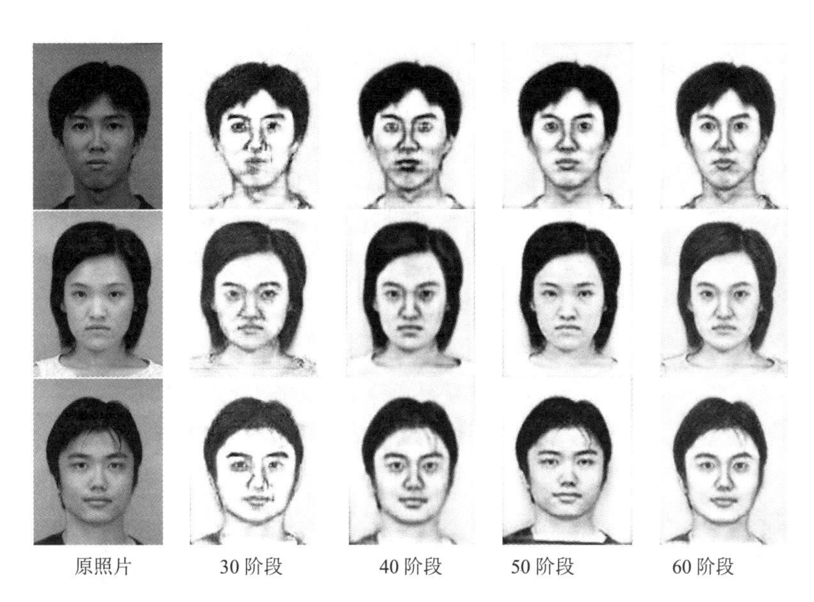

图 5.23　不同迭代阶段结果图

3. 和已有方法对比

本节方法在 CUHK 数据库上合成素描人脸图像的结果如图 5.24 所示，并

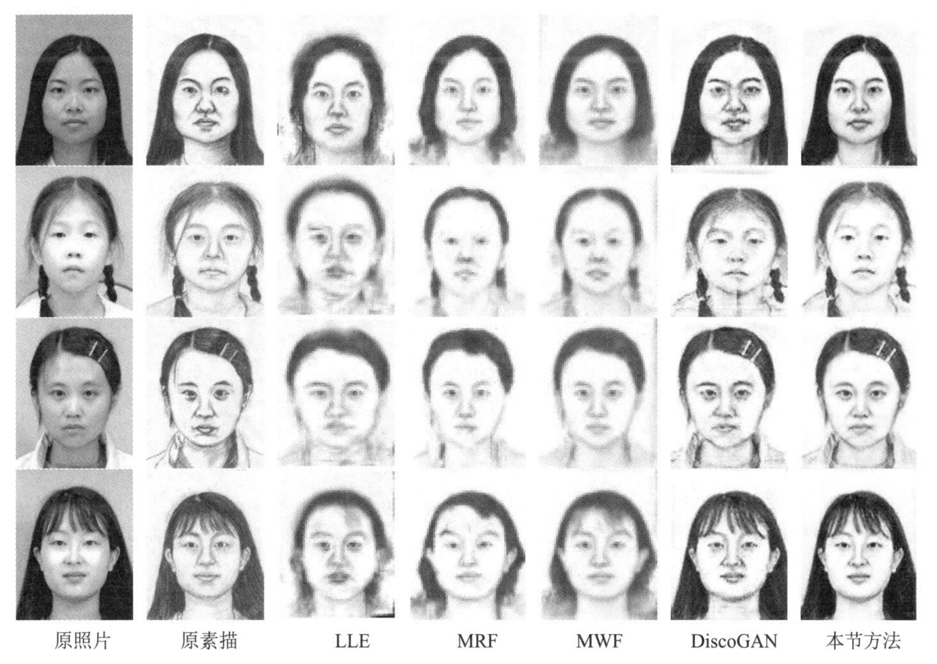

图 5.24　不同方法在 CUHK 数据库上合成素描人脸图像的结果

分别与局部线性嵌入（Locally Linear Embedding，LLE）方法、马尔可夫随机场（Markov Random Field，MRF）方法、马尔可夫权重场（Markov Weight Field，MWF）方法[19]、DiscoGAN 方法进行对比，对比方法的实验结果图来自文献[19]。

由图 5.24 可以看出，其他方法合成的素描人脸图像清晰度低，细节不够完整。本节方法合成的素描人脸图像面部特征与原图像更相近，风格特征更符合原素描图像，而且清晰度更高，细节更完整。

为了进一步验证本节方法的合成效果，利用 AR 人脸数据库对本节方法进行测试验证，合成结果如图 5.25 所示。图 5.25 中第一列为原照片，第二列为原素描人脸，第三列到第七列依次 LLE 方法、MRF 方法、MWF 方法、DiscoGAN 方法和本节方法的结果图。

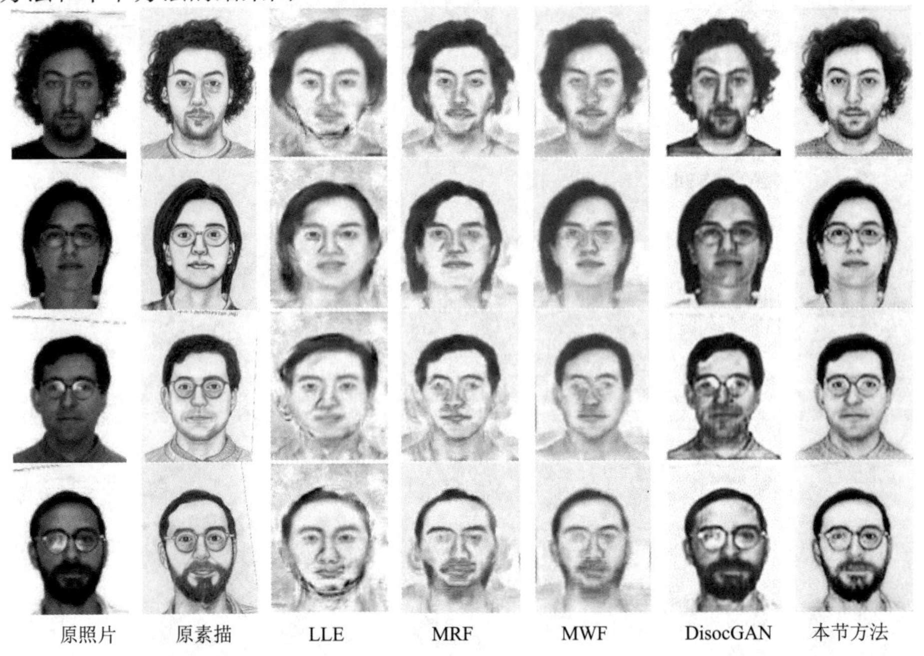

图 5.25　不同方法在 AR 数据库上合成素描人脸图像的结果

由图 5.25 可以看出，本节方法在 AR 数据库中的合成效果也优于其他素描人脸合成方法。从合成结果来看，传统方法合成的素描人脸图像出现了面部失真及面部特征（如眼镜、胡须等）不同程度的缺失，而本节方法的合成结果则未出现面部失真、特征缺失等问题，面部轮廓更加完整，对眼镜、胡须等面部特征的合成效果更优。

传统方法在训练过程中对照片-素描对进行分块处理，然后采用局部搜索或者全局搜索来寻找最优图像块集合，但在局部搜索过程中会限制图像块的范围使得最优图像块在全局范围内可能不是最优的，全局搜索过程虽然可以增大寻找最优图像块的范围却缺乏了对最优图像块局部信息的约束，导致了最终合成的素描人脸图像模糊，细节不完整。DiscoGAN 方法采用 S 形交叉熵作为对抗训练的损失函数，训练过程中很难使生成模型达到最优，生成的图像清晰度低。同时，生成模型与判别模型的设计中采用卷积层与反卷积层直接相连，不能充分提取卷积层中图像的位置特征信息。而本方法中的生成模型在卷积层与反卷积层之间增加了跳跃连接，能够更好地学习输入光学面部照片-素描人脸图像对的特征。采用最小二乘损失作为对抗训练的损失函数及 L_1 范数作为重建损失函数，在对抗训练过程中可以有效提高判别模型的判别能力，以及生成模型的合成能力，即合成素描人脸图像的清晰度与视觉真实性。因此本节方法的合成结果不仅面部细节更加完整，而且发饰等非人脸部分也得到清晰的呈现。

为了对本节方法合成的素描人脸图像进行定量分析，采用结构相似度 SSIM 值和特征相似度 FSIM 值来综合评判本节方法合成的素描人脸图像的质量。

对不同方法合成的素描人脸图像与其对应的原始素描图像进行计算并归一化处理，得到的 SSIM 值与 FSIM 值越大，则说明合成的素描人脸图像与原始素描人脸图像越相似，合成的素描人脸图像质量越优。在不同数据库中，不同方法合成的素描人脸图像的 SSIM 值与 FSIM 值如表 5.5 和表 5.6 所示。

表 5.5　CUHK 数据库中不同方法的 SSIM 值与 FSIM 值

方　法	SSIM	FSIM
LLE	0.5936	0.7134
MRF	0.6027	0.7245
MWF	0.6216	0.7335
DiscoGAN	0.6250	0.7177
本节方法	**0.6953**	**0.7521**

表 5.6　AR 数据库中不同方法的 SSIM 值与 FSIM 值

方　法	SSIM	FSIM
LLE	0.6302	0.7538
MRF	0.6063	0.7497
MWF	0.6434	0.7600
DiscoGAN	0.6446	0.7487
本节方法	**0.6628**	**0.7735**

从表 5.5 和表 5.6 可以看出，本节方法在 CUHK 数据库和 AR 数据库上合成素描人脸图像的 SSIM 值与 FSIM 值明显高于其他传统方法，说明本节方法的合成结果与原始素描图像结构特征更相似，合成效果更好。通过与不同方法合成结果进行定量分析，可以证明本节方法的合成能力更强，合成的素描人脸图像更清晰、质量更高。

5.4 基于特征学习生成对抗网络的高质量素描人脸合成方法

生成对抗网络可以将完整的光学人脸照片作为输入，输出一张完整的素描人脸图像，省略了传统方法中图像重叠分块的步骤，并且可有效解决在非线性回归模型中难以寻找图像间合适映射关系的问题。但是，直接采用标准生成对抗网络模型合成素描人脸图像，其合成结果普遍清晰度低，面部易出现变形和噪声等现象。

为了避免数据驱动方法中对图像重叠分块的时间损耗，提高模型驱动方法合成素描人脸图像的质量，解决训练数据集不足而影响合成结果的问题，本节介绍一种新颖的素描人脸合成方法，将面部特征学习网络、生成网络及判别网络相结合，这一特征学习生成对抗网络称为 FL-GAN（Feature Learning Generative Adversarial Network）。该方法的主要思路：在输入光学人脸照片时，通过生成网络直接生成对应的素描人脸图像。在模型训练阶段，引入判别网络与面部特征提取网络，判别网络用于判别合成素描人脸图像的真伪情况，并使用对抗训练的策略，优化生成网络的学习效果及判别网络的判别能力。面部特征提取网络用于提取真实素描人脸图像的特征与合成素描人脸图像的特征，并进行面部细节误差计算，将计算结果在线反馈给生成网络，提高合成素描人脸图像的质量。在测试阶段，输入一组光学人脸照片，加载训练好的生成网络，生成与之对应的完整素描人脸图像。

5.4.1 特征学习生成对抗网络模型

特征学习生成对抗网络模型如图 5.26 所示，包含一个对抗学习模块

（Adversarial Learning Module）和一个特征学习模块（Feature Learning Module）。其中，对抗学习模块包含一个生成网络 G 与一个判别网络 D，用于合成高质量的素描人脸图像。特征学习模块包含一个特征提取网络，用于在图像潜在空间中获取图像的高水平像素信息，学习图像的细节特征。在整个框架中，特征学习模块在线学习图像的细节特征并指导对抗学习模块合成细节保留的素描人脸图像。

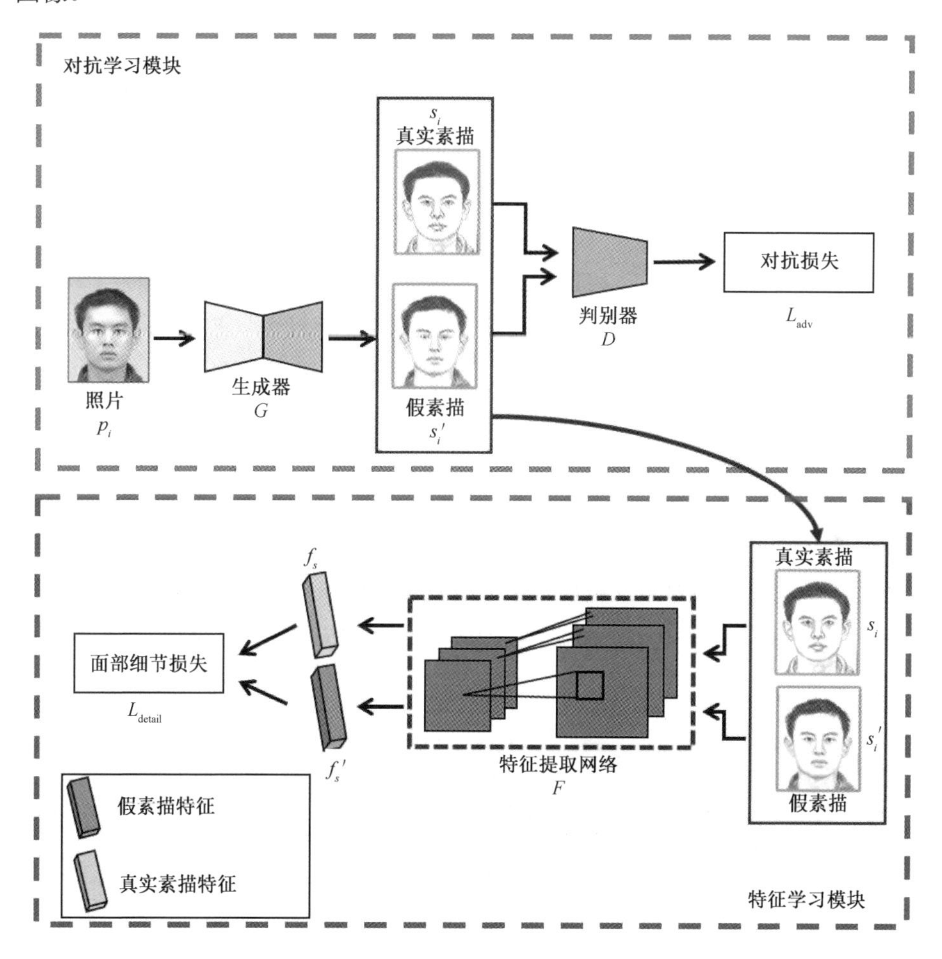

图 5.26　特征学习生成对抗网络模型

假设数据集 $M=\{(p_i,s_i),\ i=1,2,3,\cdots,n\}$， p_i 表示光学人脸照片数据， s_i 表示素描人脸图像数据。生成网络 G 主要学习光学人脸照片 p_i 到素描人脸图像 s_i 的映射关系，即 $s_i'=F_{ps}(p_i)$。判别网络 D 在训练阶段提供对抗性监督，用于区分生成的伪素描图像 s' 与真实素描图像 s，并将判别情况反馈给生成网络。特征提取网络F在训练阶段将伪图像 s' 与真实素描图像 s 映射到潜在的特征空间 f_s'

$$F: s \to f_s, s' \to f_s'$$

对潜在特征空间中的图像特征进行学习，增强合成素描人脸图像的细节信息。

在训练过程中，对抗学习模块与特征学习模块同时开始训练。训练生成网络使其生成尽可能真实的素描人脸图像去“欺骗”判别网络，并最小化特征学习模块输出的特征误差。训练判别网络使其尽可能地区分生成的伪素描图像和真实素描图像，最终各个网络达到纳什平衡，同时模型目标函数达到最优。在测试阶段，输入一组测试光学人脸照片，通过生成网络 G 合成对应的素描人脸图像。

该方法中生成网络的结构设计类似自编码器，并结合残差网络[20]与深层卷积神经网络的特点进行网络结构的搭建，网络结构如图 5.27 所示，图中虚线表示跳跃连接。生成过程需要保持图像信息在网络层逐渐增多的情况下，不仅不损失位置信息，还要不断增加细节特征信息。传统的深层卷积神经网络无法有效扩充图像高度与宽度，只能不断缩小或保持前一层网络的高宽值，且池化层取平均池化或最大池化均会造成一定区域内的位置信息损失。因此，在本节方法中生成网络的结构采用带有步长的卷积层来实现上采样过程中图像高度与宽度的有效扩充，且确保下采样过程中图像位置信息的不丢失。残差网络根据输入将每一层的训练表示为学习一个残差函数，使得网络更容易优化，并促使合成质量更高的素描人脸图像。

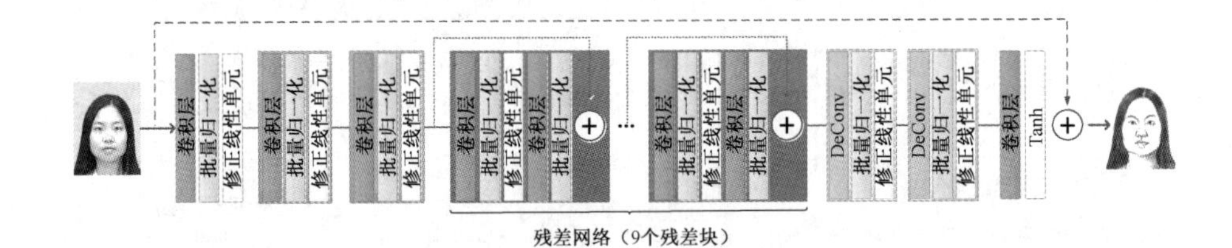

图 5.27　生成网络结构图

生成网络结构主要由两个带步长的卷积模块、9 个残差单元及两个带步长的反卷积模块组成。通过先下采样后上采样的方式，保证输出图像的维度大小与输入图像的维度大小一致。卷积模块与反卷积模块中都添加了 Batch Norm 层，确保网络充分训练，避免出现模式崩溃的问题。此外，为了避免训练过程中梯度饱和，使学习过程更稳定，在卷积模块与反卷积模块内部使用 ReLU 激活函数，即

$$f(x)=\max(0,x) \tag{5.30}$$

与 Sigmoid 等常用的激活函数相比，ReLU 激活函数在对图像等高维数据进行计算时，计算代价更小，速度更快，而且在网络层深度增加时能够有效克服梯度消失的问题，梯度计算公式如式（5.31）所示，即

$$\nabla=\sigma'\delta x \tag{5.31}$$

式中，δx 为自变量的最小值，σ' 表示 ReLU 激活函数的导数。

残差单元的功能主要通过前向神经网络和 shortcut 连接实现，其设计结构如图 5.28 所示。通过跨层连接的方式，使 $F(x)=P(x)+x$ 取代最初的映射，从而网络由直接学习恒等映射 $F(x)=x$ 转化为学习残差函数 $F(x)=P(x)+x$ 。shortcut 连接相当于网络进行一次恒等映射，网络的参数量与计算复杂度保持不变。

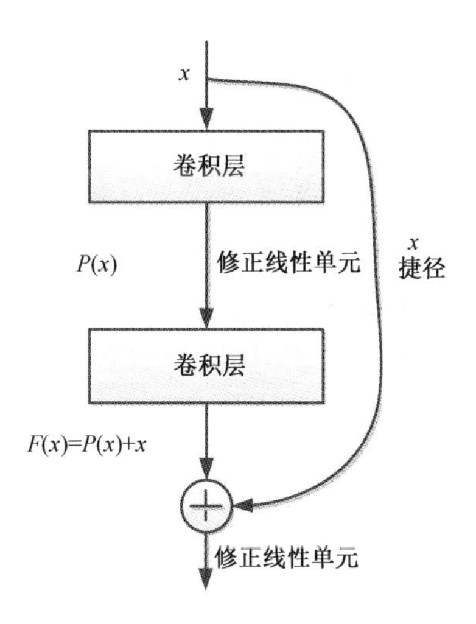

图 5.28　残差单元结构

在训练阶段，采用对抗训练的思想，引入判别网络与生成网络进行对抗训练。此方法中的判别网络结构与 PatchGAN[21]中的判别网络结构相似，此判别网络结构是在生成图像与真实图像的局部图像块级别上进行验证的，避免了直接对两张完整图像进行验证所造成的信息损失，从而有效地获取图像局部的高频信息。相比判别网络每次对整张图像进行真伪判断，该判别网络一次只判断

一个 $N \times N$ 的图像块是否为真，只关注图像的局部结构，而不需要对整张图像的像素信息进行判断。判别网络只需要学习图像的高频信息，不用考虑输入图像的大小约束问题，从而在一定程度上减少了训练过程中的参数量、加快了计算速度。判别网络的结构如图 5.29 所示。

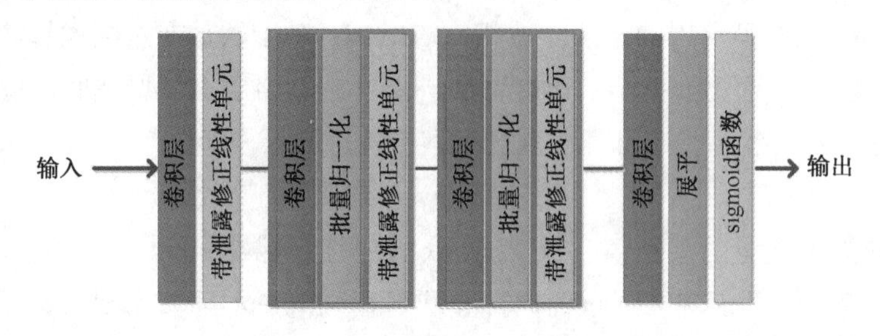

图 5.29　判别网络结构

通过残差单元的 shortcut 跨层连接结构，使生成网络对图像像素值更加敏感，有利于捕捉人脸图像的细节特征信息，生成逼真、清晰度高的素描人脸图像。残差单元输入 x 和输出 y 之间的关系可表示为

$$y = P(x, \alpha_i) + x \tag{5.32}$$

式中，$P(x, \alpha_i)$ 表示待拟合的残差函数。

卷积神经网络在图像特征提取方面有着良好的性能，并且随着技术发展演化出很多高性能的卷积神经网络架构，如 LeNet[22]、GoogLeNet[23]、VGGNet[24]、ResNet 等。此方法中设置的面部特征提取网络主要针对合成的素描人脸图像与真实素描人脸图像进行面部特征提取，通过对两者的面部特征图进行误差计算，并将计算结果反馈给生成网络，提高生成网络合成素描人脸图像的面部细节能力。本节面部特征提取网络的结构设计遵循 VGGNet-16 的架构，在 VGGNet-16 的基础上移除最后两个卷积模块与全连接层，面部特征提取网络结构如图 5.30 所示。该架构相对简洁，仅通过反复堆叠 3×3 的小型卷积核和 2×2 的最大池化层来构建深层卷积神经网络。此外，该架构通过卷积核的串联能够减少网络的参数量，并且相比使用单一卷积核构建的网络层拥有更多的非线性变换，更适合图像面部特征提取。

由于现有标准的素描人脸图像数据库相对较小，使用小数据库单独训练深层神经网络容易出现过拟合、梯度弥散等问题，很难获得较好的性能。因此，受迁移学习理论的启发，本节使用在 ImageNet 数据库[25]中预训练的模型参数作为本节方法中面部特征提取网络的模型初始参数。ImageNet 数据库是一个大型的可视化数据库，拥有海量的图像，在训练过程中能够使深层神经网络取得良好的性能。

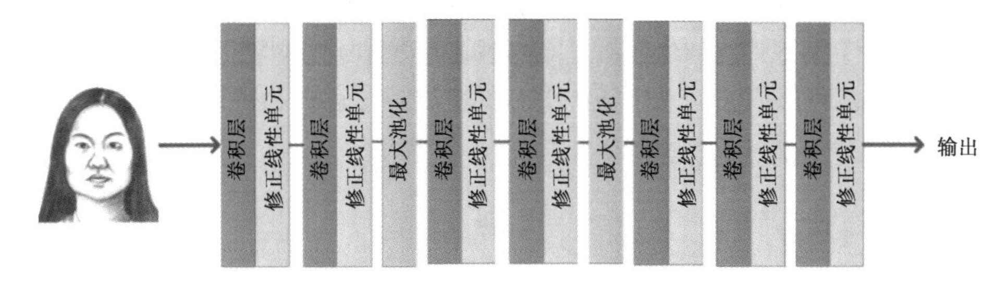

图 5.30　面部特征提取网络结构

5.4.2　损失函数

本节方法的目标是从输入光学人脸照片 p_i 中，使用生成网络 G 合成对应的素描人脸图像 s_i'，并使其尽可能地接近真实素描人脸图像 s_i 的风格及面部特征。假设 θ_G 与 θ_D 分别表示生成网络 G 与判别网络 D 的模型参数，$f_{r(s)}$ 为真实素描人脸图像的数据分布，$f_{g(p)}$ 为生成素描人脸图像的数据分布。

判别网络的优化目标函数为

$$\max_{\theta_D} V(D, G) = E_{s\sim f_{r(s)}}[\lg D(s)] + E_{p\sim f_{g(p)}}[\lg(1 - D(G(p)))] \tag{5.33}$$

式中，$D(s)$ 表示输入真实素描人脸图像 s_i 时判别网络得到的概率值，$G(p)$ 为输入光学人脸图像 p_i 时生成网络生成的素描人脸图像，$D(G(p))$ 表示输入生成的素描人脸图像 $G(p)$ 时判别网络得到的概率值。

式（5.33）的优化过程可转化为求下式最优解

$$\int [f_{r(s)} \lg D(s) + f_{g(s)} \lg(1 - D(s))] \mathrm{d}s \tag{5.34}$$

将式（5.34）积分项中的函数 $f_{r(s)} \lg D(s) + f_{g(s)} \lg(1 - D(s))$ 对 $D(s)$ 求导并令其值等于 0，则最优判别网络表达式为

$$D^*(s) = \frac{f_{r(s)}}{f_{r(s)} + f_{g(s)}} \tag{5.35}$$

对于含有 N 幅光学人脸照片与素描人脸图像的训练集 $M = \{(p_i, s_i), i = 1, 2, 3, \cdots, N\}$，$\theta_G$ 可通过优化损失函数 L 得到，即

$$\theta_G = \arg\min \frac{1}{N}\sum_{i=1}^{N} L(G(p), p) \tag{5.36}$$

训练时，生成网络 G 与判别网络 D 交替训练。首先，固定判别网络的参数 θ_D，训练更新生成网络的参数 θ_G。其次，固定生成网络的参数 θ_G，使用式(5.35)更新优化判别网络的参数 θ_D。最后，以此类推，直至 θ_D 和 θ_G 都达到最优，损失值处于一个平衡状态，训练结束。

1. 面部细节损失

损失函数 L 的确定对于生成网络 G 的效果非常重要，为了确保合成的素描人脸图像具备清晰的五官特征及真实的素描纹理，本节所提出的复合损失函数为

$$L_{\text{total}} = \alpha L_D + \beta L_{\text{detail}} \tag{5.37}$$

式中，L_D 为对抗损失，用来度量生成素描人脸图像与真实素描人脸图像的分布差异；L_{detail} 为面部细节损失，用来衡量生成素描人脸图像与真实素描人脸图像的细节误差；α、β 为平衡因子，用于平衡对抗损失与面部细节损失的初始值。

传统损失函数是在简单的像素空间上进行误差计算，若直接通过损失函数对真实素描人脸图像与伪素描人脸图像进行误差计算，则很难获取素描人脸图像的面部细节与纹理特征。传统损失函数如下：

$$L_{1-\text{loss}} = \sum_{i=1}^{w}\sum_{j=1}^{h}\left|s^{i,j} - G(p)^{i,j}\right| \tag{5.38}$$

在这里，面部细节损失函数是计算图像特征空间上的差异，是对经过面部特征提取网络提取的高水平图像特征进行细节误差计算。这些高水平图像特征忽略了图像像素级别的低层次特征，更加抽象，也更加符合人类视觉感知。面部细节损失函数定义为

$$L_{\text{detail}} = \frac{1}{wh}\left\|\phi(s) - \phi(G(p))\right\|_F^2 \tag{5.39}$$

式中，w 和 h 表示特征图的维度，s 为真实素描人脸图像，$G(p)$ 为生成的伪素描人脸图像，$\phi(s)$ 与 $\phi(G(p))$ 表示经过特征提取网络输出的特征矩阵。

$$\phi(s) = \begin{bmatrix} n_{1,1} & n_{1,2} & \cdots & n_{1,h-1} & n_{1,h} \\ n_{2,1} & n_{2,2} & \cdots & n_{2,h-1} & n_{2,h} \\ \vdots & \vdots & & \vdots & \vdots \\ n_{w-1,1} & n_{w-1,2} & \cdots & n_{w-1,h-1} & n_{w-1,h} \\ n_{w,1} & n_{w,2} & \cdots & n_{w,h-1} & n_{w,h} \end{bmatrix} \quad \phi(G(p)) = \begin{bmatrix} k_{1,1} & k_{1,2} & \cdots & k_{1,h-1} & k_{1,h} \\ k_{2,1} & k_{2,2} & \cdots & k_{2,h-1} & k_{2,h} \\ \vdots & \vdots & & \vdots & \vdots \\ k_{w-1,1} & k_{w-1,2} & \cdots & k_{w-1,h-1} & k_{w-1,h} \\ k_{w,1} & k_{w,2} & \cdots & k_{w,h-1} & k_{w,h} \end{bmatrix}$$

式（5.39）中$\|\phi(s)-\phi(G(p))\|_F$可由下式得出

$$\|\phi(s)-\phi(G(p))\|_F=\sqrt{\mathrm{tr}\left\{[\phi(s)-\phi(G(p))]^{\mathrm{T}}\cdot[\phi(s)-\phi(G(p))]\right\}} \tag{5.40}$$

令$[\phi(s)-\phi(G(p))]^{\mathrm{T}}\cdot[\phi(s)-\phi(G(p))]$为$\boldsymbol{M}$

$$\boldsymbol{M}=\begin{bmatrix} m_{1,1} & m_{1,2} & \cdots & m_{1,h-1} & m_{1,h} \\ m_{2,1} & m_{2,2} & \cdots & m_{2,h-1} & m_{2,h} \\ \vdots & \vdots & & \vdots & \vdots \\ m_{w-1,1} & m_{w-1,2} & \cdots & m_{w-1,h-1} & m_{w-1,h} \\ m_{w,1} & m_{w,2} & \cdots & m_{w,h-1} & m_{w,h} \end{bmatrix}$$

则式（5.40）中$\mathrm{tr}\left\{[\phi(s)-\phi(G(p))]^{\mathrm{T}}\cdot[\phi(s)-\phi(G(p))]\right\}$可由下式得出

$$\mathrm{tr}(M)=\sum_{i=1}^{w}\sum_{j=1}^{h}m_{i,j} \tag{5.41}$$

2. 对抗损失

对抗损失来自判别网络，其目的是保证生成网络生成尽可能真实的素描人脸图像以“欺骗”判别网络。传统的对抗损失存在一个问题，当判别网络训练越好，生成网络的梯度消失越严重。因此，为了稳定训练过程，改善梯度表现能力，按照文献[27]的建议，通过 Wasserstein 距离来度量真实素描人脸图像与伪素描人脸图像间的距离，则原始对抗损失转化为

$$L_D{}'=E_{s\sim f_{r(s)}}[D(s)]-E_{s\sim f_{g(s)}}[D(s)]+\lambda E_{s\sim f_{\hat{s}}}[(\|\nabla_{\hat{s}}D(\hat{s})\|_2-1)^2] \tag{5.42}$$

式中，样本分布$f_{\hat{s}}$为真实素描人脸图像样本分布$f_{r(s)}$与伪素描人脸图像样本分布$f_{g(s)}$连线上的随机插值取样。

为了解决在训练中模型过早达到平衡状态，使生成网络与判别网络不再优化的问题，本节方法在对抗损失函数中添加了一个控制因子。控制因子可以确保在训练阶段，随着迭代次数的增加，判别网络能够逐步深入学习伪素描人脸图像与真实素描人脸图像之间的差异。这样可以使网络模型得到充分训练，提高判别能力，改善生成网络合成素描人脸图像的质量。对抗损失具体定义如下：

$$L_D=\left(\frac{1+\omega n}{N}\right)L_D{}' \tag{5.43}$$

式中，ω为衰减系数，n、N分别表示当前迭代次数与总迭代次数。

5.4.3 实验结果与分析

1. 数据库和参数设置

这里采用 CUHK 数据库（188 对光学人脸照片-素描人脸图像）、AR 数据库（123 对光学人脸照片-素描人脸图像）及 XM2VTS 数据库[26]（295 对光学人脸照片-素描人脸图像）进行实验，验证本节 FL-GAN 方法合成素描人脸图像的有效性。通过与现有素描人脸合成方法的合成结果进行定性与定量比较，证明了本节 FL-GAN 方法的优越性。对合成素描人脸图像的定性比较是根据人的视觉感知进行评判，定量比较则采用传统的图像质量评估指标：峰值信噪比（PSNR）、结构相似度（SSIM）和特征相似度（FSIM）。大量的实验证明，FL-GAN 方法能够合成具有丰富纹理及细节保留的高质量素描人脸图像，并且具有较强的泛化能力。

在 CUHK 数据库中，随机选取 88 对光学人脸照片-素描人脸图像进行训练，其余 100 张光学人脸照片用作测试。在 AR 数据库中，随机选取 80 对光学人脸照片-素描人脸图像进行训练，其余的 43 张光学人脸照片用作测试。在 XM2VTS 数据库中，随机选取 100 对光学人脸照片-素描人脸图像进行训练，其余的 195 张光学人脸照片用作测试。表 5.7 展示了不同数据库的数据划分。

表 5.7　不同数据库的数据划分

数 据 库	训 练 集	测 试 集
CUHK Student	88	100
AR	80	43
XM2VTS	100	195

整个模型选取批标准化（Batch Normalization）对数据进行处理，该处理方式可以加速模型的收敛并且保持各人脸数据之间的独立性。训练过程中，所有面部图像被归一化为 256 像素×256 像素，输出图像尺寸为 256 像素×256 像素，批处理大小（Batch-size）设置为 1。采用 Adam 算法[27]对网络进行优化，相比 Adagrad 算法与 RMSprop 算法，Adam 算法结合了两者的优点，每次迭代学习率都有确定的范围，使学习过程相对平稳。网络的学习率设置为 0.0002，Adam 动量参数 β_1、β_2 设置为 0.9 与 0.999。

模型的优化目标：在训练过程中，联合训练特征提取网络 F、生成网络 G 及判别网络 D 来优化整体目标。式(5.37)中的 α 与 β 设置为 1 和 10，式(5.43)中 ω 的值设置为 0.99，参数更新策略类似 GAN，在这里主要解决式（5.44）的最小最大优化任务：

$$G^*, F^*, D^* = \arg\min_{G,F}\max_{D} L_{\text{total}}(F,G,D) \tag{5.44}$$

2. 消融实验

为了证明特征学习模块的有效性，这里进行消融实验研究，消除特征学习模块来进行实验，定性与定量实验结果如图 5.31 与表 5.8 所示。

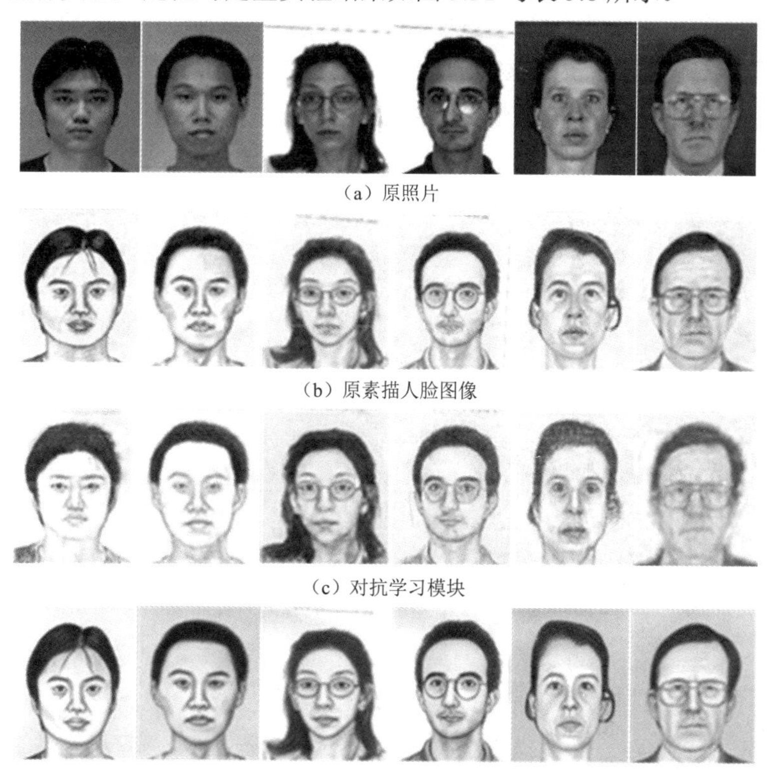

（a）原照片

（b）原素描人脸图像

（c）对抗学习模块

（d）对抗学习模块+特征学习模块

图 5.31　在不同数据库中针对不同实验设置的合成结果

表 5.8　在不同数据库中针对不同实验设置的平均 SSIM 值与 FSIM 值

数 据 库	SSIM		FSIM	
	对抗学习模块	对抗学习模块+特征学习模块	对抗学习模块	对抗学习模块+特征学习模块
CUHK	0.6700	0.7379	0.7570	0.8042
AR	0.6228	0.6704	0.7616	0.8176
XM2VTS	0.4877	0.4910	0.7268	0.7273

通过图 5.32（c）可以看出，在仅使用对抗学习模块的情况下，合成结果包含丰富的素描纹理，但是清晰度较低且丢失了一些细节特征。图 5.32（d）展示了本节 FL-GAN 方法的合成结果，将特征学习模块与对抗学习模块组合到一起，合成结果不仅包含丰富的素描纹理而且呈现出清晰丰富的细节特征。通过表 5.8 可以看出，在去掉特征学习模块后，SSIM 值与 FSIM 值有明显的下降，证明了特征学习模块的有效性。

特征学习模块能够有效捕捉图像的细节信息，从而引导对抗学习模块生成细节保留的高质量素描人脸图像。因此，特征学习模块在素描人脸合成过程中扮演了一个至关重要的角色，它能够提高合成素描人脸图像的质量。

接下来，通过消除控制因子来进行实验，证明控制因子的有效性。有无控制因子的合成结果如图 5.32 所示，n 表示当前迭代次数，总迭代次数为 200。

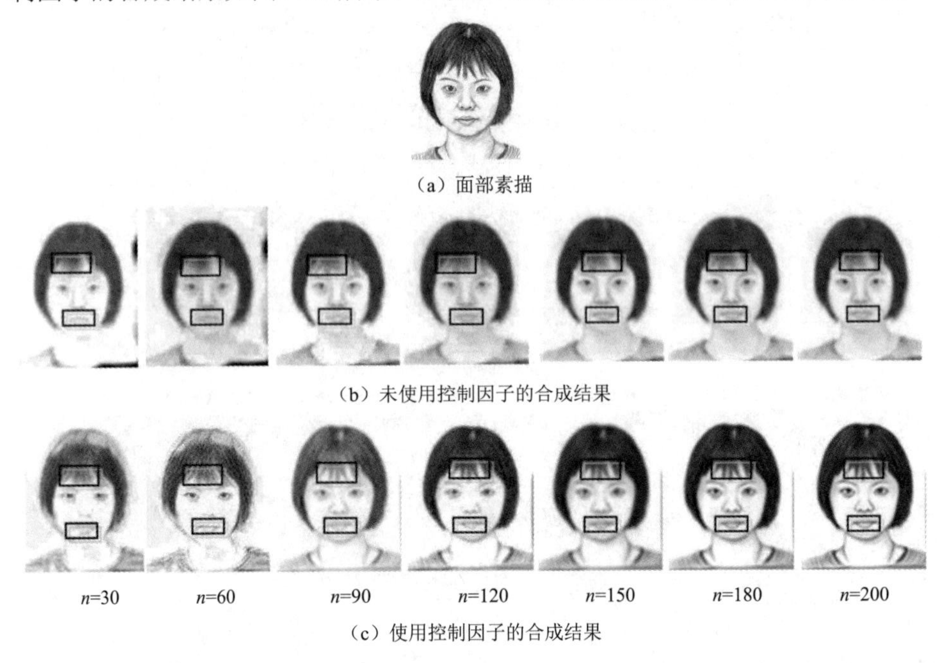

（a）面部素描

（b）未使用控制因子的合成结果

（c）使用控制因子的合成结果

图 5.32　有无控制因子的合成结果

通过图 5.32 可以看出，未使用控制因子的合成结果在迭代次数到达 120 时，就不再发生变化。而此时合成的素描人脸图像纹理平滑、质量较低。在迭代次数达到 120 时，使用控制因子的合成结果相对较差，面部五官细节不清晰。但是，随着迭代次数的增加，使用控制因子的合成结果逐渐改善。当迭代到 200 次时，使用控制因子的合成结果呈现出清晰的面部细节及丰富的素描纹理，视觉感知更加真实，说明了控制因子能够有效改善合成素描人脸图像的结果。

本节的实验说明，本节方法所增加的特征提取网络及控制因子在合成素描人脸图像的过程中起到了至关重要的作用，该部分能够极大改善合成素描人脸图像的质量，并具备良好的性能。

3. 和已有方法对比

本节方法在 CUHK 数据库、AR 数据库及 XM2VTS 数据库中的合成结果如图 5.33～图 5.36 所示，并与传统素描人脸方法中的 LLE 方法、MRF 方法、MWF 方法和深度学习领域中的 FCN 模型、GAN 模型进行了对比。图 5.33 为部分方法合成结果的局部细节对比图，第一列到第五列依次为光学人脸照片、真实素描人脸图像、FCN 模型、GAN 模型及本节方法合成的素描人脸图像。图 5.34～图 5.36 中第一列与第二列分别为光学人脸照片与真实素描人脸图像，第三列到第八列依次为 LLE 方法、MRF 方法、MWF 方法、FCN 模型、GAN 模型及本节方法合成的素描人脸图像。对比方法的实验结果图来自文献[28]。

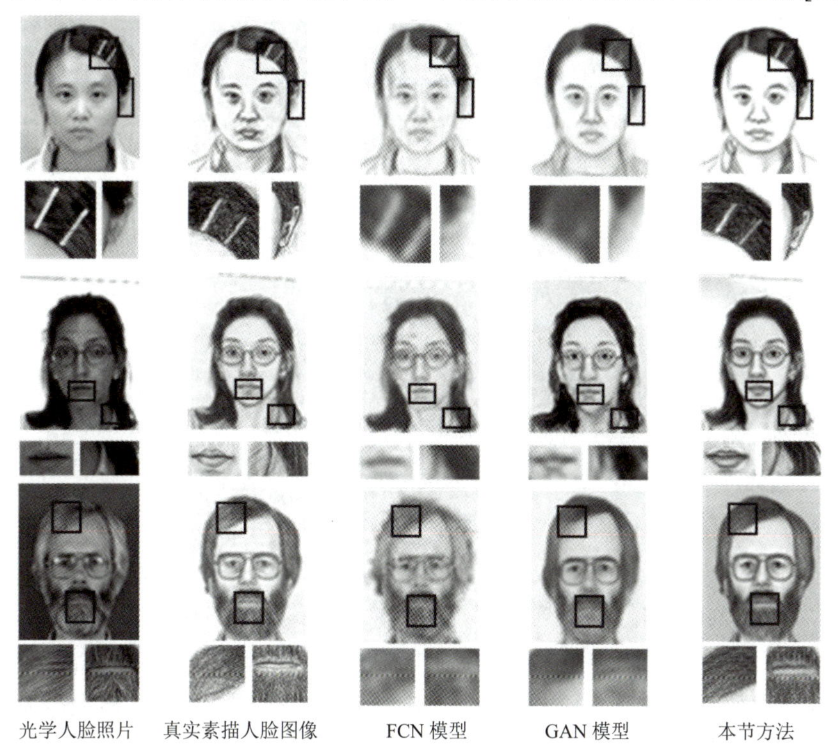

图 5.33　在不同人脸数据库上部分方法合成结果的局部细节对比图

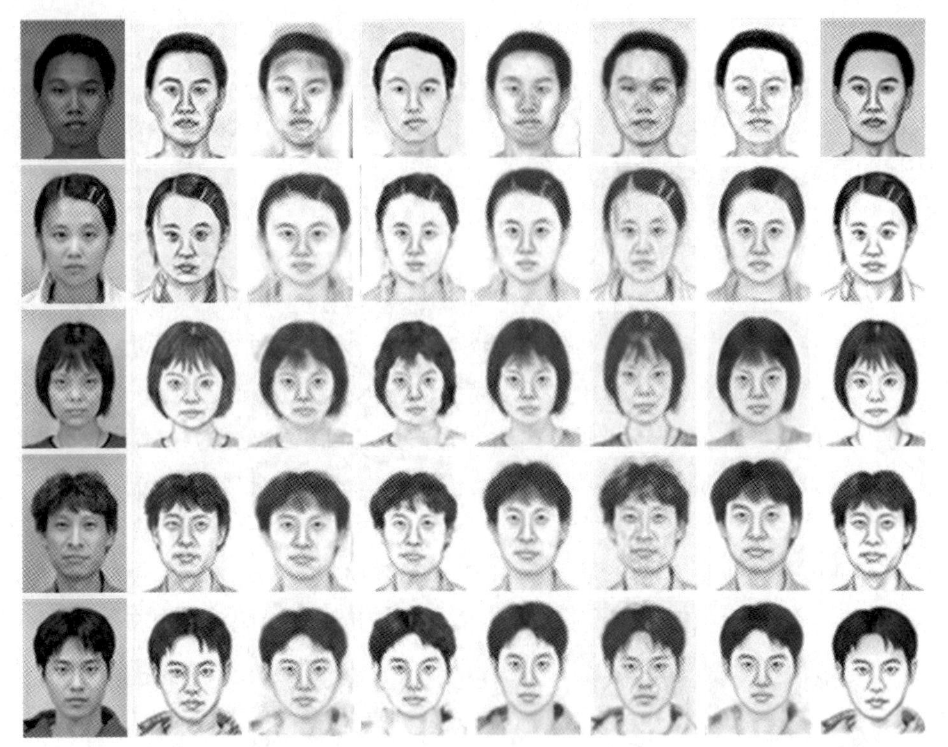

光学人脸照片　真实素描人脸图像　LLE 方法　MRF 方法　MWF 方法　FCN 模型　GAN 模型　本节方法

图 5.34　在 CUHK 数据库上不同方法的素描人脸合成结果

在图 5.33 中，选取了两种基于深度学习方法的素描人脸合成结果，进行了局部细节对比。通过图 5.33 中的局部细节图可以看出，FCN 模型与 GAN 模型合成的素描人脸图像清晰度低，局部细节模糊不清，如发卡、胡须、嘴唇等。对比之下，本节方法合成的素描人脸图像局部细节较为完整，清晰度高。

从图 5.34～图 5.36 的对比结果中可以看出，传统素描人脸合成方法合成的图像要么无法获得清晰的轮廓，要么过于平滑缺乏纹理特征。LLE 方法合成的素描人脸图像能够基本呈现面部五官特征，但图像整体过于平滑，头发等区域有伪影出现。MRF 方法合成的素描人脸图像与真实图像的面部五官特征有一定差异，部分图像面部轮廓缺失。MWF 方法的合成结果相比 MRF 方法有所提升，基本能够保持面部关键特征，但整体清晰度较低，部分面部区域出现扭曲，图像过于平滑。以上传统方法仅考虑像素级别的图像相似度，因而无法很好地描述面部特征，导致合成结果出现模糊、面部缺失等问题。FCN 方法虽然能够合成一些面部关键特征（如眼镜等），但分辨率较低，图像出现斑驳现象，面部噪声过多。GAN 模型合成的结果相较其他方法拥有丰富的素描纹理，人脸轮廓更完整，但图像的面部出现变形和噪声。本节方法合成的图像质量最好，不仅保持了原有图像的面部五官特征，而且对图像面部配饰（如眼镜等）也有很好的预测，图像清晰度更高、更符合素描图像的风格特征。

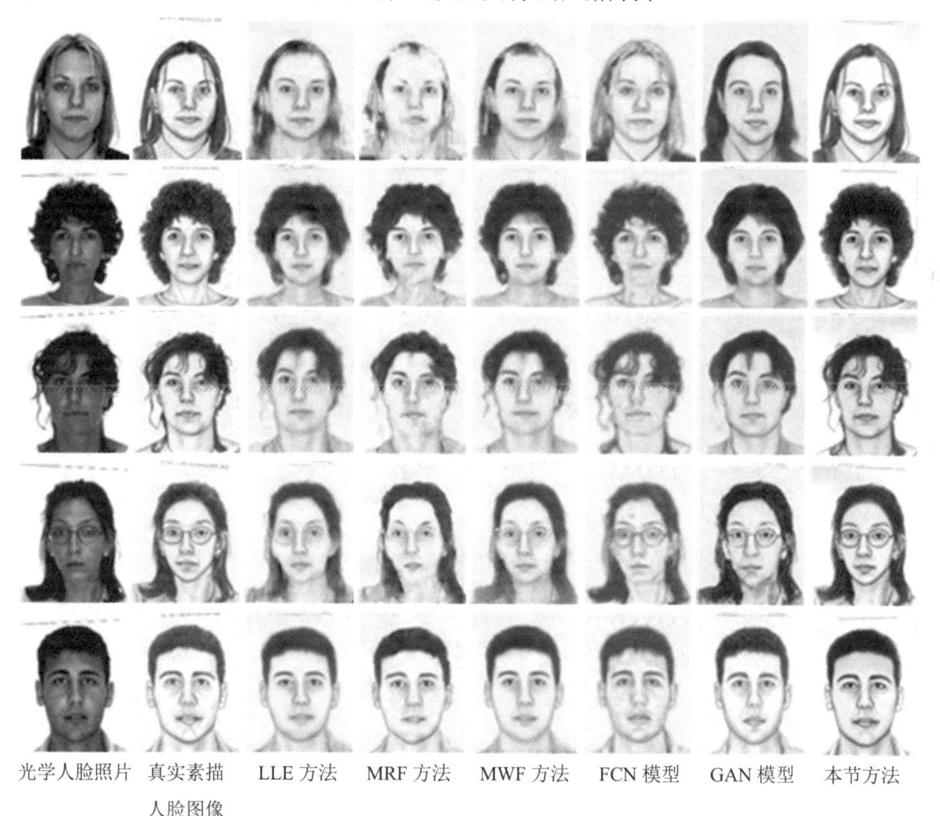

图 5.35　在 AR 数据库上不同方法的素描人脸合成结果

相比 CUHK 数据库与 AR 数据库的合成结果，在 XM2VTS 数据库上的合成结果更能说明本方法合成素描人脸图像的优越性。其他方法应用在 XM2VTS 数据库中的性能较差，合成的素描人脸图像出现面部缺失、模糊、变形等问题。这是因为 CUHK 数据库与 AR 数据库中的人群具有基本相同的年龄和种族，风格变化较小，而 XM2VTS 数据库中的人群跨越各个年龄段，拥有不同的种族，存在明显的外观变化。本节方法拥有良好的鲁棒性，在三个数据库中都得到了出色的合成结果。

图 5.36　在 XM2VTS 数据库上不同方法的素描人脸合成结果

为了进一步说明本节方法的有效性，将本节方法与三种基于生成对抗网络的图像合成方法进行比较。不同方法的合成素描人脸图像结果如图 5.37 所示，从上到下依次是 CUHK 数据库、AR 数据库、XM2VTS 数据库，从左到右依次为光学面部照片、真实素描人脸图像、UNIT 方法[29]、CycleGAN[30]方法、Dual-GAN 方法[31]和本节方法合成的素描人脸图像。

通过图 5.37 可以看出，三种基于生成对抗网络的图像合成方法合成的素描人脸图像清晰度较低，出现面部模糊、细节缺失等现象，尤其在风格变化较大的 XM2VTS 数据库中合成效果更差。Dual-GAN 方法合成的素描人脸图像出现严重的面部变形。UNIT 方法的合成结果容易出现模糊的素描纹理，降低了合成结果的真实性。Cycle-GAN 方法合成的结果相对其他两种方法有较好的视觉真实感，但在合成的素描人脸图像中仍包含一些伪影与模糊问题。本节方法合成的素描人脸图像在视觉上更加真实，更加符合一幅素描图像的风格，而且本节方法可以很好地克服模糊和变形问题。

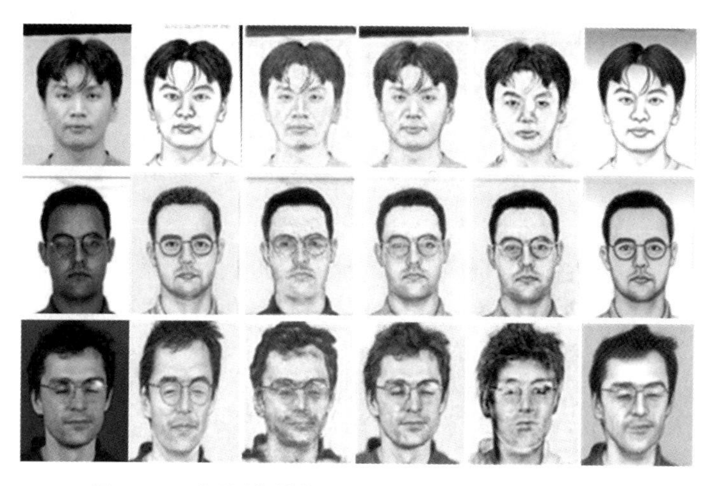

图 5.37 不同图像转换方法合成的素描人脸图像结果

为从客观角度证明本节方法合成素描人脸图像的有效性，这里对实验结果进行定量分析。由于缺少素描人脸图像的专业客观评价指标，故采用传统的图像质量评估方法对合成的素描人脸图像进行质量评估。通过计算合成素描人脸图像的峰值信噪比 PSNR 值、结构相似度 SSIM 值和特征相似度 FSIM 值来综合评判本节方法合成的素描人脸图像的质量。在实验中，参考图像为原始素描人脸图像，畸变图像为合成的素描人脸图像。表 5.9 总结了在不同数据库中不同方法合成素描人脸图像的质量评估指标，为了进行比较，将每个评价指标的最大值标粗。

表 5.9 在不同数据库中不同方法合成素描人脸图像的质量评估指标

数 据 库	指 标	LLE	MRF	MWF	FCN	GAN	本节方法
CUHK	SSIM	0.5936	0.6027	0.6216	0.6111	0.6297	**0.7379**
	PSNR	15.53	15.17	15.78	15.86	15.52	**16.71**
	FSIM	0.7134	0.7245	0.7335	0.7075	0.7176	**0.8042**
AR	SSIM	0.6302	0.6063	0.6434	0.6328	0.6500	**0.6704**
	PSNR	19.55	18.45	**19.83**	18.71	19.52	19.69
	FSIM	0.7538	0.7497	0.7600	0.7288	0.7408	**0.8176**
XM2VTS	SSIM	0.4841	0.4668	**0.4974**	0.4706	0.4899	0.4910
	PSNR	16.10	14.86	16.39	**16.83**	15.79	15.73
	FSIM	0.6867	0.6844	0.6947	0.6787	0.6644	**0.7273**

通过表 5.9 的各项指标可以看出，本节方法有很好的竞争力。本节方法在 CUHK 数据库中合成的图像，其各项评价指标均高于所比较方法。在 AR 数据

库与 XM2VTS 数据库中合成的图像，其各项指标基本高于其他方法。在 AR 数据库与 XM2VTS 数据库中，MWF 方法合成的图像都得到了很高的分数，但是从图 5.34～图 5.36 来看，MWF 方法的合成结果并没有最佳的视觉效果。这种情况的出现也说明了传统图像质量评估指标在评估素描人脸图像时的局限性。因此，综合考虑定量结果与定性结果，本节方法合成的素描人脸图像质量更高，更接近真实素描人脸图像，合成素描人脸图像的能力更强。

4. 实际环境下的合成结果

在上述实验中，测试的面部照片是与训练照片在相同条件下（如光照、背景、面部表情等）获得的。然而，在实际应用中，往往会出现与实验环境相差较大的面部照片，不同的应用场景对素描人脸合成方法的性能有不同的要求。因此，本节所提出的方法能否在实际应用中具备一定的可靠性和适用性至关重要。采用以下三类照片对本节方法进行测试，验证本节方法的可靠性和适用性：①不同于训练集中的照片；②光照不同的照片；③面部姿态不同的照片。这些照片来自互联网上公开的光学面部照片，合成结果如图 5.38 所示。

图 5.38　不同类别的面部照片采用本节方法合成的结果

通过图 5.38 可以看出，本节方法在不同外界环境的影响下仍能保持良好的性能，合成较为清晰、具有素描风格的素描人脸图像，说明了本节所提出素描人脸合成方法的优越性。

5.5　多判别器循环生成对抗网络的素描人脸合成方法

素描人脸合成在娱乐和刑侦领域具有重要应用价值。为了解决传统素描人脸合成方法生成的图像面部细节模糊、缺乏真实感等问题，本节介绍一种基于多判别器循环生成对抗网络的素描人脸合成方法。该方法改进了 CycleGAN 网络结构，选取残差网络作为生成网络模型，在生成器隐藏层中增加了多个判别器，提高了网络对生成图像细节特征的提取能力，并建立了重构误差约束映射关系，最小化生成图像与目标图像之间的距离。在 CUHK 数据库和 AR 数据库中的对比实验，证明了相比于原始 CycleGAN 框架，该方法性能有明显提升，相比于目前领先的方法，本节所介绍方法生成的素描图像细节特征更清晰，真实感更强。

5.5.1　多判别器循环生成对抗网络模型

传统 GAN 网络由一个生成模型和一个判别模型构成，在训练过程中二者构成一个动态的"博弈"过程。但是传统的 GAN 网络结构是单向生成的，采用单一生成对抗损失优化网络参数，在训练过程会导致多个样本映射到同一个分布，从而容易导致训练的模式崩溃。本节方法采用双层循环对抗网络[32]的方式，有效避免了传统网络的缺点。该方法中新增的多判别器网络可以有效克服生成的素描图片细节特征不明显、缺乏真实感的问题；重构误差损失计算生成图像和目标图像之间的 L_1 距离，实现生成结果对整个网路的反向传递，增强原有网络稳定性。

1. 素描人脸合成模型

假设给定的数据集 U 由光学面部照片-素描面部照片对组成，本节方法中素描人脸合成的目标是学习两个功能：① $B' = f_{ps}(A)$ 代表光学面部图像 A 生成素描面部图像 B'；② $A' = f_{sp}(B)$ 代表素描人脸照片 B 生成光学人脸照片 A'。

本节方法包含四个生成模型、四个判别模型，MDC-GAN 素描人脸合成框架如图 5.39 所示。其中两个 G_{ps} 为相同的生成器模型，共享相同参数，两个 G_{sp} 生成器模型。生成器 G_{ps} 采用真实的光学面部图像 R_A 作为输入，并输出合成的素描面部图像 F_B。G_{sp} 的目标是将素描面部图像转换为光学面部图像，它将 F_B 转换回输入的图像本身，这里将其表示为 R_{ecA}。因此，一般过程可以表示为

$$F_B = G_{ps}(R_A),\ R_{ecA} = G_{sp}(F_B) \tag{5.45}$$

同样，素描到照片转换可以表示为

$$F_A = G_{sp}(R_B),\ R_{ecB} = G_{ps}(F_A) \tag{5.46}$$

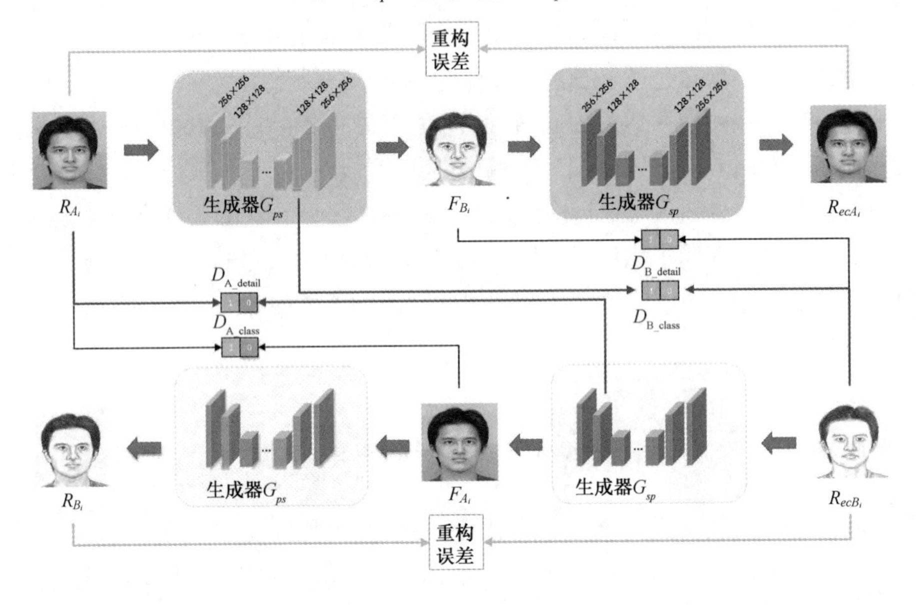

图 5.39　MDC-GAN 结构

如图 5.39 所示，MDC-GAN 的生成器模型 G_{ps} 和 G_{sp} 分别在不同分辨率级别生成和输出图像，四个判别器模型分别为 D_{A_detail}、D_{A_class}、D_{B_detail}、D_{B_class}，用于鉴别生成图像的真实性。此外，利用 D_{A_detail}、D_{B_detail} 两个独立的判别子网络向生成器提供对抗性反馈，直接对网络的隐藏层提供监督，形成隐式迭代的细化特征映射，从而生成高质量图像。为简便起见，将不同分辨率的图像表示为：R_{A_i}、F_{A_i}、R_{ecA_i}、R_{B_i}、F_{B_i}、R_{ecB_i}，其中 $i = 1$、2 分别对应 128×128 和 256×256 的分辨率。

2. 生成网络

传统 GAN 的生成网络由简单的卷积层和反卷积层组成，提取出的图像特征所传递的信息质量不高，容易丢失图像的细节特征，导致生成图像模糊。本节选用深度神经网络提取图像信息，利用生成器子网络中隐藏存在的不同分辨率的特征图映射，在低分辨率阶段捕捉图像细节特征，建立浅层信息与深层信息的传递通道，改变原有的单一线性结构。对于深度神经网络，加深网络层次是提高精度的有效手段，但是持续加深网络深度会出现梯度弥散的问题。其原因在于反向传播中误差不断积累，导致网络最初几层梯度值接近 0，从而无法收敛。测试发现，当深层网络层数达到 20 层以上，收敛效果越来越差，出现深层网络退化问题。

针对上述问题，本节生成器借鉴深度残差网络的网络结构，共包含三个部分：前部是 3 个卷积层，中部是 9 个残差块，后部是 2 个转置卷积和 1 个卷积层，共 15 层（见图 5.40）。卷积层中第一层和最后一层的卷积核尺寸为 7×7，其余层卷积核尺寸均为 3×3。在每次进行卷积操作前对特征图进行边缘补 0（Zero-Padding）处理，用于防止图像边缘信息点丢失，并保持输入与输出维度相同。卷积结束后对特征图进行实例归一化（Instance Normalization）处理，目的在于归一化当前层输入，减小特征图中不同通道的均值和方差对图像风格的影响，并加速模型收敛，提升网络稳定性。最后卷积激活层中采用带泄露修正线性单元（Leaky Rectified Linear Unit，Leaky ReLU）作为激活函数，转置卷积激活层中将修正线性单元（Rectified Linear Unit，ReLU）设置为激活函数。转置卷积层依次对不同分辨率的特征图进行上采样。每个转置卷积层的特征图谱通过 3×3 卷积层进行转发，生成不同分辨率的输出图像。

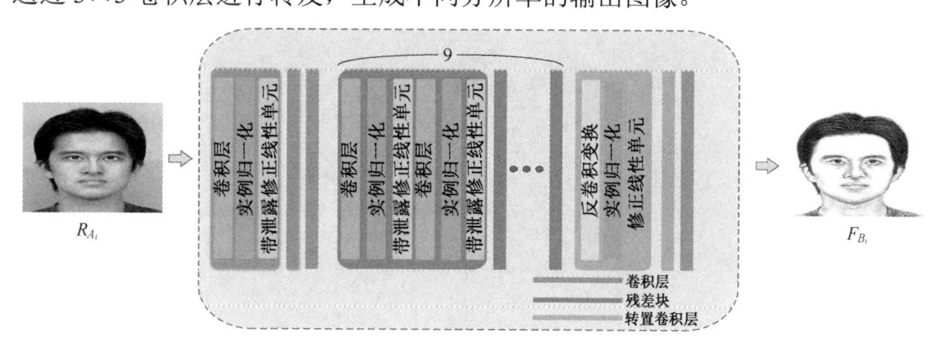

图 5.40　生成器网络结构

3. 判别网络

GAN 网络中判别器模型用于学习生成图像与真实图像之间的差异，通过与生成器形成对抗学习的方式，提升识别出真假样本的准确率及优化生成模型参数，联合生成器下降梯度，提高生成图像的质量。

传统 GAN 网络判别器采用单层特征表达图像信息，在识别过程中容易造成图像细节丢失。本节使用 70×70 PatchGAN[33]构建判别器模型，与全图像输入的判别器相比其维度降低，所需参数更少，可以处理任意大小的图像。PatchGAN 判别模型中图像间像素距离仅存在于每一个 Patch，而不是整张图像。这样在素描人脸合成过程中，可以有效捕捉人脸中的一些高频细节特征，如面部纹理风格；而全局和低频特征则由对偶联合损失捕捉，从而合成的人脸图像细节更丰富，更具素描风格。

本节介绍的多判别器均采用全卷积网络，多个通道最大程度提取图像高频特征信息，判别器网络中将输入图像映射为 70×70 的矩阵 $\boldsymbol{X}$，对每个图像局部分块来进行判别。其中，X_{ij} 的值代表输入图像中一个感受野，为每一个图像局部分块是否为真实样本的概率，最后取输出矩阵中 X_{ij} 的均值作为 PatchGAN 判别器的输出。本节方法中加入的判别器将不同分辨率级别的图像转化成多个图像局部分块，对每个块单独判别。判别器网络结构如图 5.41 所示，由五层卷积操作组成，均使用 4×4 大小的卷积核，输入为不同分辨率的三通道图像，前四层卷积核数分别为 64、128、256、512，且步长为 2。在卷积结束后连接批量归一化（Batch Normalization）进行处理，激活层设置 Leaky ReLU 作为激活函数，第五层的卷积核数为 1，步长为 1。最后，将特征向量输入 Sigmoid 激活函数[32]，判别生成样本是否符合真实样本的分布。

图 5.41　判别器网络结构

5.5.2 损失函数

本节方法联合生成对抗损失、重构误差和对偶联合损失共同训练网络，有效避免了传统 GAN 网络中存在的模式易崩溃等问题。为了缩小生成样本与决策边界距离，MDC-GAN 中联合使用最小二乘损失和重构误差损失改进 CycleGAN 中原有的生成对抗损失，并使用对偶联合损失减少多余映射，提高生成图像质量。

1. 生成对抗网络和重构误差

原始 CycleGAN 网络中交叉熵的损失函数如式（5.47）所示，生成器使用交叉熵损失不会进一步优化远离决策边界但被判别器鉴别为真的生成图像，这样会降低生成网络生成图像的质量。对比交叉熵损失函数，本节方法选用的最小二乘损失函数会在判别器判决为真的前提下，把远离决策边界的生成图像重新置于决策边界附近，降低饱和梯度。通过距决策边界不同的距离度量构建出一个收敛快、鲁棒性高的对抗网络。

$$\min_{G_{ps}}\max_{D_s} V_{\text{GAN}}(D_s,G_{ps})=E_{B\sim P_{\text{data}}(B)}[\lg D_p(B)]+E_{A\sim P_{\text{data}}(A)}[\lg(1-D_p(G_{ps}(R_A)))] \tag{5.47}$$

本节方法中对于生成器 $G_{ps_i}: R_{A_i}\to F_{B_i}$，目标是 $\min\limits_{G_{ps_i}} V_{\text{GAN}}(D_{s_i},G_{ps_i})$，仅需要最大化 $D_{s_i}(G_{ps_i}(R_{A_i}))$，即生成器合成的素描图像需要成功“误导”判别器的输出结果；而对于判别器 D_{s_i}，目标是 $\max\limits_{D_{s_i}} V_{\text{GAN}}(D_{s_i},G_{ps_i})$，因此只需最大化 $D_{p_i}(B_i)$ 和最小化 $D_{p_i}(G_{ps_i}(R_A))_i$，即不同级别判别器需要判别输入图像是真实图像样本还是生成样本。本节方法的生成器 G_{ps_i} 和判别器 D_{s_i} 的最小二乘生成对抗损失函数定义如下：

$$\begin{cases}\min\limits_{D_{s_i}} L_{\text{LSGAN}}(D_{s_i})=\dfrac{1}{2}E_{B_i\sim P_{\text{data}}(B_i)}[(D_{s_i}(R_B)-1)^2]+ \\ \qquad\qquad\qquad\quad \dfrac{1}{2}E_{A_i\sim P_{\text{data}}(A_i)}[(D_{s_i}(G_{ps_i}(R_A))_i-1)^2] \\ \min\limits_{G_{ps_i}} L_{\text{LSGAN}}(G_{ps_i})=\dfrac{1}{2}E_{A_i\sim P_{\text{data}}(A_i)}[(D_{s_i}(G_{sp_i}(R_A))_i-1)^2]\end{cases} \tag{5.48}$$

式中，$A_i\sim P_{\text{data}}(A_i)$ 是样本 A 空间服从的概率分布，$B_i\sim P_{\text{data}}(B_i)$ 是样本 B 空间的服从的概率分布，$E_{A_i\sim P_{\text{data}}(A_i)}$ 和 $E_{B_i\sim P_{\text{data}}(B_i)}$ 表示各自样本中的期望值。由式（5.48）

可以得生成网络 G_{ps_i} 与判别器 D_{s_i} 的损失函数，如式（5.49）所示

$$G_{ps_i}D_{s_i}^{*} = \arg\min_{G_{ps_i},D_{s_i}} L_{\text{GAN}}(G_{ps_i}, D_{s_i}, R_A, R_B) \tag{5.49}$$

而对于生成器 G_{sp_i} 和判别器 D_{p_i}，同样引入相同的最小二乘生成对抗损失函数，如式（5.50）所示

$$G_{sp_i}D_{p_i}^{*} = \arg\min_{G_{sp_i},D_{A_i}} L_{\text{GAN}}(G_{sp_i}, D_{p_i}, R_A, R_B) \tag{5.50}$$

为了使生成器的生成图像尽可能接近目标图像，本节采用最小化重构误差损失 L_{ReC}。重构误差 L_{ReC} 定义为合成图像与目标图像的 L_1 范数。计算生成图像与目标图像之间的距离，约束映射关系，提高训练网络的稳定性。L_{ReC} 在两个分辨率级别上都被最小化，其函数定义如式（5.51）所示

$$\begin{aligned} L_{ReA_i} &= \left\| F_{A_i} - R_{A_i} \right\|_1 = \left\| G_{sp_i}(R_B)_i - R_{A_i} \right\|_1 \\ L_{ReB_i} &= \left\| F_{B_i} - R_{B_i} \right\|_1 = \left\| G_{ps_i}(R_A)_i - R_{B_i} \right\|_1 \end{aligned} \tag{5.51}$$

2. 对偶联合损失

从理论上讲，使用生成对抗损失可以学习到输入域和目标域的映射关系，但是由于网络容量大，训练中可能会出现多余映射的问题，导致生成器任意随机排列输入域到目标域的集合映射，即会出现同一张人脸映射至多个不同样本中。因此，本节网络在不同分辨率阶段使用对偶联合损失对前后一致性进行了正则化约束，从而缩小了可能的映射函数的空间，其函数定义式如（5.52）所示

$$\begin{aligned} L_{CyA_i} &= \left\| R_{ec\,A_i} - R_{A_i} \right\|_1 = \left\| G_{sp_i}(G_{ps}(R_A))_i - R_{A_i} \right\|_1 \\ L_{CyB_i} &= \left\| R_{ec\,B_i} - R_{B_i} \right\|_1 = \left\| G_{ps_i}(G_{sp}(R_B))_i - R_{B_i} \right\|_1 \end{aligned} \tag{5.52}$$

综上所述，完整的损失函数为生成对抗损失、重构误差和对偶联合损失之和，如式（5.53）所示

$$L(G_{ps}, G_{sp}, D_s, D_p) = \sum_{1}^{2} \begin{pmatrix} L_{\text{GAN}}(G_{ps_i}, D_{s_i}, R_A, R_B) + L_{\text{GAN}}(G_{sp_i}, D_{p_i}, R_A, R_B) \\ + \alpha_{A_i} L_{ReA_i} + \alpha_{B_i} L_{ReB_i} + \beta_{A_i} L_{CyA_i} + \beta_{B_i} L_{CyB_i} \end{pmatrix} \tag{5.53}$$

式中，α_i、β_i 参数用于调整重构误差损失和对偶联合损失的权重。

5.5.3 实验结果与分析

本节进行模型简化实验（Ablation Studies），以验证所介绍方法的有效性，并给出本节方法与现有方法在 CUHK 和 AR[34]两个常用数据库上的定性和定量

结果比较。

1. 数据库和参数设置

本节方法选用 CUHK 数据库中的 188 张学生人脸进行实验，其中选择 100 对光学面部照片-素描面部照片用作训练，28 对用作验证，60 对用作测试。AR 数据库由阿联酋计算机视觉中心工作人员创建，其中包括 123 人超过 4000 张的彩色图像，每个人都挑选一张富有表情的正面光学面部图像和一张艺术家观看照片时绘制的形态夸张的面部素描图像。AR 数据库中光学图像是在不同光照下拍摄的，没有限制人物的穿着、化妆品、发型等，而且与光学图像相比，素描样本形态夸张，更接近刑侦场景，训练时将 123 对光学面部照片-素描面部照片中 100 对用作训练，23 对用作测试。这两个数据库都包含面部特征点坐标，应用最新的人脸对齐算法进行对齐。

在训练模型过程中，网络输入图像的大小为 256 像素×256 像素，前 100 个周期生成网络与判别网络初始学习率 η 为 0.0002，后 100 个周期学习率线性衰减为 0。其中，$\alpha_i=1$，$\beta_{\mathrm{i}}=0.7$，采用动量为 0.5 的 Adam 优化器进行训练，利用梯度一阶矩估计（First Moment Estimation）和二阶矩估计（Second Moment Estimation）动态调整每个参数的学习率在确定范围内，在修正一阶矩估计和二阶矩估计的偏差后，经过多次迭代训练使网络模型逐渐收敛，并保存网络参数，网络中批处理大小（Batch-size）为 1。

2. 消融实验

本节在 CycleGAN 的基础上，利用生成器子网络中隐藏在不同级别分辨率的特征图映射关系，提出多判别器循环生成对抗网络的素描人脸合成方法。该方法在生成对抗损失中使用最小二乘损失替换原始网络中的交叉熵损失，使用 L_1 范数描述重构误差损失和对偶联合损失。

为了验证本节介绍的多判别器网络结构在素描人脸合成中的有效性，将本节方法与 CycleGAN 在 CUHK 数据库中进行验证。CycleGAN 与本节方法保持完全相同的数据集和参数进行训练。在 CUHK 数据库中的生成图像的效果如图 5.42 所示。第一行至第四行分别为输入图像、真实图像、CycleGAN 生成的素描人脸图像、本节方法生成的素描人脸图像。

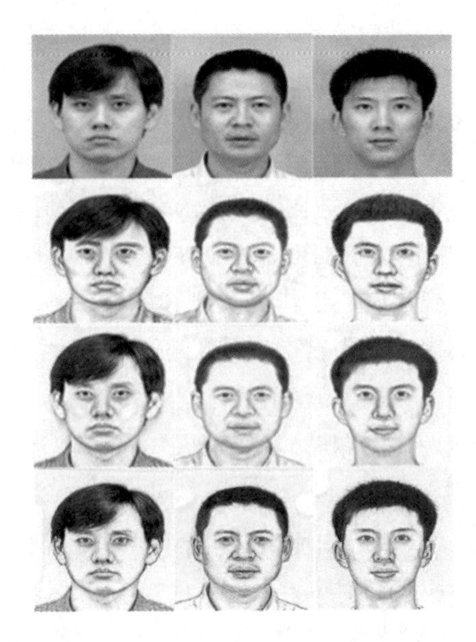

图 5.42　CUHK 数据库中的生成图像的效果图

通过图 5.43 可以看到，与 CycleGAN 相比，本节方法生成的素描人脸图像具有更清晰的轮廓，细节更完整，在面部特征上与原图更相近，尤其是对五官的表现更加准确与锐利。在风格方面，本节方法生成的样本更具有素描风格。表 5.10 比较了 CycleGAN 与本节方法在 CUHK 数据库上的结构相似性（Structural Similarity，SSIM）和峰值信噪比（Peak Signal to Noise Ratio，PSNR）数值，其中度量标准 SSIM 和 PSNR 的值越大，则代表生成的素描图像与输入的真实样本结构越相似，质量越高。由表 5.10 可见，本节方法计算出的生成图像与真实图像的 SSIM 和 PSNR 结果均优于 CycleGAN 计算结果，验证了本节方法的有效性。

表 5.10　CycleGAN 与本节方法在 CUHK 数据库中 SSIM 值与 FSIM 值

方法	SSIM	FSIM
CycleGAN	0.5891	0.7171
本节方法	**0.6557**	**0.7643**

为了进一步验证本节方法采用的损失函数在训练模型中的有效性，在实验中分别设计了四组实验，并在 CUHK 数据库上进行验证，其中基础网络的网络结构与本节方法相同，损失函数中包含生成对抗损失和对偶联合损失。使用交

叉熵损失函数描述生成对抗损失。不同损失函数生成素描图像的效果如图 5.44 所示。其中，第一行至第六行分别为输入图像、真实图像、基础网络生成的素描人脸图像、基础网络+ L_{LSGAN}（基础网络中最小二乘损失替换交叉熵的损失）生成的素描人脸图像、基础网络+ L_{ReC}（基础网络中增加重构误差损失）生成的素描人脸图像、本节方法生成的素描人脸图像。损失对比实验在 CUHK 数据库中的 SSIM 值与 FSIM 值如表 5.11 所示。

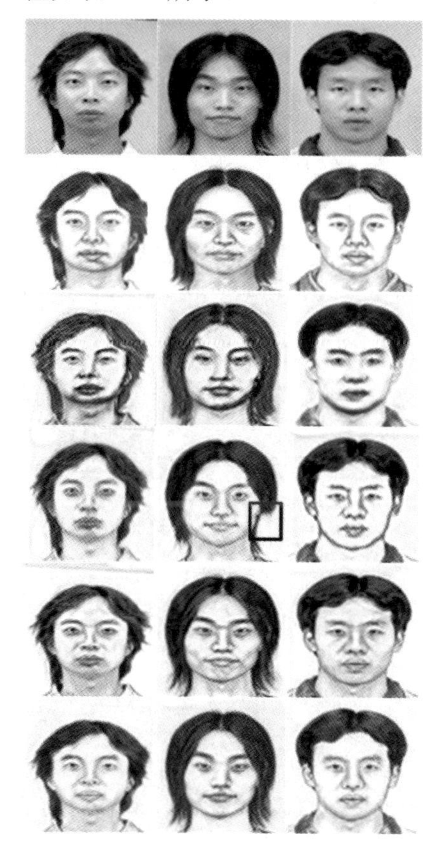

图 5.43　不同损失函数生成素描图像的效果

表 5.11　损失对比实验在 CUHK 数据库中 SSIM 值与 FSIM 值

方法	SSIM	FSIM
基础网络	0.5934	0.7221
基础网络+ L_{LSGAN}	0.6047	0.7356
基础网络+ L_{ReC}	0.6249	0.7495
本节方法	**0.6557**	**0.7643**

由图 5.43 可以看出，基础网络使用交叉熵损失函数时生成的素描图像的面部细节相对较差。第三行中人物的五官，如嘴唇等，都出现了明显的模糊效果。而使用最小二乘作为生成对抗损失后，生成的素描面部图像细节更加清晰，克服了模糊效应。未使用重构误差的生成图像中面部五官特征出现缺失，而本节方法中的素描图像均未出现面部失真、特征缺失等问题。通过对比不同改进方法的生成图像来看，本节方法的生成图像特征完整、细节清晰，更具素描风格。

3. 和已有方法对比

将本节方法与现有不同类型的素描人脸合成方法进行了对比，并且和有效性实验一样，使用结构相似性（SSIM）和峰值信噪比（PSNR）进行量化对比，度量结果如表 5.12 所示。在 CUHK 数据库的合成效果如图 5.44 所示。其中第一行为输入光学图像，第二行为真实素描图像，第三行至第七行分别为马尔可夫权重场（Markov Weight Field，MWF）[16]、Pix2Pix[35]、CycleGAN、DiscoGAN[36]、本节方法生成的素描人脸图像。

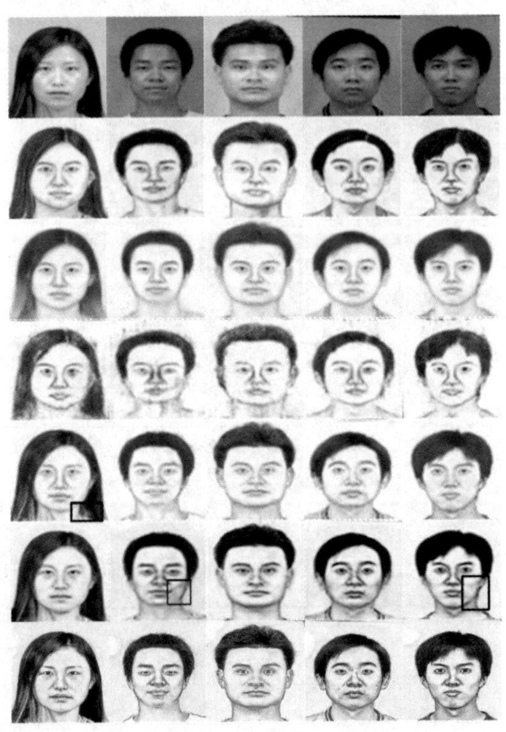

图 5.44　不同合成方法在 CUHK 数据库上的对比

表 5.12　不同方法在 CUHK 数据库中 SSIM 值与 FSIM 值

方法	SSIM	FSIM
MWF	0.4996	0.7121
Pix2Pix	0.4669	0.6174
CycleGAN	0.5891	0.7171
DiscoGAN	0.6003	0.7312
本节方法	**0.6557**	**0.7643**

由图 5.44 可以看出，传统方法中 MWF 的合成效果比较模糊，而 CycleGAN、DiscoGAN、Pix2Pix 等方法由于在生成高分辨率图像时网络的不稳定性，往往会在生成图像中产生小块的伪影。相比之下，本节方法能够对隐藏层进行监督，最大限度保留高频特征，最小化素描图像的伪影，并且本节方法的生成样本更接近素描风格。此外，由于在训练模型时可能出现参数丢失，使得 DiscoGAN 的合成样本出现颜色失真，缺乏素描风格。因此，本节使用目标和合成图像之间的重构误差约束网络，增强网络稳定性。由表 5.12 可见，本节方法在 CUHK 数据库中 FSIM 值和 SSIM 值均优于其他方法的计算值，说明本节方法生成的素描图像质量更高，与原图结构更相似。

为了进一步验证本节方法的合成效果，与现有不同类型的素描人脸合成方法在 AR 数据库进行对比验证，结果如图 5.45 所示，同时也对生成图像进行了定量值比较，结果如表 5.13 所示。图 5.45 中第一行为输入光学图像，第二行为真实素描图像，第三行至第七行分别为 LLE[21]、MWF、Pix2Pix、DiscoGAN、本节方法生成的素描人脸图像。

表 5.13　不同方法在 AR 数据库中 SSIM 值与 FSIM 值

方法	SSIM	FSIM
LLE	0.4437	0. 5867
MWF	0.4651	0.7025
Pix2Pix	0.4527	0.6013
DiscoGAN	0.5926	0.7183
本节方法	**0.6399**	**0.7557**

使用 AR 数据库进行素描人脸合成更具有挑战性，因为原始图像中人物面部细节更多，并加入了人物饰物。从图 5.45 可以看出，在与现有方法比较时，本节方法的合成效果明显优于其他方法，并且面部轮廓清晰，没有明显的伪影。

在眼睛、胡须、发型等面部特征方面，即使在拍摄时人物环境出现干扰因素，如眼镜出现反光等，本节方法生成的图像质量较现有方法相比依旧良好，与真实素描图像重合度更高。由表 5.13 定量分析可以看出，面对复杂的 AR 数据库，本节方法较其他方法仍表现出优异性。

图 5.45　不同合成方法在 AR 数据库上的对比

通过模型简化实验，与现有方法比较，并且对生成的素描图像进行定性与定量的实验分析表明，本节介绍的多判别器循环生成对抗网络的素描人脸合成方法，能够生成更真实的素描图像，并且在多种质量标准（SSIM 和 FSIM）比较方面，本节方法均能取得显著的改进，输出高质量图像。

5.6　本章小结

本章对生成对抗网络相关原理和模型进行了介绍，然后基于生成对抗网络介绍了 4 种素描人脸合成方法。

5.2 节中介绍了一种基于生成式对抗网络的素描人脸合成算法，该算法利用 U-Net 网络作生成器，二分类器作判别器，构成一个生成式对抗网络。通过训练照片-素描图像对训练出具有可以生成测试照片对应的素描图像的生成器和一个可以判别图像是原“真”素描图像还是经过生成的“假”素描图像的判别器。但是 5.2 节的算法也存在一些不足，它对于训练集大小的依赖性较高并且对人脸数据库风格一致性要求比较严格。5.2 节的方案为实现素描人脸识别技术提供了大量可用图像，在一定程度上可以解决素描人脸识别技术中数据库短缺的问题，具有重要意义。

5.3 节介绍了一种基于双层生成对抗网络的素描人脸合成方法。利用深度神经网络来设计生成模型与判别模型，并在生成模型中加入了跳跃连接，以提升整个网络合成图像的效果。在训练过程中采用对抗训练的思想，生成模型与判别模型相互“博弈”，竞争学习，使整个模型达到最优，最终合成一幅面部细节完整、清晰度高的素描人脸图像。实验过程中，利用不同的素描人脸数据库，分别与不同的素描人脸合成方法进行对比。综合定性分析与定量分析，说明了这种方法可以合成整体结构性更强、清晰度更高的素描人脸图像，解决了传统方法合成素描人脸图像清晰度低，细节缺失等问题。

5.4 节介绍一种基于特征学习生成对抗网络的高质量素描人脸合成方法来合成素描人脸图像，该方法由对抗学习模块与特征学习模块组成。对抗学习模块中的生成网络采用多个残差单元模块组成，并在训练过程中引入判别网络，采用对抗训练，使生成网络与判别网络相互博弈，逐步提高彼此的性能。特征学习模块用于学习图像的面部细节特征并在线反馈给对抗学习模块，增强合成图像面部细节的能力。与其他素描人脸合成方法进行实验比较，不论是从视觉上的主观评价，还是定量的客观评价，都说明了所介绍的这种素描人脸合成方法的优越性。

5.5 节介绍了一种基于多判别器循环生成对抗网络的素描人脸合成方法。该方法提出对判别器子网络隐藏层进行对抗性监督的网络结构，通过多判别网络对生成网络的反馈传递优化，实现完善生成图像中高频特征细节，并且使用最小二乘损失描述生成对抗损失，结合重构误差损失和对偶联合损失，生成高质量图像。实验结果表明，该方法较其他方法在主观视觉和客观量化等方面都取得了更好的评价，能够获得细节完整、轮廓清晰的高质量素描面部图像，能够充分应对复杂情况下的生成素描图像任务，并具有良好的鲁棒性。

参考文献

[1] Messer K, Matas J, Kittler J, et al. XM2VTSDB: The extended M2VTS database[C]// In Proceedings of the International Conference on Audio-and Video-Based Biometric Person Authentication, 1999: 964-966.

[2] Q. Jin, X. Luo, Y. Shi and K. Kita. Image Generation Method Based on Improved Condition GAN[C]. 2019 6th International Conference on Systems and Informatics (ICSAI), Shanghai, China, 2019: 1290-1294.

[3] Gulrajani I, Ahmed F, Arjovsky M, et al. Improved Training of Wasserstein GANs[J]. 2017.

[4] Gulrajani I, Ahmed F, Arjovsky M, et al. Improved Training of Wasserstein GANs[C]// In Proceedings of the Advances in neural information processing systems, 2017: 5767-5777.

[5] Mao X, Li Q, Xie H, et al. Least Squares Generative Adversarial Networks[C]// IEEE International Conference on Computer Vision, 2017: 2813-2821.

[6] Krizhevsky A, Sutskever I, Hinton G E. Imagenet classification with deep convolutional neural networks[C]// Advances in neural information processing systems, 2012: 1097-1105.

[7] Kim T, Cha M, Kim H, et al. Learning to Discover Cross-Domain Relations with Generative Adversarial Networks[C]// Proceedings of the 34th International Conference on Machine Learning, 2017: 1857-1865.

[8] Ronneberger O, Fischer P, Brox T. U-net: Convolutional Networks for Biomedical Image Segmentation[C]// International Conference on Medical

Image Computing and Computer-assisted Intervention. 2015: 234-241.

[9] Devi N, Borah B. Cascaded pooling for Convolutional Neural Networks[C]. 2018 Fourteenth International Conference on Information Processing (ICINPRO). 2018.

[10] Yuchi Huang, Xiuyu Sun, Ming Lu and M. Xu. Channel-Max, Channel-Drop and Stochastic Max-pooling[C]. 2015 IEEE Conference on Computer Vision and Pattern Recognition Workshops (CVPRW), Boston, MA, 2015: 9-17.

[11] Thakkar V, Tewary S, Chakraborty C. Batch Normalization in Convolutional Neural Networks — A comparative study with CIFAR-10 data[C]. 2018 Fifth International Conference on Emerging Applications of Information Technology, 2018.

[12] Cong G, Bhardwaj O. A Hierarchical, Bulk-Synchronous Stochastic Gradient Descent Algorithm for Deep-Learning Applications on GPU Clusters[C]. IEEE International Conference on Machine Learning & Applications. IEEE, 2017: 818-821.

[13] Liu Q, Tang X, Jin H, et al. A nonlinear approach for face sketch synthesis and recognition[C]// IEEE Computer Society conference on computer vision and pattern recognition, 2005, (1): 1005-1010.

[14] Sharma A R, Devale P R. Face Photo-Sketch Synthesis and Recognition[J]. International Journal of Applied Information Systems, 2012, 1(6): 46-52.

[15] Wang N, Gao X, Tao D, et al. Face Sketch-Photo Synthesis under Multi-dictionary Sparse Representation Framework[C]// International Conference on Image and Graphics, 2011: 82-87.

[16] Zhou H. Markov Weight Fields for face sketch synthesis[C]// IEEE Conference on Computer Vision and Pattern Recognition. IEEE Computer Society, 2012: 1091-1097.

[17] Wang N, Tao D, Gao X, et al. Transductive Face Sketch-Photo Synthesis[J]. IEEE Transactions on Neural Networks and Learning Systems, 2013, 24(9): 1364-1376.

[18] Martínez A, Benavente R. The AR Face Database[J]. CVC Technical Report, 1998: 24.

[19] Zhou H, Kuang Z, Wong K Y K. Markov Weight Fields for face sketch

synthesis[C]// IEEE Conference on Computer Vision and Pattern Recognition, 2012: 1091-1097.

[20] He K, Zhang X, Ren S, et al. Deep Residual Learning for Image Recognition[C]// Proceedings of the IEEE Conference on Computer Vision and Pattern Recognition, 2016:770-778.

[21] Isola P, Zhu J, Zhou T, Efros A. Image-to-image translation with conditional adversarial networks[C]// In Proceedings of the IEEE Conference on Computer Vision and Pattern Recognition, 2017: 1125-1134.

[22] Chopra S, Hadsell R, LeCun Y. Learning a similarity metric discriminatively, with application to face verification[C]// Proceedings of the IEEE Conference on Computer Vision and Pattern Recognition, 2005: 539-546.

[23] Zhang K, Zhang Z, Li Z, et al. Joint Face Detection and Alignment Using Multitask Cascaded Convolutional Networks[J]. IEEE Signal Processing Letters, 2016, 23(10): 1499-1503.

[24] Karen Simonyan, Andrew Zisserman.Very deep convolutional networks for large-scale image recognition[J]. arXiv preprint arXiv: 2014: 1409-1556.

[25] Deng J, Dong W, Socher R, et al. ImageNet: a Large-Scale Hierarchical Image Database[C]// IEEE Computer Society Conference on Computer Vision and Pattern Recognition, 2009: 248-255.

[26] Messer K, Matas J, Kittler J, et al. XM2VTSDB: The extended M2VTS database[C]// In Proceedings of the International Conference on Audio- and Video-Based Biometric Person Authentication, 1999, 964-966.

[27] Kingma D, Ba J. Adam: A Method for Stochastic Optimization[J]. Computer Science, 2014.

[28] Zhang S, Ji R, Hu J, et al. Face sketch synthesis by multidomain adversarial learning[J]. IEEE Transactions on Neural Networks and Learning Systems, 2018, 30(5): 1419-1428.

[29] Liu M Y, Breuel T, Kautz J. Unsupervised image-to-image translation networks[C]// In Proceedings of the Advances in Neural Information Processing Systems, 2017: 700-708.

[30] Zhu J Y, Park T, Isola P, et al. Unpaired image-to-image translation using cycle-consistent adversarial networks[C]// In Proceedings of the IEEE

International Conference on Computer Vision, 2017: 2223-2232.

[31] Yi Z, Zhang H, Tan P, et al. Dualgan: Unsupervised dual learning for image-to-image translation[C]// In Proceedings of the IEEE International Conference on Computer Vision, 2017: 2849-2857.

[32] ZHU, Jun-Yan, et al. Unpaired image-to-image translation using cycle-consistent adversarial networks[C]// Proceedings of the IEEE international conference on computer vision, 2017: 2223-2232.

[33] ISOLA, Phillip, et al. Image-to-image translation with conditional adversarial networks[C]// Proceedings of the IEEE conference on computer vision and pattern recognition, 2017: 1125-1134.

[34] Aleix Martínez, Benavente R . The AR Face Database[J]. CVC Technical Report, 1998: 24.

[35] ISOLA, Phillip, et al. Image-to-image translation with conditional adversarial networks[C]// Proceedings of the IEEE conference on computer vision and pattern recognition, 2017: 1125-1134.

[36] Kim T, Cha M, Kim H, et al. Learning to Discover Cross-Domain Relations with Generative Adversarial Networks[J]. Proceedings of the 34th International Conference on Machine Learning, 2017,70: 1857-1865.

第 6 章

基于联合一致循环生成对抗网络的人像着色方法

传统的图像着色方法主要有基于局部颜色扩展的方法[1-2]和基于颜色传递的方法[3-4]。基于局部颜色扩展的方法需要指定灰度图像某一区域的彩色像素，将颜色扩散至整幅待着色图像。这类方法需要大量人为的工作，如颜色标注等，且图像着色的质量过度依赖人工着色技巧。基于颜色传递的方法消除了人为因素在图像着色中的影响，通过一幅或者多幅颜色、场景相近的参考图像，使颜色转移至待着色图像。传统方法可以应用在人像着色中，但这类方法需要设定参考图像，且着色的计算复杂度高。

为了减小着色过程中人为因素的影响，传统的着色方法已逐渐被基于深度学习的方法所取代。其中，Iizuka[5]等人使用双通道网络，联合图像中的局部特征信息和全局先验信息，可以将任意尺寸的灰度图像自动着色。Larsson[6]等人利用 VGG 神经网络[7]提取图像的特征，预测每个像素的颜色分布。Zhang[8-9]等人先后提出针对像素点进行分类和基于用户引导的灰度图像着色方法。这类方法利用神经网络提取特征，但在训练过程中容易丢失局部信息，使特征表达不完整，限制了着色效果。

近年来，生成对抗网络（Generative Adversarial Network，GAN）[10]在图像生成领域取得了巨大成就，相比于传统的神经网络[11]，GAN 生成的图像质量更高。但 GAN 的训练不稳定，容易出现模式崩溃。Zhu[12]等研究人员在 Isola[13]等的基础上提出了循环生成对抗网络（Cycle Generative Adversarial Network，Cycle GAN）[14]，通过循环生成对抗的方式，提高训练网络的稳定性。

针对复杂背景下人像误着色的问题，本章介绍基于联合一致循环生成对抗网络的人像着色方法。该方法在循环生成对抗网络的基础上，采用联合的一致性损失训练模型；生成网络采用 U 形网络结构（U-Net）[15]改进，以提高生成图像信息的完整性；判别网络中引入多特征融合[16]的特征提取方式，增强特征对图像的细节表达。最后通过在自建的 CASIA-PlusColors 高质量人像数据库中的对比实验，验证了本章方法对复杂背景中的人像着色有着更好的效果。

6.1　色彩空间

在色彩空间[17]中，RGB 空间[18]不适合人眼调色，只能比较亮度和色温的视觉特性，不能直接反映出图像中光照信息的强弱。因此，大多着色方法中多采用 Lab 色彩空间[19]。其中，着色的过程是通过网络模型，输入给定宽高分别为 W和H 的亮度 L 通道图 X_L，映射至色度通道 a 和 b，预测值分别为 $\tilde{X}_a$ 和 $\tilde{X}_b$，将网络模型的输出和 L 通道灰度重新合成一个新的三通道图像，即得到的着色图像为 $\tilde{X}=(X_L,\tilde{X}_a,\tilde{X}_b)$。因而，训练着色模型最终的目标是获得 $X_L \to \tilde{X}_{ab}$ 的一种最优映射关系。因此，这里将图像从 RGB 色彩空间转换至 Lab 色彩空间。

6.2　网络结构

传统的 GAN 是单向生成的，采用单一的损失函数作为全局优化目标，可能会将多个样本映射为同一个分布，从而导致模式崩溃。CycleGAN 采用循环生成对抗的方式，有效避免了传统 GAN 的这一不足。本章介绍联合一致循环生成对抗网络的人像着色方法，该方法在 CycleGAN 的基础上，将两个循环生成网络重构的数据组合，计算其与真实彩色图像的距离，实现一致性损失对整个网络的反向传递，加强了原有网络的稳定性。同时，为了提高生成图像信息的完整性，该方法采用了 U-Net 网络来改进原有的生成网络；并将多特征融合的方法引入判别网络中，使提取的特征更能表示图像的细节。

6.2.1 着色网络模型

本章的着色网络模型包含四个子网络，分别是生成网络 G（负责将 L 通道灰度图像映射至 ab 通道彩色分量 $X_L \rightarrow \tilde{X}_{ab}$），生成网络 F（负责将 ab 通道彩色分量映射至 L 通道灰度图像 $X_{ab} \rightarrow \tilde{X}$），判别网络 D_X（用于判别区分 L 通道灰度图像 X_L 和生成网络 F 生成的灰度图像 $\tilde{X}_L$），判别网络 D_Y（用于区分真实的彩色图像和生成的 $\tilde{X}_{ab}$ 分量与 L 通道组合的彩色图像 $\tilde{X}$）。该网络的目标是通过训练 L 通道分量 $\{X_L\}_{i=1} \in X_L$ 和 ab 通道彩色分量 $\{X_{ab}\}_{i=1} \in X_{ab}$，获得最优对应关系 $G: X_L \rightarrow \tilde{X}_{ab}$，即将 L 通道灰度图像映射至 ab 通道彩色分量的最优关系。联合一致循环生成对抗网络结构如图 6.1 所示。

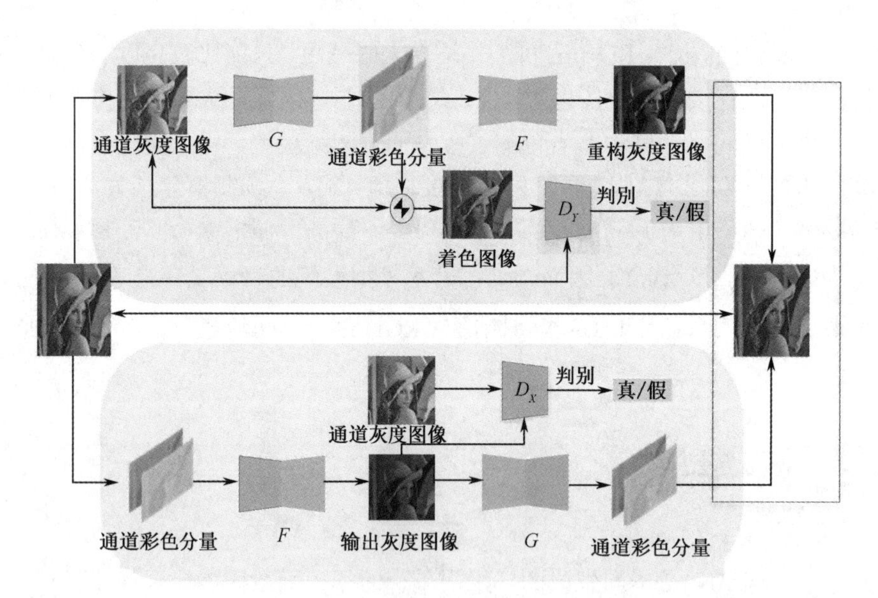

图 6.1 联合一致循环生成对抗网络结构图

图 6.1 中的子网络构成了一对循环生成网络，其分别将输入的样本映射到中间域，然后将中间域的数据重构回原有的域中。例如，输入 L 通道灰度图像 X_L，最终会被映射回灰度图像 $F[G(x_L)]$，中间域数据是生成的 ab 通道彩色分量。同样，输入为 ab 通道彩色分量 X_{ab} 时，最终也会被重构回原有的域中 $G[F(X_{ab})]$，其中间域是 F 网络生成的灰度图像。

在原始 CycleGAN 中，两个循环生成网络是相互独立的，反向传递优化网络时，循环生成网络的一致性损失是分开计算的。如图 6.1 所示，本章的着色模型将两个循环生成网络重构的数据结合，即将重构的 ab 通道彩色分量 $G[F(X_{ab})]$ 与灰度分量 $F[G(x_L)]$ 重新组合，得到重构的彩色图像。然后计算其与输入彩色图像的 L_1 距离作为网络的联合一致性损失，共同实现整个网络的反向传递优化。

6.2.2　生成网络

传统 GAN 中，生成网络仅由简单的卷积层和反卷积层构成，提取特征时容易丢失图像的局部信息，限制网络的着色效果。如图 6.2 所示，为了避免上述问题，本章方法的生成网络采用 U 形网络，通过跳跃连接[20]，将下采样中每一层输出的特征连接至对应的上采样层。其目的是将浅层信息直接传递到相同高度的反卷积层，形成更厚的特征，提升图像的生成细节。

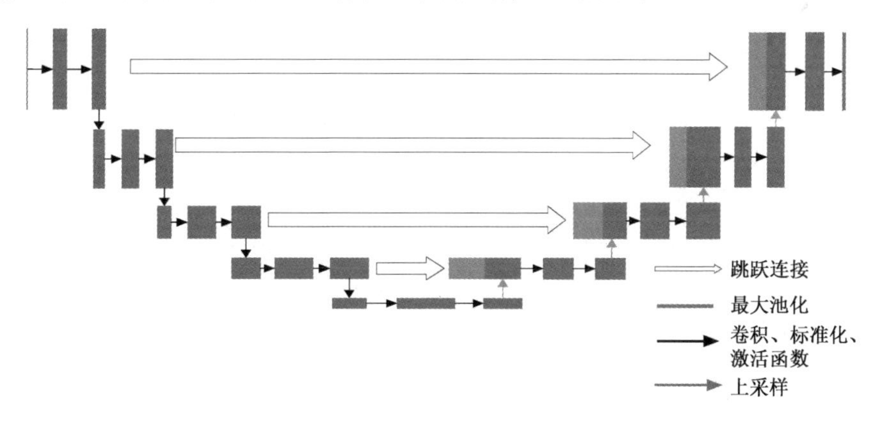

图 6.2　生成网络结构图

生成网络整体由上采样和下采样两部分组成。其中，下采样部分共有 5 层，滤波器的数量分别为 32、64、128、256、512。如图 6.2 所示，下采样过程中，图像特征每层经过两次卷积，滤波器大小为 3×3，其目的是提取图像纹理结构等基本信息。卷积后连接批标准化（Batch Normalization，BN）层[21]，目的是调整卷积后的数据分布，使卷积的输出分布在激活函数近原点邻域内，降低梯度弥散率，避免梯度消失的问题。激活层本章采用带泄露的线性整流函数（Leaky Rectified Linear Unit，LReLU）[22]，代替原本的线性激活函数（Rectified Linear Unit，ReLU）[23]，其目的是降低计算的复杂度，且不会导致负值区域的神经元全为 0。在上采样过程中，采用了与下采样相对称的 5 层反卷积，将深层特征恢复至一定尺寸的大小。生成网络的目的是将输入映射至目标域空间的分布。

6.2.3 判别网络

传统判别网络采用单层特征表达整个图像，容易丢失图像的细节信息。因此该方法在判别网络中引入多特征融合的方式，判别网络模型如图 6.3 所示。采用融合后的特征可以增强图像的细节信息，提高图像分类的准确率。同时，为了避免维度灾难，本章方法在特征融合层后添加编码网络对特征进行降维。

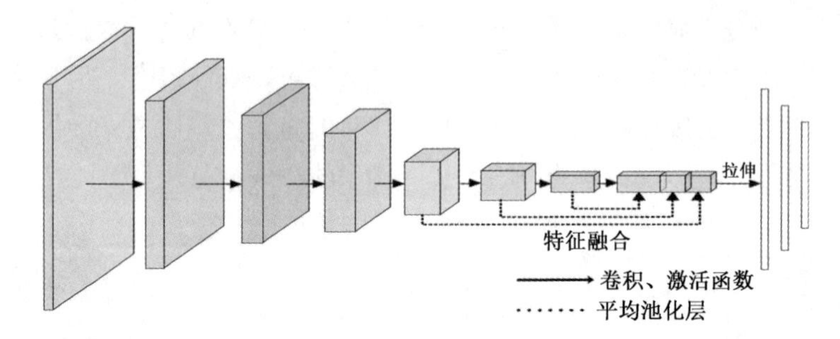

图 6.3 判别网络模型

生成的分量 $\tilde{X}_{ab}$ 同 L 通道组合后构成一幅着色图像，判别网络 D_Y 对其与真实的彩色图像之间进行判别区分。由于二者之间存在相关性，判别器可以通过卷积神经网络进行学习，获取更加有效的图像特征，对两类图像进行正确分类。对于判别网络 D_Y，首先输入三通道 256×256 大小的彩色图像，然后经过带有步伐（Stride）的 6 次卷积后，输出 256 个 4×4 的特征图。特征提取的卷积核尺寸为 5×5，卷积步长为 2，每个卷积层的特征图个数分别是 8、16、32、64、128、256。卷积后融合特征，分别对第四层和第五层进行 4×4、2×2 的平均值池化，生成 448 个 4×4 大小的特征图。然后将融合后的特征图拉伸至 11264 维长度的向量，使用多层全连接将特征的维度降低至 1024 维。为了进一步防止特征降维过程中出现过拟合的现象，在全连接层后面加上 dropout 丢失层，概率值设置为 0.7。最后，将压缩过的特征向量输入 Sigmoid 函数，判别生成图像是否符合真实图像的分布。对于判别网络 D_X，输入图像为单通道的灰度图像，模型结构与判别网络 D_Y 相同。

6.3 损失函数

传统 GAN 只采用生成对抗损失函数，存在多余的映射空间。本章方法结合生成对抗损失和联合一致性损失共同监督训练网络，有效避免了这一问题。同时，为了减小生成图像与决策边界的距离，本章方法采用最小二乘损失 L_{LSGAN} 改进原有的生成对抗损失函数，提高生成图像的质量。

6.3.1 生成对抗损失

生成对抗性损失应用在输入图像映射为中间域图像的过程。原始的交叉熵损失如式（6.1）所示，使得生成器无法进一步优化被判别器识别为真的生成图像，可能导致网络生成图像的质量不高。受 Mao[24]等人的启发，本章采用最小二乘损失作为生成对抗损失。相比较原始损失函数，最小二乘损失会对远离决策边界并且判决为真的生成样本进行处理，将远离决策边界的生成样本重新放置在决策边界附近。即通过使距决策边界不同的距离度量构建出一个收敛快、稳定，并且生成图像质量高的对抗网络。

$$L_{\text{GAN}}(G,D_Y,X,Y)=E_{y\sim P_{\text{data}(y)}}[\lg D_Y(y)]+E_{x\sim P_{\text{data}(x)}}\{\lg\{1-D_Y[G(x)]\}\} \quad (6.1)$$

式中，$x\sim P_{\text{data}}(x)$、$y\sim P_{\text{data}}(y)$ 分别为样本 X、Y 服从的概率分布，$E_{x\sim P_{\text{data}}(x)}$ 和 $E_{y\sim P_{\text{data}}(y)}$ 是各自样本分布的期望值。

因此，对于生成网络 $G:X\to Y$ 及其判别网络 D_Y，生成网络 G 将 X 域数据生成符合 Y 域分布的目标，判别网络 D_Y 用于区分真实的 Y 域数据 $\{y\}$ 和生成样本 $\{G(x)\}$。本章最小二乘生成对抗损失的函数定义如式（6.2）所示。

$$\begin{cases}\min\limits_{D_Y} L_{\text{LSGAN}}(D_Y)=\dfrac{1}{2}E_{y\sim P_{\text{data}}(y)}[(D_Y(y)-1)^2]+\dfrac{1}{2}E_{x\sim P_{\text{data}}(y)}[(D_Y(G(x))^2] \\ \min\limits_{G} L_{\text{LSGAN}}(G)=\dfrac{1}{2}Ex\sim P_{\text{data}}(x)[(D_Y(G(x)-1)^2]\end{cases} \quad (6.2)$$

最小二乘生成对抗损失的目标如式（6.3）所示。训练判别器时，损失函数目标是使判别器区分真实的样本和生成的样本，即最大化$D_Y(y)$，同时使$D_Y(G(x))$最小；训练生成器时，损失函数的目标是使生成数据接近真实数据，即使$D_Y(G(x))$最大化。

$$G^* = \arg\min_{G,D_Y} L_{\text{GAN}}(G, D_Y, X, Y) \tag{6.3}$$

对于生成网络$F: Y \to X$及相应的判别网络，同样引入相同的生成对抗损失，损失函数目标如式（6.4）所示。

$$F^* = \arg\min_{F,D_X} L_{\text{GAN}}(F, D_X, Y, X) \tag{6.4}$$

6.3.2 联合一致性损失

传统 GAN 只使用了对抗性损失[25]训练网络，学习输入图像和目标图像的映射关系，但无法解决生成网络中存在的多余映射问题。而循环生成网络采用了循环一致性损失[26]，来确保生成数据的稳定性，减少其他多余映射关系。本章方法在此思想的基础上，介绍了联合一致性损失，将重构的数据重新组合，再计算其与输入彩色图像的L_1损失。

式（6.5）和式（6.6）分别是网络中两个循环生成过程

$$x_{ab} \to G(x_{ab}) \to F(G(x_{ab})) = \hat{x}_{ab} \tag{6.5}$$

$$x_L \to F(x_L) \to G(F(x_L)) = \hat{x}_L \tag{6.6}$$

式中，x_L和$\tilde{x}_L$为真实的L通道分量和其重构的数据；x_{ab}和$\hat{x}_{ab}$为真实的ab通道彩色分量和其重构的数据。

本章联合$\hat{x}_{ab}$和$\tilde{x}_L$两个重构的数据，并计算与真实彩色人像的L_1损失，联合一致性损失的定义如下：

$$L_{\text{uni}}(G,F) = E_{x_{ab},x_L \sim P_{\text{data}}(x_{ab}),P_{\text{data}}(x_L)}[\|(F(G(x_{ab})) + G(F(x_L))) - x_L\|] \tag{6.7}$$

式中，x为输入的样本，$F(G(x_{ab})) + G(F(x_L))$表示重构的彩色图像。

完整的目标函数包括生成对抗损失和联合一致性损失，如式（6.8）所示。

$$L(G,F,D_X,D_Y) = L_{\text{LSGAN}}(G,D_Y,X,Y) + L_{\text{LSGAN}}(F,D_X,Y,X) + \lambda L_{\text{uni}}(G,F) \tag{6.8}$$

式中，参数λ用于调整最小二乘损失和联合一致性损失的权重。网络总训练目标为

$$G^*, F^* = \underset{G,F,D_X,D_Y}{\arg\min}\, L(G,F,D_X,D_Y) \tag{6.9}$$

6.4 实验结果与分析

6.4.1 数据库及参数设置

目前公开的人像数据库有很多，如 PubFig、CelebA 等，主要应用在人脸识别等领域，人物图像大多集中在人的面部区域，并且图像质量不一致，直接用于着色模型的训练，效果不好。为了解决数据库的问题，这里在 CASIA-FaceV5 数据库的基础上，通过爬虫技术[27]，对数据库进行扩充，最终数据库总共包含了 9500 张多种姿态、各种背景下的人物彩色图像，简称为 CASIA-PC（CASIA-PlusColor）。

CASIA-FaceV5 是中国科学院公布的数据库，该数据库是开放的亚洲人物数据库，其中包含了来自 500 个人 2500 张高质量的彩色图像。通过观察发现，该数据库的人物图像大部分为单色背景下的正面照，缺少实际环境下的人像场景。

为了解决 CASIA-FaceV5 数据库缺乏真实场景人像的问题，本章在该数据库的基础上，使用爬虫技术，完成了在互联网中自动化、模块化爬取图片的任务，最后得到了 7000 张复杂背景下不同姿态的彩色人像。

本章实验采用了 CASIA-PC 数据库，所有图片的大小调整为 225 像素×225 像素，并将数据库划分为训练集和测试集，训练集由随机选取的 8600 张图片组成，剩下的图片作为测试集。数据库实例如图 6.4 所示，其中图 6.4（a）选自 CASIA 数据库，图 6.4（b）、图 6.4（c）和图 6.4（d）选自互联网中爬取的人像。从图 6.4 可以看出，本章自建的数据库场景丰富、色彩鲜艳，增加了着色的难度。

为了客观评价生成图像的质量，采用图像质量评价标准结构相似性（Structural Similarity Index，SSIM）[28]和峰值信噪比（Peak Signal to Noise Ratio，PSNR）[29]对着色图像整体进行质量评估。PSNR 用于评价生成图像着色的真实程度，其值越大，表示失真越少；SSIM 用于衡量目标间结构的相似程度，SSIM 测量值越大，表示两张图像相似度越高。

(a)　　(b)　　(c)　　(d)

图 6.4　数据库实例

具体的实验步骤如下：

1. 预处理

在实验的预处理阶段，将每张图像的颜色模型从 RGB 转为 Lab，并将彩色人像的 L 通道和 ab 通道彩色分量分离，将分离后的 L 通道和 ab 通道彩色分量作为网络的输入。

2. 参数设置

数据训练过程中，生成网络 G 和 F，判别网络 D_X 和 D_Y 均采用初始学习率为 0.0002、动量为 0.5 的 Adam 优化器[30]更新网络的参数，同时采用线性衰减的方法逐渐降低学习率。经过不断地迭代训练使模型收敛，存储整个网络的参数。

3. 模型训练

模型训练流程如图 6.5 所示，可以分为两个阶段。第一阶段首先使用 8600 个训练样本对整个网络进行训练，得到着色模型。为了避免网络有过拟合的现象，本章在使用规模较大的数据库训练网络时，会出现数据质量不同、部分图像颜色暗淡和图像模糊等问题，影响模型着色的效果。因此，第二阶段本实验在规模较大的原数据库中筛选出了质量相对较高的 2160 个训练样本，微调网络的参数。这里将图像的标准差和平均梯度值作为数据筛选的评价指标。标准差（Standard Deviation，SD）是指图像灰度值相对于均值的离散程度，标准差越大说明图像中灰度级分布越分散，图像的颜色越鲜明。设待评估图像为 F，大小为 $M \times N$，则标准差的计算公式如下：

$$\mathrm{SD}=\sqrt{\frac{1}{MN}\sum_{i=1}^{M}\sum_{j=1}^{N}[F(i,j)-\frac{1}{MN}\sum_{i=1}^{M}\sum_{j=1}^{N}F(i,j)]^2} \tag{6.10}$$

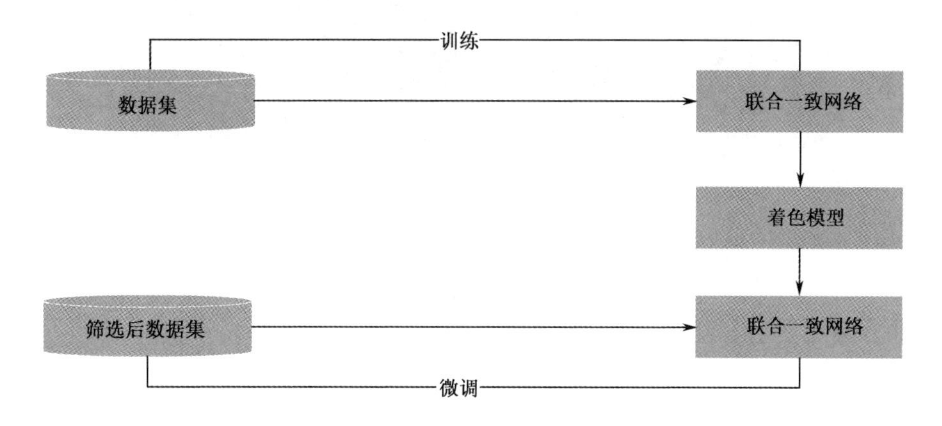

图 6.5　模型训练流程

平均梯度（Mean Gradient，MG）反映了图像细节和纹理的变化，在一定程度上可以表示图像的清晰度，其值越大说明图像整体的清晰度越高。图像平均梯度的计算公式如下：

$$\mathrm{MG}=\frac{1}{MN}\sum_{i=1}^{M}\sum_{j=1}^{N}\sqrt{\Delta xF(i,j)^2+\Delta yF(i,j)^2} \tag{6.11}$$

式中，$\Delta xF(i,j)$、$\Delta yF(i,j)$ 分别表示像素点 (i,j) 在 x、y 方向上的一阶差分。

实验将标准差和平均梯度的阈值设置为 54 和 25 时，筛选出的图像质量较高。如图 6.6 所示，图 6.6（a）是筛选出的人像图片，图像颜色明亮，且清晰程度较高；图 6.6（b）是未选出的人像图片，其中图 6.6（b）中左侧一列人像的标准差低于阈值 54，图像亮度低，色彩偏暗，图 6.6（b）中右侧一列人像的平均梯度值低于阈值 25，图像较为模糊。

实验第一阶段是模型预训练的过程，为了使生成网络 G 学习灰度图像映射至 ab 通道彩色分量的对应关系；第二阶段则是模型微调的过程，为了提高模型着色的效果。

（a）选出人像

（b）未选出人像

图 6.6　人像筛选实例

6.4.2　消融实验

为了测试数据筛选对不同模型着色效果的影响，本节对三种不同的着色方法进行实验，结果如图 6.7 所示。其中，图 6.7（a）是灰度图像，图 6.7（b）是直接采用 CASIA-PC 训练模型的结果，图 6.7（c）是在图 6.7（b）基础上加入筛选人像微调模型的结果。对比后发现，采用筛选人像微调的方法均比直接训练的着色效果好，主要表现在部分背景的色彩变得更加明亮。

（a）灰度图　　（b）未筛选人像　　（c）筛选人像

图 6.7　人像筛选着色实验结果对比

本章在循环生成对抗网络的基础上，介绍了基于联合一致循环生成对抗网络的人像着色方法。该方法改进了基础网络的模型结构、损失函数，并在训练中采用了模型微调的方法。为了验证上述方法对提高模型着色能力的影响，本节比较了不同改进方法的着色效果，如图 6.8 所示。其中，图 6.8（a）是待着色灰度图，图 6.8（b）是基础网络模型的着色结果，图 6.8（c）是训练中采用模型微调后的着色结果，图 6.8（d）是采用最小二乘损失训练网络的着色结果，图 6.8（e）是模型采用联合一致循环网络的着色结果。

（a）灰度图

（b）基础网络

（c）模型微调

（d）最小二乘损失

（e）联合一致循环网络

图 6.8　不同改进方法着色效果对比

通过对比不同改进方法的着色结果发现，仅改进训练方法对改善人像误着色问题的效果不明显，但部分区域颜色效果有所提升。而损失函数和着色模型的改进都可以改善人像误着色的问题。其中，采用最小二乘损失训练网络的着色准确率虽有提高，但部分区域仍有较明显的误着色，如图 6.8（d）中第一行所示，草色被误着为红色。而相比较下，改进网络模型后的着色效果提升更为明显，如图 6.8（e）中第一行所示，仅有少部分不明显的误着色。

6.4.3　和已有方法对比

不同方法的着色结果如图 6.9 所示。图 6-9（a）为 L 通道的灰度人像，图 6.9（b）为真实的彩色人像，图 6.9（c）为原始 CycleGAN 的着色结果，图 6.9（d）在第三列方法的基础上仅将生成网络结构改为 U-Net 网络，图 6.9（e）是本章方法的着色结果。图 6.9 中前两行为相应模型在单色背景下着色的结果，其余为复杂背景下的着色结果。

根据图 6.9 中不同模型着色的结果可以看出，使用原始 CycleGAN 模型进行着色时，效果较为粗糙，颜色饱和度和着色准确率偏低，会出现误着色和颜色溢出等问题。例如，图 6.9（c）的第三行中误将原图中绿色的树叶生成为其他颜色，而图 6.9（c）的第五行中原本属于人脸区域的颜色超出了自身的范围，扩散至树木、天空等四周。生成网络采用 U-Net 网络的方法，该模型着色结果如图 6.9（d）的第二行中所示，对于背景单一的图像着色准确率有很大的提升。在复杂背景人像下着色的效果虽有一定提高，但依旧存在着误着色的问题，其中图 6.9（d）第三行中较为明显。相比之下，本章着色模型采用联合一致循环网络，着色结果更加准确、自然，即使在复杂背景的人像中，也能够较为准确地赋予人像和背景真实的颜色，人像误着色的问题有明显的改善，并且可以正确区分出图像中的不同目标，减少颜色溢出的现象，如图 6.9（e）中所示。另外，第一行的着色结果值得注意，着色后服饰的颜色发生了改变，这是由于数据库中缺乏相同服饰的样本，或是相近的服饰多以灰黑色为主，这说明了训练集对着色结果具有很大的影响。

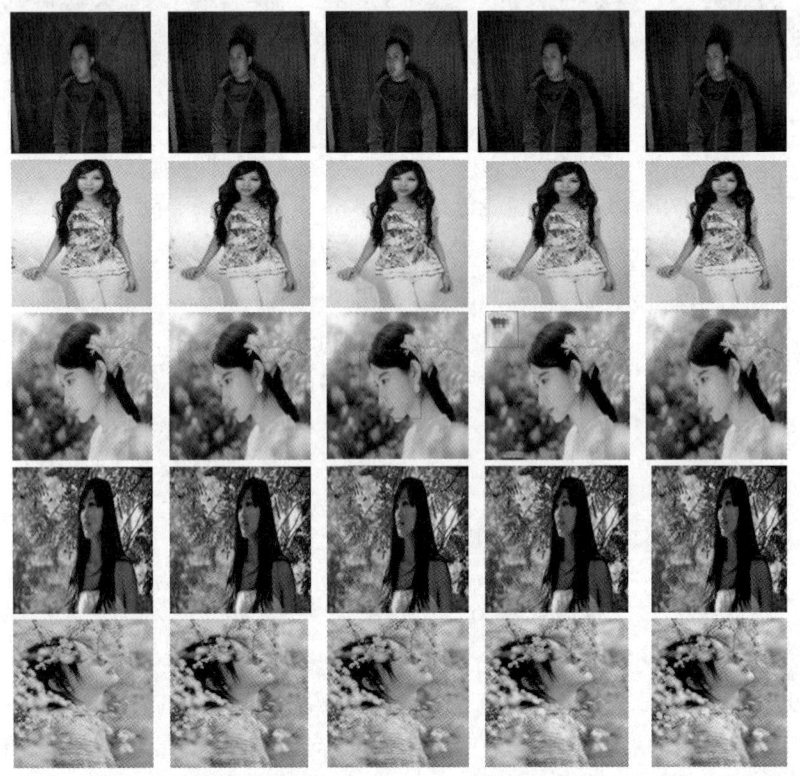

（a）灰度图 （b）真实的彩色人像（c）CycleGAN（d）CycleGAN+U-Net（e）本章方法

图 6.9　不同方法着色结果

图 6.9（d）中第一行的着色结果相比采用本章方法的着色结果，其拉链部位的颜色更接近于原始的彩色图像，这是由于该方法注重学习待着色目标的结构，着色时选择模型学习到的特征中和结构相近的颜色。而本章模型采用了联合一致循环网络，在学习图像结构的同时，更注重人像着色的整体一致性。因此，拉链部位着色时会对应服装的色彩，选择与之相适应的颜色。

本实验在单色和复杂背景下，分别比较了三种模型的 PSNR 和 SSIM 平均指标，如表 6.1 和表 6.2 所示。在客观指标评定下，随着三种模型网络结构的丰富，着色效果在单色背景和复杂背景下依次有所提升。另外，由于单色背景图像的结构和纹理相对比较简单，着色相对更为容易，表现为同一种模型中单色背景下图像的平均指标明显高于在复杂背景下图像的指标。

表 6.1 复杂背景下不同方法 SSIM、PSNR 平均指标对比

网络模型	SSIM/%	PSNR/dB
CycleGAN	96.0313	31.3744
CycleGAN+U-Net	97.0187	35.6488
本章方法	**98.5684**	**39.4675**

表 6.2 单色背景下不同方法 SSIM、PSNR 平均指标对比

网络模型	SSIM/%	PSNR/dB
CycleGAN	97.3844	36.9235
CycleGAN+U-Net	98.9084	39.4140
本章方法	**99.3643**	**39.7104**

另外，这里又与其他着色模型进行了比较，结果如图 6.10 所示。其中，Iizuka 采用双通道卷积网络，着色结果颜色较为鲜艳，但着色准确率低。Larsson 采用 VGG 网络提取图像特征，误着色问题有所改善，但人像部分区域变得模糊。针对图像中每个像素点进行分类，着色准确率较高且人像清晰，但颜色饱和度低。而本章方法的着色准确率高，不同目标的区分度较高，颜色也更加自然。但部分区域存在颜色分布不均匀的问题，仍未能达到理想的饱和度，如图 6.10（f）中第一行的着色结果。这里进一步比较了不同场景中与其他着色模型的 SSIM 和

（a）灰度图 （b）原图 （c）Larsson （d）Iizuka （e）Zhang （f）本章方法

图 6.10 不同着色模型对比

PSNR 指标均值，分别如表 6.3 和表 6.4 所示。在不同场景下，本章方法着色的图像与原图相比具有更高的 SSIM、PSNR 值，说明本章方法的结果与原图相比较，结构更加相似，且失真较小。

表 6.3　单色背景下不同模型 SSIM、PSNR 指标均值

网络模型	SSIM/%	PSNR/dB
Iizuka	95.4205	34.6785
Larsson	97.3620	34.6668
Zhang	98.8255	36.9591
本章方法	**99.3643**	**39.7104**

表 6.4　复杂背景下不同模型 SSIM、PSNR 指标均值

网络模型	SSIM/%	PSNR/dB
Iizuka	92.6804	29.0349
Larsson	96.4589	33.6793
Zhang	98.2155	34.3228
本章方法	**98.5684**	**39.4675**

6.5　本章小结

针对复杂背景的灰度人像误着色问题，本章介绍了联合一致循环生成对抗网络的人像着色方法，该方法采用联合的一致性损失，联合重构的数据计算其与输入彩色图像的 L_1 损失，实现整个网络的反向传递优化。实验证明了本章方法适用于单色和复杂背景的人像着色，着色精度有很大提高。并且对比同类的方法，本章方法在颜色连续性、图像颜色的合理性等都有着出色的表现。

参考文献

[1] Levin A, Lischinski D, Weiss Y. Colorization using optimization[C]// ACM transactions on graphics (tog), 2004, 23(3): 689-694.

[2] Heo Y S, Jung H Y. Probabilistic Gaussian similarity-based local colour transfer[J]. Electronics Letters, 2016, 52(13): 1120-1122.

[3] Xiao Y, Wan L, Leung C S, et al. Example-based color transfer for gradient meshes[J]. IEEE Transactions on Multimedia, 2012, 15(3): 549-560.

[4] Qian Y, Liao D, Zhou J. Manifold alignment based color transfer for multiview image stitching[C]// 2013 IEEE International Conference on Image Processing. IEEE, 2013: 1341-1345.

[5] Iizuka S, Simo-Serra E, Ishikawa H. Let there be color!: joint end-to-end learning of global and local image priors for automatic image colorization with simultaneous classification[J]. ACM Transactions on Graphics (TOG), 2016, 35(4): 110.

[6] Larsson G, Maire M, Shakhnarovich G. Learning representations for automatic colorization[C]. European Conference on Computer Vision, 2016: 577- 593.

[7] Simonyan K, Zisserman A. Very deep convolutional networks for large-scale image recognition[J]. arXiv preprint arXiv: 1409.1556, 2014.

[8] Zhang R, Isola P, Efros A A. Colorful image colorization[C]// European conference on computer vision. Springer, Cham, 2016: 649-666.

[9] Zhang R, Zhu J Y, Isola P, et al. Real-time user-guided image colorization with learned deep priors[J]. Acm Transactions on Graphics, 2017, 36(4): 119.

[10] Goodfellow I, Pouget-Abadie J, Mirza M, et al. Generative adversarial nets[C]// Advances in neural information processing systems, 2014: 2672-2680.

[11] Kingma D P, Welling M. Auto-encoding variational bayes[J]. arXiv preprint. 2013.

[12] Zhu J Y, Park T, Isola P, et al. Unpaired image-to-image translation using cycle-consistent adversarial networks[C]// Proceedings of the IEEE international conference on computer vision, 2017: 2223-2232.

[13] Isola P, Zhu J Y, Zhou T, et al. Image-to-image translation with conditional adversarial networks[C]// Proceedings of the IEEE conference on computer vision and pattern recognition, 2017: 1125-1134.

[14] 刘华超, 张俊然, 刘云飞. 引入特征损失对 CycleGAN 的影响研究[J]. 计算机工程与应用, 2020(22): 1-8.

[15] Ronneberger O, Fischer P, Brox T. U-net: Convolutional networks for

biomedical image segmentation[C]// International Conference on Medical image computing and computer-assisted intervention. Springer, Cham, 2015: 234- 241.

[16] S. Guo, G. Gu, H. Liu, J. Shen and Z. Cai. A new Adaboost SVM algorithm based on multi-feature fusion for multi-pose face detection[C]. 2010 3rd International Congress on Image and Signal Processing, 2010: 1735-1739.

[17] Q. Zhang and S. Kamata. A novel color space based on RGB color barycenter[C]. 2016 IEEE International Conference on Acoustics, Speech and Signal Processing (ICASSP), 2016: 1601-1605.

[18] Murahira K, Taguchi A. Hue-preserving color image enhancement in RGB color space with rich saturation[C]. International Symposium on Intelligent Signal Processing & Communications Systems, 2012.

[19] E. Fida, J. Baber, M. Bakhtyar, R. Fida and M. J. Iqbal. Unsupervised image segmentation using lab color space[C]. 2017 Intelligent Systems Conference (IntelliSys), 2017: 774-778.

[20] C. Lyu, G. Hu and D. Wang. Dynamic Learning Convolutional Network with Skip Layers for Image Segmentation[C]. 2020 IEEE 4th Information Technology, Networking, Electronic and Automation Control Conference (ITNEC), 2020: 2466-2470.

[21] Ioffe S, Szegedy C. Batch normalization: Accelerating deep network training by reducing internal covariate shift[J]. arXiv preprint, 2015.

[22] P. Yin and L. Zhang. Image Recommendation Algorithm Based on Deep Learning[J]. IEEE Access, 2020: 1-1.

[23] Glorot X, Bordes A, Bengio Y. Deep sparse rectifier neural networks[C]// Proceedings of the fourteenth international conference on artificial intelligence and statistics, 2011: 315-323.

[24] Mao X, Li Q, Xie H, et al. Least squares generative adversarial networks[C]// Proceedings of the IEEE International Conference on Computer Vision, 2017: 2794-2802.

[25] Lucas A, Lopez-Tapiad S, Molinae R, et al. Generative Adversarial Networks and Perceptual Losses for Video Super-Resolution[J]. IEEE Transactions on Image Processing, 2019: 3312-3327.

[26] 杜振龙，沈海洋，宋国美，李晓丽. 基于改进 CycleGAN 的图像风格迁移[J]. 光学精密工程，2019, 27(8): 1836-1844.

[27] S. Sharma and P. Gupta. The anatomy of web crawlers[C]. International Conference on Computing, Communication & Automation, 2015: 849-853.

[28] Wang Z, Bovik A C, Sheikh H R, et al. Image quality assessment: from error visibility to structural similarity[J]. IEEE transactions on image processing, 2004, 13(4): 600- 612.

[29] A. Horé and D. Ziou. Image Quality Metrics: PSNR vs. SSIM[C]. 2010 20th International Conference on Pattern Recognition, 2010: 2366-2369.

[30] Zhang Z. Improved Adam Optimizer for Deep Neural Networks[C]. 2018 IEEE/ACM 26th International Symposium on Quality of Service (IWQoS). ACM, 2018: 1-2.

第 7 章

人脸超分辨率重建

7.1 双层级联神经网络的人脸超分辨率重建

基于卷积神经网络的图像超分辨率重建技术[1]随着计算机运算能力的提升已经日趋成熟，通过学习海量数据集训练神经网络，可以获得清晰准确的视觉效果。尽管这些模型也可以被用于重建人脸图像，但针对人脸这类具有固定结构的图像，重建网络依然存在优化的空间[2]。近些年提出的人脸超分辨率重建方法，通常将人脸特有的五官分布信息等先验特征与普通图象的重建过程相结合，以提高人脸图像的重建效果。但直接从低分辨率图像中提取人脸的结构先验特征通常效果不佳且容易出现错误[3]。因此，考虑到逐渐提高图片清晰度有利于将图像从粗糙变得精细的特性[4]，本节介绍一种双层级联神经网络来重建人脸图像，并在后续讨论这种级联结构设计的合理性与有效性。

7.1.1 堆叠沙漏块结构

在针对人脸图像的各项研究中，人脸关键点能够反映出人脸图像的结构信息，是一个十分重要的特征。准确定位面部关键点是分析图片或视频中人物特征的关键。在人脸关键点检测领域，基于堆叠沙漏块（Stacked Hourglass，SHG）[5]的方法由于其稳定性与准确性得到了广泛的关注。

沙漏块（Hourglass block，HG block）结构最早由密歇根大学的研究团队在 2016 年提出[6]，最早被用来提取人体关键点。在文献[6]中，作者使用多个沙漏块结构堆叠而成的 SHG 网络估计人体关键点热度图，从而实现人体姿态关键点检测。沙漏块网络的设计动机是为了在每一个尺度下捕捉相关信息。因为局部信息仅对于识别人面部、手部等特征非常有效，但人体姿态的估计需要对整个人体进行联合预测。其中，人体方位、四肢布局、关节点之间的关系等线索都可能是在不同尺度下获得的最佳估计结果。

2017 年，Jing Yang[7]等人将沙漏模块用于人脸关键点检测领域，网络结构如图 7.1 所示。该方法的网络结构可分为人脸对齐模块（Supervised Face Transformation）与堆叠沙漏块网络（Stacked Hourglass Network）两个模块。人脸对齐模块通过平移、缩放、旋转变化来校正平均人脸图像，减弱数据中大幅度姿态的变化对人脸关键点检测的影响。堆叠沙漏块网络能够提取多尺度具有辨别力的特征，也可以作为一个回归器去定位最后的关键点坐标。

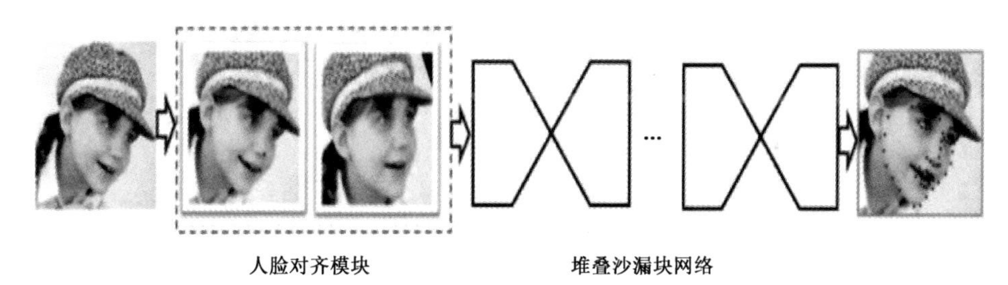

图 7.1　基于 SHG 的人脸关键点检测[8]

在以上研究中，沙漏块结构都被证实了其在具有相关性的特征点提取任务中的有效性。如图 7.2 所示是一个四阶沙漏块的网络结构图，其中长方体是用于提取特征的残差块[9]。Hourglass 模块输入与输出的特征图尺寸一致，但在网络内部实际进行的是一个先下采样，再上采样的对称过程。Hourglass 的每一层都会将输入特征图分为向上和向右两路处理，向上支路的特征图尺寸保持不变，直接使用残差块进行卷积操作，向右的支路首先对输入进行下采样，之后才会进行卷积。对称层的输出图像会逐元素相加，之后依次上采样。最后，整个网络的输出特征层数量根据需要检测的关键点数量决定，每层只包含一个关键点的热度图。

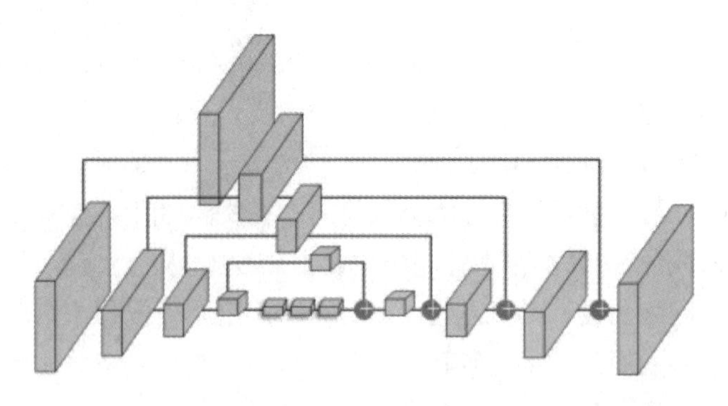

图 7.2　四阶沙漏块的网络结构图

在文献[6]中，作者连续堆叠了 8 个沙漏模块提取人体关键点，文献[7]则堆叠了 4 个沙漏模块提取面部关键点。沙漏块的堆叠结构使得网络能够在下采样与上采样的过程中提取不同尺度的特征。一个双层堆叠的沙漏块网络结构如图 7.3 所示。两个相邻的沙漏块之间加入了中间监督模块，以确保为每个沙漏块计算损失。

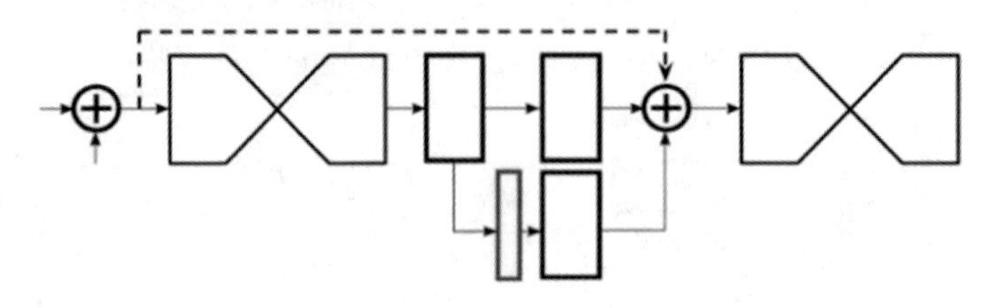

图 7.3　双层堆叠的沙漏块网络结构

尽管单独的沙漏块足以提取图像中的关键点信息，但考虑到关键点之间的互相参考性，前一个沙漏块的输出包含了当前预测的所有关键点的相互关系，可以看作是图模型。因此，将前一个沙漏块的输出热度图作为后续沙漏块的输入，便能够使用关键点的相互关系，提升关键点的预测精度。

7.1.2　双层级联神经网络结构

为了增强超分辨率重建网络在人脸五官区域的重建准确性，本节将人脸图像的结构信息加入超分辨率重建过程中。但当输入图片的分辨率过低时，直接提取人脸准确结构信息的难度较大。因此，本节介绍一种双层级联神经网络[10]，该网络的结构如图 7.4 所示。网络包含两部分：先验恢复网络、结构约束网络。其中，先验恢复网络依据低分辨率输入图像的固有先验，初步恢复高频细节，从而提高下一级网络中人脸结构信息的提取精度；结构约束网络在重建过程中额外提取人脸的结构信息，增强重建结果对人脸五官区域的重建精度。给定低分辨率输入图像为I^{LR}，经过双三次插值放大到与高分辨率图像I^{HR}相同的大小（一般情况下，如不加说明，I^{LR}均表示双三次插值放大后的图像，此时尽管大小与高分辨率图像一致，但仍可称为低分辨率图像），则最终的重建图像可以表示为

$$I^{SR}=G(I^{LR})=G_s(G_p(I^{LR}))\tag{7.1}$$

以下分别介绍这两部分网络的结构与设计原理。

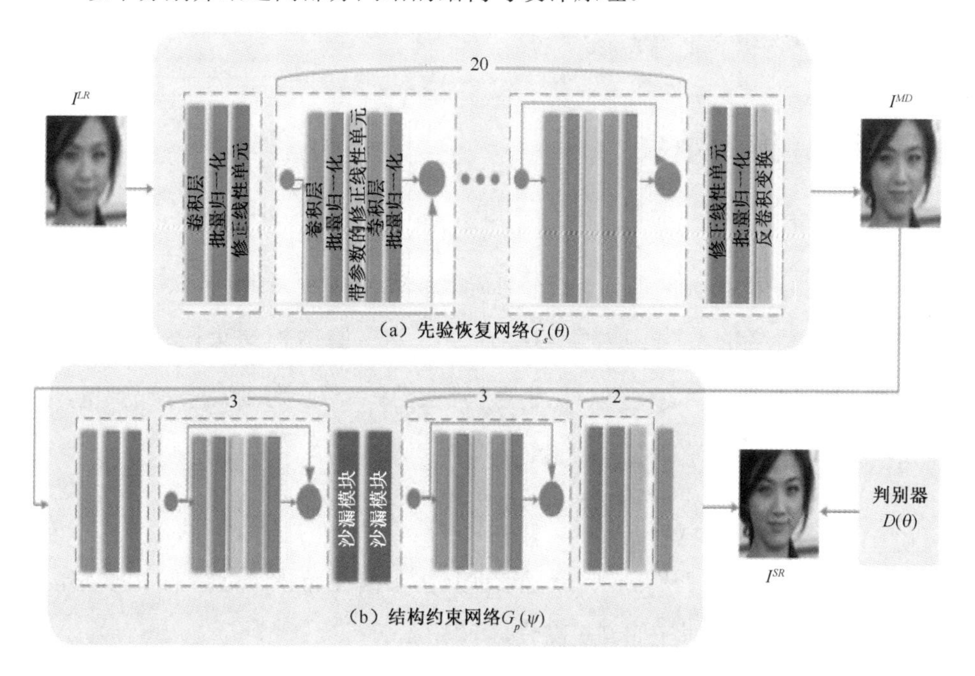

图 7.4　双层级联神经网络结构

1. 先验恢复网络

先验恢复网络的结构如图 7.4（a）所示。为了从低分辨率输入中提取深层特征，重建高频信息丰富的人脸图像，同时避免由于网络过深而导致的梯度消失等现象，先验恢复网络选择残差块[11]作为网络的基本架构。低分辨率输入首先经过一个大小为 3×3 的卷积核，为减少运算，设置移动步长为 2，特征图大小为输入的一半。随后通过 20 层残差块对图像提取特征，再由反卷积层放大图像至初始大小，最后使用一个卷积层重建图像。

2. 结构约束网络

结构约束网络的结构如图 7.4（b）所示。先验恢复网络的重建结果首先经过一个卷积层与三层残差提取浅层特征。之前介绍的堆叠沙漏块结构被用于估计人脸的关键点信息，为了在提高估计精度的同时降低运算量，本节只堆叠了两层沙漏块。其次，三层残差块对网络的中间特征进行解码，再经过两层反卷积将特征恢复至初始大小。最后，一个单独的卷积层将特征还原为图像。通过向结构约束网路中引入沙漏块结构，不仅能够对关键点信息进行中继监督、加强重建图像与真实图像的面部一致性，还能在重建过程中依靠沙漏块提取更多的高频信息[12]、提高重建效果。

7.1.3 损失函数

1. 重建损失

给定低分辨率输入图像为 I^{LR}，对应的高分辨率真实图像为 I^{HR}。经过第一层先验恢复网络的输出为 $I^{MID}=G_p(I^{LR})$，第二层结构约束网络的输出为 $I^{SR}=G_s(I^{MID})=G(I^{LR})$。定义训练集为 $\left\{I^{LR},I^{HR}\right\}_{i=1}^{N}$，$N$ 为训练样本对数量。则重建损失用来最小化重建图像与真实图像间的像素距离，定义为

$$\frac{1}{2N}\sum_{i=1}^{N}\left\{\left\|I_i^{HR}-I_i^{MID}\right\|^2+\left\|I_i^{HR}-I_i^{SR}\right\|^2\right\} \tag{7.2}$$

式中，I_i^{MID}、I_i^{SR} 和 I_i^{HR} 分别表示第 i 张图像经过先验恢复网络的中间重建结果、最终重建结果及对应的真实高分辨率图像。

2. 感知损失

单独使用重建损失能够约束两张图像在底层像素上的一致性，提高 PSNR 值，但重建图像还应与真实图像在高层特征上保持良好的一致性。SRGAN 及 Johnson[9]等人提出的感知损失，能够约束两张图片在特征空间的相似度，使重建图像在高维特征上更接近真实图像。SRGAN 使用 VGG-19[13]结构中第五个池化层之前的第四个卷积层后的高级特征，将感知损失定义为

$$l_{\text{feature}/i,j}=\frac{1}{W_{i,j}H_{i,j}}\sum_{x=1}^{W_{i,j}}\sum_{y=1}^{H_{i,j}}(\phi_{i,j}(I^{HR})_{x,y}-\phi_{i,j}(G(I^{LR}))_{x,y})^2 \tag{7.3}$$

式中，$\phi_{i,j}$ 表示在 VGG-19 网络中，第 i 个卷积层之前的第 j 个卷积层（激活层之后）的特征图，$W_{i,j}$ 和 $H_{i,j}$ 表示特征图的维度。

3. 关键点损失

为加强重建图像与高分辨率图像中人脸的结构一致性，高分辨率图像与重建图像分别通过结构约束网络，得到各自图像对应的的人脸关键点。将关键点损失定义为

$$l_{\text{landmark}} = \frac{1}{N}\sum_{n=1}^{N}\sum_{ij}(\tilde{M}_{i,j}^{n} - M_{i,j}^{n})^2 \tag{7.4}$$

式中，$M_{i,j}^{n}$ 与 $\tilde{M}_{i,j}^{n}$ 分别表示重建图像与原始图像在位置 (i, j) 处的第 n 个关键点。

4. 对抗损失

基于生成对抗思想[14]，本节方法将双层级联神经网络整体作为生成器，使用判别器网络在无监督学习下通过约束对抗损失强制生成更真实的高分辨率人脸图像。在训练过程中，判别器在重建图像与真实图像中随机选取一张，区分实际数据分布与生成数据分布。判别器与生成器相互作用，促使生成器产生逼真细节的图像。为了避免普通 GANs 难收敛的问题，本节使用 WGAN-GP（Wasserstein Generative Adversarial Nets-Gradient Penalty）[15]将对抗损失定义为

$$l_{\text{WGAN}} = \mathbb{E}_{I'\sim\mathbb{P}_g}[D(I^{SR})] - \mathbb{E}_{I\sim\mathbb{P}_r}[D(I^{HR})] + \lambda\mathbb{E}_{I'\sim\mathbb{P}_{I'}}[(\|\nabla_{I'}D(I')\|_2 - 1)^2] \tag{7.5}$$

式中，$\mathbb{P}_g$ 为生成样本 $I' = G(I^{LR})$ 的数据分布，$\mathbb{P}_r$ 为真实样本的数据分布。随机采样一对真假样本，并在两个样本之间的连线上随机插值采样，得到样本分布 $\mathbb{P}_{I'}$。

5. 总损失

整个网络的目标函数为

$$l_{SR} = \alpha l_{\text{pixel}} + \beta l_{\text{feature}} + \chi l_{\text{landmark}} + \delta l_{\text{WGAN}} \tag{7.6}$$

式中，α、β、χ、δ 为各自损失对应的权重。

7.1.4 实验结果与分析

1. 实验设置

本节以 CelebA 数据库中的 20000 张图片构建训练样本集，并在 CelebA 的

剩余图像与 Helen 数据库中各选择 1000 张图片构成测试集。其中，CelebA 是香港中文大学的开放数据库，包含 10177 个名人身份的 202599 张图片，并且都做好了特征标记。Helen 数据库包含 2330 张图片，每个图片有 11 个分类，常用于训练人脸解析等任务。为确保测试集样本的多样性，正面人脸图像以 1:1 的男女比例占测试集的 50%，侧面人脸、遮挡人脸各自占 20%，其余 10%为非常规表情人脸。样本集中的每张图像以人脸区域为中心，被裁剪至 128×128 的大小并进行降质处理

$$I^{d,s} = \left(\left(I \otimes k_{\rho}\right)\downarrow_{s} + n_{\sigma}\right)_{\mathrm{JPEG}_{q}} \tag{7.7}$$

式中，图像 I 首先与标准差为 ρ 的高斯模糊核 k_{ρ} 做卷积运算；然后进行系数为 s 的下采样操作 $\downarrow_{s}$ 后叠加噪声系数为 σ 的加性高斯白噪声 n_{σ}；最后，使用质量系数 q 对图像进行 JPEG 压缩得到降质图像 $I^{d,s}$。为使网络的输入与输出大小一致，使用双三次线性插值（Bicubic）将 $I^{d,s}$ 放大至初始大小作为低分辨率样本

$$I^{LR} = (I^{d,s})\uparrow_{s} \tag{7.8}$$

为增强模型泛化能力，设置 $s \in \{2:1:4\}$，$\rho = 1$，$\sigma = 3$，$q = 50$。

在训练阶段，各个损失函数对应的权重分别为 α=1，β=0.1，χ=0.005，δ=0.01，设置 Batchsize 为 10，初始学习率为 1×10^{-4}，使用 RMSprop 算法优化网络，所有模型均在 PyTorch 中实现，使用 Titan Xp GPU 迭代 300 次，共耗时 9 小时。

2. 消融实验

考虑到从低分辨率图像中直接估计人脸结构信息较困难，本节方法首先通过先验恢复网络初步重建图像，再通过结构约束网络提高人脸重建效果。为验证结构约束网络在人脸重建任务中的有效性与网络整体结构的合理性，本节分别搭建 Net_p 与 Net_s_p 两个子网络。其中，Net_p 从原网络中移除结构约束网络，将判别器直接作用于先验恢复网络的输出。Net_s_p 则调换两层网络的位置，其余部分保持不变。Net_p 与 Net_s_p 均使用与原网络完全相同的数据库和参数进行训练。

图 7.5 展示了 Net_p 与完整方法在 2 倍、3 倍、4 倍放大因子下的重建效果，图 7.5 中代表性的人脸区域以方框进行标注，并在右下角放大显示。可以看出，与去掉结构约束网络的 Net_p 相比，本节方法的重建结果具有更清晰的面部轮廓，对五官的表现更加准确与锐利，还原了更多的高频细节（如头发、玩具、

背景）。此外，本节方法能够正确地恢复五官，而 Net_p 的重建图像在放大倍数较高时均出现了不同程度的错误。

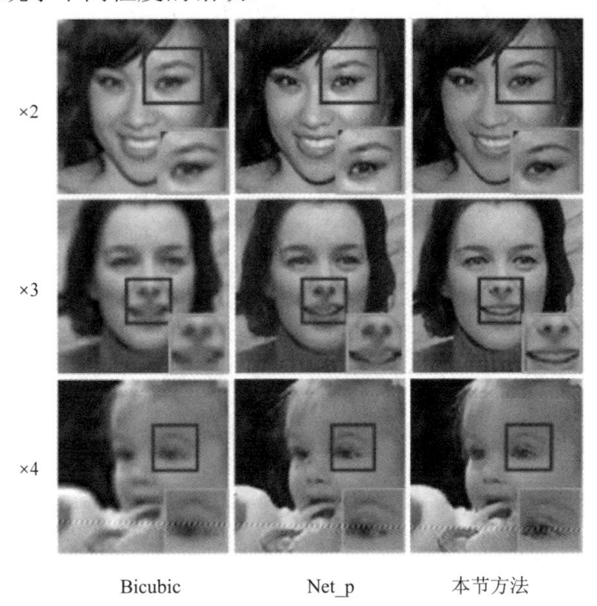

图 7.5　Net_p 与完整方法在多倍放大系数下的重建结果对比

图 7.6 比较了 Net_s_p 与本节方法在 CelebA 测试集下的 PSNR 值。由图 7.6 可见，在多种放大倍数下，本节方法均取得了更优的 PSNR 值。随着放大倍数的提高，本节方法与 Net_s_p 的 PSNR 值差距也越大。因此，有必要使用先验恢复网络初步重建输入图像，之后再进行优化，以达到更好的效果。

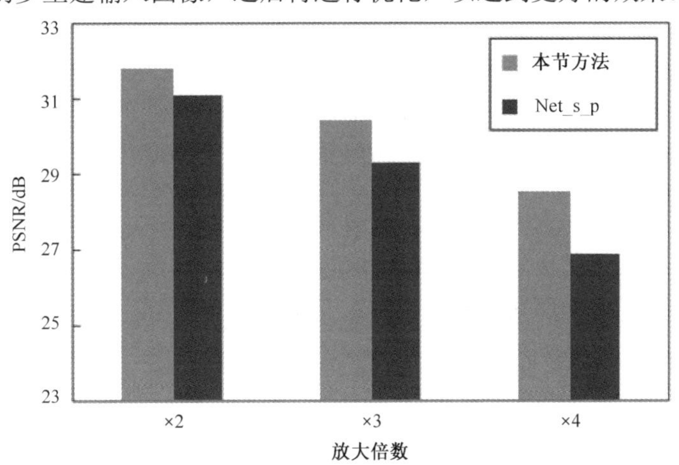

图 7.6　Net_s_p 与本节方法在 CelebA 测试集下的 PSNR 值对比

3. 对比实验

本节使用2～4倍放大因子对低分辨率人脸图像进行重建，并与Bicubic方法，以及结合了SRGAN[16]和WGAN（Wasserstein GANs）[17]的SRWGAN的重建结果进行对比。量化对比采用前面介绍的峰值信噪比PSNR和图像结构相似度SSIM，结果如表7.1所示。由表7.1可知，在CelebA数据库下，放大因子分别为2～4倍时，本节方法的PSNR值相比其他方法相比分别平均提高了1.91dB、2.34dB、2.58dB，SSIM值分别平均提高了0.0443、0.0678、0.0827。尽管随着放大倍数提高，本节方法的PSNR与SSIM值有不同程度的降低，但相比其他方法，本节方法在高放大倍数时能够恢复更多细节。由于本节选用CelebA数据库训练网络模型，因此在Helen测试集的数值结果提升较小。

表7.1　不同算法在不同数据库中的重建效果比较

数据库	放大因子	Bicubic		SRGAN		SRWGAN		本节方法	
		PSNR（dB）	SSIM	PSNR（dB）	SSIM	PSNR（dB）	SSIM	PSNR（dB）	SSIM
CelebA	2	30.07	0.8732	31.18	0.9126	32.43	0.9256	33.14	0.9481
	3	28.45	0.8277	29.66	0.8450	30.42	0.8921	31.85	0.9228
	4	26.37	0.7656	27.40	0.8025	28.51	0.8699	30.01	0.8954
Helen	2	29.93	0.8751	30.92	0.8935	31.56	0.8937	31.83	0.9070
	3	28.04	0.8250	29.11	0.8217	29.79	0.8575	30.17	0.8855
	4	25.88	0.7785	26.62	0.7978	27.84	0.8294	28.29	0.8521

以下从视觉效果上对比了以上方法与本节方法的重建效果。图7.7为CelebA数据库上不同方法在多放大因子下的重建效果。对比可见，在不同放大因子下，本节方法均能重建出清晰的面部轮廓，相比其他算法，也能恢复更接近原始图像的五官形状及更精致的纹理细节。尽管随放大因子的增大，重建图像的清晰度逐渐降低，但放大倍数越高，重建效果与其他方法的效果相比也越好。图7.8为Helen数据库上放大因子为3时的重建效果对比。由于超分辨率网络在训练过程中，每一轮迭代都会造成图像整体的少量像素差异，因此在图7.7与图7.8中，本节方法的重建图像会有一定的色调偏差。

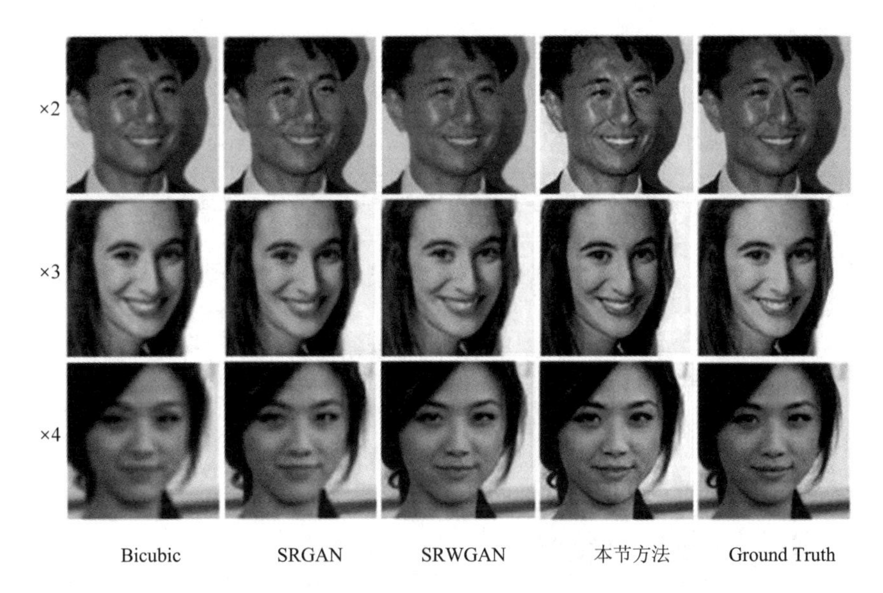

图 7.7　CelebA 数据库上不同方法在多放大因子下的重建效果

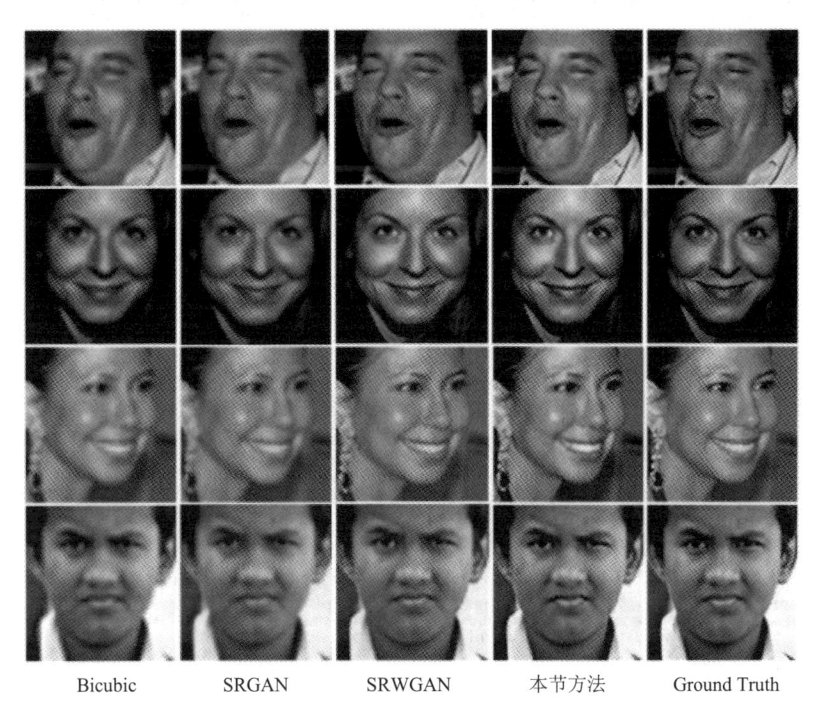

图 7.8　Helen 数据库上放大因子为 3 时重建效果

图 7.9 展示了本节方法以 3 倍放大因子重建多姿态人脸（其中第一行为表

情人脸，第二行为侧面人脸，第三行为有遮挡人脸）时的表现，每两幅相同人脸中左侧为 Bicubic 方法重建效果，右侧为本节方法重建效果。在此类面部五官难以准确识别的图像中，本节方法仍可准确重建面部轮廓与五官。

图 7.9　不同场景下的重建效果比较

7.2　基于引导图像的人脸超分辨率重建

除了使用操作域对超分辨率重建方法进行区分，超分辨率重建任务还可以根据重建对象的不同分为三类：视频超分辨率重建[8]、序列图像超分辨率重建[18-19]及单幅图像超分辨率重建[20-21]。在前两类超分辨率重建任务中，相邻帧或序列图像之间只存在微小的位移差异。因此，视频超分辨率重建（Video Super-Resolution，VSR）任务可以有效利用前后帧的信息，辅助当前帧图像的重建，大幅增强超分辨率重建效果。一般情况下，对于单幅图像超分辨率重建，由于待重建图像往往在时空内均具有独特性，很难找到和重建目标相似的另一张图像辅助当前重建任务。因此，单幅图像超分辨率重建通常只以待重建图像为网络输入，尽可能地增强重建模型对高频信息提取的能力。但对于人脸这类有固定模式的对象，可以较为容易地获得当前待重建人物的另一张高清面部图像。因此，可以借鉴视频超分辨率重建方法，将多张图像作为网络的共同输入，提高重建效果。

在 Sajjadi 于 2018 年提出的视频超分辨率重建方法[22]中，前一时刻的重建帧图像被加入当前时刻待重建帧图像的重建过程中。为消除相邻帧之间存在的偏差，文献[22]通过运动估计和运动补偿对齐前后帧图像，以获得更好的辅助效果、提高帧图像清晰度。考虑到在某些场景下，需要针对特定人物提高人脸清晰度，如对旧照片或压缩后质量不高的人物图像进行还原，而一张具有相同人物特征的同姿态高清人脸能够大幅提高重建效果。本节介绍一种基于引导图像的方法对人脸图像进行超分辨率重建，称为 GCFRnet（Guided Cascad network for Face super-Resolution）。其中，为了消除引导图像与待重建图像之间的位置偏差，可以使用三维重建模型（3D Morphable Model，3DMM）对齐两张图像中的人脸形状。本节首先介绍 3DMM 的理论基础与其在人脸矫正中的应用，随后详述基于引导图像的人脸超分辨率重建网络及基于 3DMM 的人脸变形方法。最后通过实验展示该方法的优越性，并讨论引导图像的选取对重建结果的影响。

7.2.1　3DMM 人脸拟合

3DMM 是由 Blanz 等[23]提出的一种人脸 3D 可变形模型，最早用于解决从二维人脸图像恢复三维形状的问题。在 3DMM 方法发展的多年来，已有多位学者对其进行了数据扩展和深入研究。神经网络的广泛应用使得 3DMM 参数优化的过程得到了简化，使得基于 3DMM 方法的三维重建研究层出不穷。3DMM 方法基于一组人脸形状和纹理的统计模型来表示任意一张人脸，其作为描述人脸形状的平均模型，可以通过调节相关系数，逼近任意形状的人脸图像

$$S = \overline{S} + A_{\mathrm{id}}\alpha_{\mathrm{id}} + A_{\exp}\alpha_{\exp} \tag{7.9}$$

式中，$\overline{S}$ 为三维人脸模型的平均形状，A_{id} 和 $A_{\exp}$ 分别为人脸模型的身份基底与表情基底，α_{id} 和 $\alpha_{\exp}$ 分别为形状参数和表情参数。

7.2.2　基于 3DMM 的人脸矫正

3DMM 模型能够拟合当前的 2D 人脸图像[24]，通常被应用于人脸姿态矫正任务，即将非归一化的人脸模型转化为归一化的平均人脸模型。在 2D 人脸图像矫正任务中，最为常见的操作是利用 3D 人脸模型匹配 2D 人脸图片，之后通过旋转 3D 模型合成正面人脸图像[25]。

Hassner[26]使用单个且未经修改的3D表面来近似所有输入面的形状，这对于人脸的正面化十分有效，但是会出现严重的纹理损失和伪影，从而导致矫正图像在轮廓和近轮廓面的性能下降很大。

在Zhu等人提出的人脸姿态矫正方法[27]中，非正面2D人脸图像被投影到3DMM人脸模型上，以归一化三维模型为目标形状对非正面人脸模型进行标准化，从而获得正面的矫正面部图像。为使3DMM模型拟合人脸图像，弱透视投影[28]被用于将人脸模型投影到图像平面

$$s_{2D} = f\boldsymbol{PR}(\alpha,\beta,\gamma)(S + t_{3d}) \tag{7.10}$$

式中，s_{2D}是人脸的3D关键点在图像平面上对应的2D关键点位置，f为尺度因子，$\boldsymbol{P}$为正投影矩阵$\begin{pmatrix}1 & 0 & 0\\ 0 & 1 & 0\end{pmatrix}$，$\boldsymbol{R}(\alpha,\beta,\gamma)$为由三个旋转角度控制的$3\times3$的旋转矩阵，$t_{3d}$为平移参数。当2D人脸姿势偏离正面姿势时，2D与3D关键点并不完全匹配，需要通过关键点平行匹配修正3DMM的拟合过程

$$s_{2D\_land} = f\boldsymbol{PR}[\overline{S} + A_{id}\alpha_{id} + A_{exp}\alpha_{exp} + t_{3D}]_{land} \tag{7.11}$$

式(7.11)可以将参数固定，以迭代的方式分别解出3DMM拟合参数α_{id}、α_{exp}、f、$\boldsymbol{R}$、t_{3D}。对引导图像I^g与低分辨率输入图像I^{lr}求解，可以得到其各自拟合的三维人脸模型。随后，通过面部及周围区域的关键点获得三维网格面元对象。通过将非正面三维人脸模型与逆旋转矩阵$\boldsymbol{R}^{-1}$相乘，可以获得正面的矫正面部图像

$$S_{img\_rn} = \boldsymbol{R}^{-1}S_{img} \tag{7.12}$$

式中，S_{img}为包含非正面三维人脸模型与关键点的三维网格图，$\boldsymbol{R}$为拟合过程中估计的旋转矩阵，S_{img_rn}为标准归一化三维网格图。姿势与表情归一化后，需要进一步调整扭曲图像的边界关键点，消除关键点位置的变化，以保留图像原有结构。最后，通过光照适应[27]与边缘填充[29]补全面部偏航角度过大造成的图像伪影，获得最终的矫正人脸图像。

7.2.3 基于引导图像的人脸超分辨率重建网络

1. 网络结构

本节介绍的基于引导图像的人脸超分辨率重建方法包含两部分：姿态变形模块与M_{warp}超分辨率重建网络RecNet（包括G_1、G_2两个子网络），方法整体

流程如图 7.10 所示。

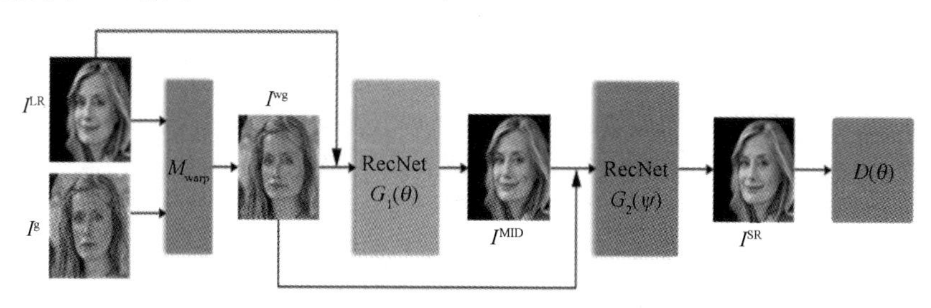

图 7.10　基于引导图像的人脸超分辨率重建网络结构

引导图像与真实图像（Ground Truth，GT）大小相同，低分辨率图像经过双三次插值放大到与 GT 图像相同的大小。给定低分辨率输入图像 I^{LR} 与一张当前人物在不同场景下的高分辨率引导图像 I^{g}，I^{LR} 经双三次插值放大到目标图像的大小。为了将高分辨率引导图像 I^{g} 形变至与 I^{LR} 相同的姿态，姿态变形模块 M_{warp} 以 I^{g} 和 I^{LR} 作为共同输入，RecNet(G_1, G_2) 得到扭曲后的引导图像 I^{wg}

$$I^{wg} = M_{warp}(I^{g}, I^{LR}) \tag{7.13}$$

此时，I^{wg} 具有与 I^{LR} 相同的五官位置与面部形状，二者在通道方向拼接后共同输入先验恢复网络，得到初步重建的图像

$$I^{MID} = G_1(I^{LR}, I^{wg}) \tag{7.14}$$

随后，先验恢复网络的输出 I^{MID} 再次与 I^{wg} 叠加，经过第二层结构约束网络，获得最终的重建图像

$$I^{SR} = G_2(I^{MID}, I^{wg}) = \text{RecNet}(I^{LR}, I^{wg}) \tag{7.15}$$

2. 姿态变形模块

本节介绍的姿态变形模块是对人脸矫正方法的改进。基于 3DMM 的姿态变形模块流程如图 7.11 所示。其中，I^{LR} 为低分辨率图像，I^{g} 为待形变的引导图像。首先，分别对 I^{LR} 与 I^{g} 进行人脸配准，提取两张图像中的面部关键点。根据关键点信息对两张图像进行 3DMM 投影，求解其与归一化三维模型之间的旋转矩阵。为保持姿态一致性，形变后的人脸图像的 3DMM 模型应当与目标形状图像的 3DMM 模型具有相同的旋转矩阵。于是，通过逆旋转矩阵与参数替换，可以将 I^{g} 形变为当前目标的姿态。

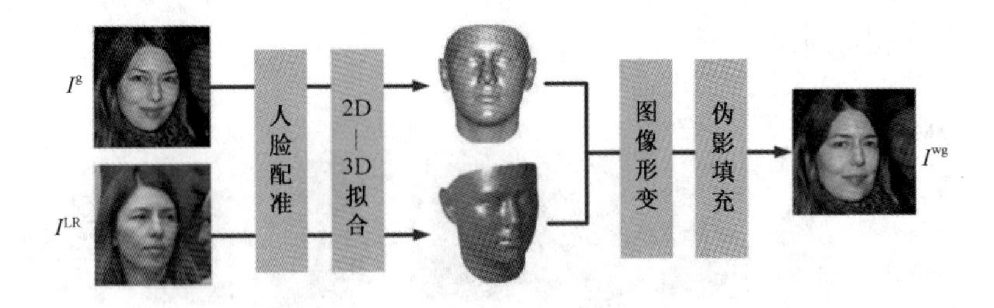

图 7.11　基于 3DMM 的姿态变形模块流程图

引导图像的三维模型与低分辨率图像三维模型可求解如下：

$$S_{\text{img\_rn\_lr}} = \boldsymbol{R}_{\text{lr}}^{-1} S_{\text{img\_lr}} \tag{7.16}$$

$$S_{\text{img\_rn\_g}} = \boldsymbol{R}_{g}^{-1} S_{\text{img\_g}} = \boldsymbol{R}_{\text{wg}}^{-1} S_{\text{img\_wg}} \tag{7.17}$$

式中，$S_{\text{img\_rn\_lr}}$ 和 $S_{\text{img\_rn\_g}}$ 分别为以 I^{LR} 与 I^{g} 为身份基底的标准归一化三维网格图，$S_{\text{img\_wg}}$ 与 $\boldsymbol{R}_{\text{wg}}$ 分别为待求解的扭曲引导图像三维网格图和旋转矩阵。扭曲后的图像应具有与 I^{LR} 相同的旋转矩阵，即 $\boldsymbol{R}_{\text{wg}} = \boldsymbol{R}_{\text{LR}}$，此外 α_{exp} 与 α_{id} 分别与 $\alpha_{\text{exp\_lr}}$、$\alpha_{\text{id\_g}}$ 相同以保证表情与身份一致性，则 $S_{\text{img\_wg}}$ 可表示为

$$S_{\text{img\_wg}} = \boldsymbol{R}_{\text{lr}} \boldsymbol{R}_{G}^{-1} S_{\text{img\_g}} \tag{7.18}$$

随后，进一步调整扭曲图像的边界关键点，并通过光照适应与细节填充补全面部偏航角度过大造成的图像伪影，获得最终的扭曲引导图像 I^{wg}。

3. 超分辨率重建网络

先验恢复网络结构和结构约束网络结构分别如图 7.12 和图 7.13 所示。本节介绍的基于引导图像的人脸超分辨率重建模型中，超分辨率重建网络与前面提出的级联网络结构基本类似，均由先验恢复网络 G_1 与结构约束网络 G_2 构成。不同的是，超分辨率重建网络第一层和第二层的输入均由扭曲后的引导图像 I^{wg} 和当前待重建图像 I^{LR}、$G_1(I^{\text{LR}})$ 在通道方向叠加而成。为适应输入的变化，先验恢复网络与结构约束网络的首层卷积核由前面的 3 层增加至 6 层。为了保证对深层特征的充分提取，本节并没有降低网络层数。但由于输入数据量增加了一倍，网络的训练时间会更长。除此之外，网络的损失函数也与前面一致，扭曲后的图像只用于在超分辨率重建网络中为低分辨率图像重建提供更多的信息，而并不参与网络损失的计算。

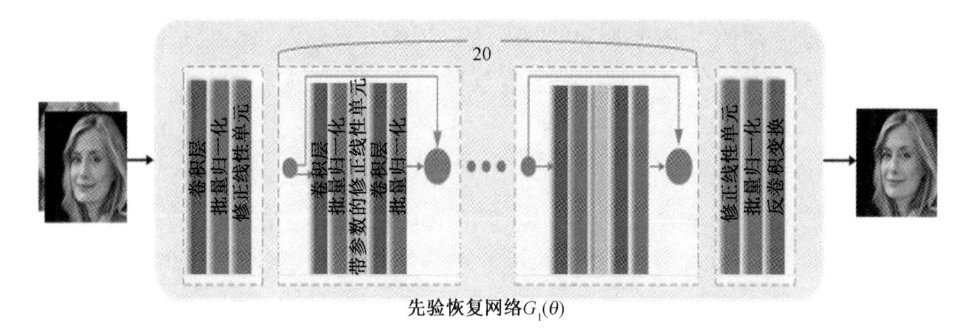

图 7.12　先验恢复网络结构

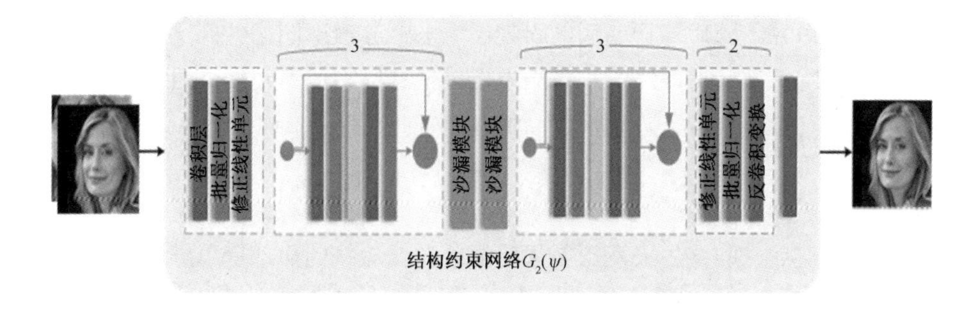

图 7.13　结构约束网络结构

7.2.4　实验结果与分析

1. 实验设置

本节方法需要获取当前人物的高清正面图像作为网络输入的一部分，因此非常适合用自然状态下的人脸识别数据库进行训练。为了简化工作量，本节选择人脸识别任务中常用的、已分类的 CASIA WebFace 数据库构建训练与测试数据集。CASIA WebFace 数据库中的图像质量差异较大，且存在人物类别划分错误的情况。为获得良好的实验结果，本节筛除了图像质量较差、人脸区域遮挡范围较大、人物类别划分错误的图像。筛选后的数据库是由 300 个人对应的 5156 对图片构成的训练集，以及由 30 个人对应的 497 对图片构成的测试集，训练集与测试集图像之间无交集。此外，为每人选择一张正面、睁眼、清晰、无遮挡的面部图像作为引导图像，引导图像及其降质图像不作为样本对参与训练。数据库图像不经过任何对齐操作，并遵循降质原则生成低分辨率图像。

本节方法分别使用 RMSprop[30]和 Adam[31]作为重建网络与判别网络的优化器，各损失函数对应的权重系数与双层级联神经网络的人脸超分辨率重建中所设置的一致。训练过程分为两个步骤。首先，设置判别损失系数为 0，RMSprop 学习率为 0.001，batchsize 为 16，迭代 100 次。其次，设置判别损失系数为 0.1，RMSprop 的初始学习率设置为 0.001，并在每轮迭代后以乘以 0.9 的衰减系数。最后，Adam 学习率设为 0.0001，其余参数分别设为$e=10^{-8}$、$\beta_2=0.999$，Batchsize 设置为 4，共迭代 30 次。本节方法采用 Pytorch 深度学习框架实现，在 4 块 TITAN XP GPU 上训练了 26 小时。

在测试阶段，待重建的低分辨率图像与高清引导图像首先通过姿态变形模块进行姿态对齐。随后，形变后的引导图像与低分辨率图像共同输入训练完毕的超分辨率网络，获得最终的重建结果。以上过程不使用判别器网络。

2. 消融实验

图 7.14 为本节姿态变形模块的扭曲结果。引导图像与低分辨率输入在经过姿态变形模块后，能够生成变形效果明显、自然流畅的面部变形结果。对于图像中的人脸五官区域，扭曲图像清晰无失真，具有与低分辨率图像一致的姿态，在重建过程中能够提供充分的高频信息。

（a）引导图像　（b）低分辨率图像　（c）扭曲的引导图像

图 7.14　姿态变形模块扭曲结果

为验证引导图像及姿态变形模块在人脸重建任务当中的有效性，本节分别搭建 GCFR(-g)、GCFR(-c)、GCFR(-w)进行测试。其中，GCFR(-g)不使用引导图像且不含姿态变形模块，仅以低分辨率图像作为输入；在 GCFR(-c)中，引导图像仅在姿态变形模块与第一级的先验恢复网络中作为共同输入；GCFR(-w)则不含姿态变形模块，原始高分辨率引导图像不经形变，直接与低分辨率图像输入进重建网络。GCFR(-g)、GCFR(-c)与 GCFR(-w)均使用与本节方法完全相同的数据集和参数进行训练。为了更有效地对比实验结果，本节将以上网络分为两组进行对比，见图 7.15 与图 7.16。其中，图 7.15 对比说明了姿态变形模块对重建结果的影响，图 7.16 对比说明了在重建网络中级联加入引导图像对重建结果的影响。

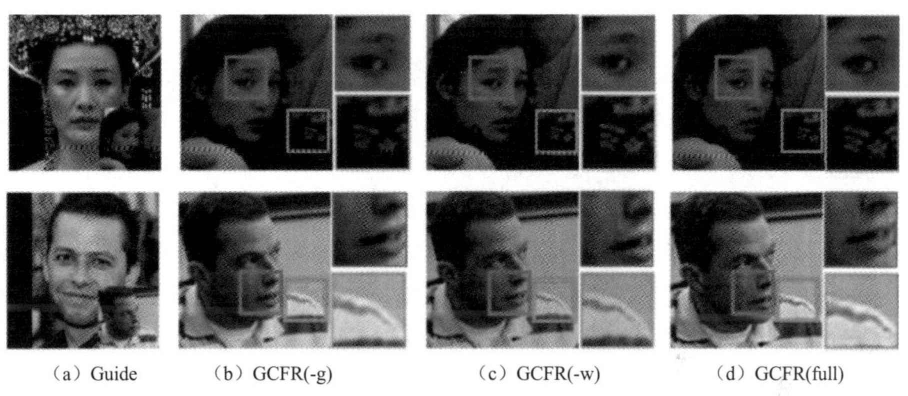

（a）Guide （b）GCFR(-g) （c）GCFR(-w) （d）GCFR(full)

图 7.15 姿态变形模块对重建结果的影响

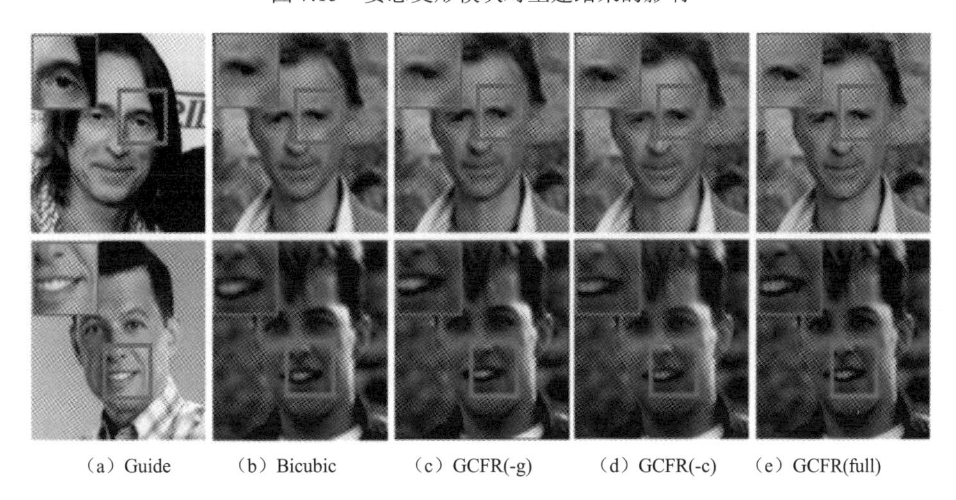

（a）Guide （b）Bicubic （c）GCFR(-g) （d）GCFR(-c) （e）GCFR(full)

图 7.16 在重建网络中级联加入引导图像对重建结果的影响

如图 7.15 所示，未使用引导图像的 GCFR(-g)无法在五官区域生成锐利的轮廓，重建图像整体画面高频信息不足；对于不经姿态变形模块对引导图像进行形变的 GCFR(-w)网络，尽管其在人脸区域的重建效果较 GCFR(-g)有较明显的提升，但仍然存在边缘不清晰等问题。相比之下，本节介绍的完整方法能够在引导图像的辅助下生成面部轮廓更清晰、五官区域表现更加准确与锐利的重建图像，并在其他非人脸区域（如图 7.15 黄色方框标注区域）生成更精细的图像。

值得注意的是，当引导图像与待重建图像中的人脸姿势非常接近时，GCFR(-w)也能获得较好的重建结果。此时，姿态变形模块对引导图像的作用几乎可以忽略。这是由于重建网络在训练过程中，是通过最小化像素损失来提高输出图像与输入图像画面一致性的。当引导图像的人脸区域已经能够与待重建图像基本重合时，无须姿态变形网络也足以使重建网络学习到当前重建区域的高频信息。但在一般情况下，高清引导图像与待重建图像的差异较大，使得 GCFR(-w)虽然主动向重建过程加入了真实的高频信息，但该信息始终与当前重建区域在像素位置上存在较大偏差，无法被真正利用。因此，需要引导图像和姿态变形模块的共同作用，才能有助于重建细节真实且丰富的人脸图像。

图 7.16 中对人脸特征较明显的区域进行了重点标注。由图 7.16 可见，重建过程中仅加入一次引导图像的 GCFR(-c)相较 GCFR(-g)能够生成较为清晰的面部五官，画面整体清晰度有所提高，但与本节方法相比仍存在较明显的不足。由于两次级联引导图像，本节方法生成的五官区域受引导图像的影响更大，清晰度更高，边缘纹理也更清晰。

本节的量化对比参数选择图像处理任务中经常使用的 PSNR 与 SSIM，如表 7.2 所示。与视觉质量相符，本节方法在 PSNR 与 SSIM 指标均取得了最高值。

表 7.2 重建结果的 PSNR 与 SSIM 均值

算法	PSNR（dB）	SSIM
Bicubic	26.47	0.7656
GCFR(-g)	28.51	0.8497
GCFR(-c)	28.84	0.7841
GCFR(-w)	28.97	0.8329
GCFR(full)	29.65	0.8842

上述实验证明了引导图像能够增强人脸区域的图像细节。为验证引导图像不同时重建图像是否会产生相应的变化，本节分别以年龄、性别为区分依据，

设立两组对比结果，如图 7.17 所示。由于本节方法并非盲脸重建，在 4 倍放大系数下，输入的低分辨率图像可以保持原有的轮廓与五官形态，因此重建图像从整体上变化并不明显。但当放大观察五官细节时，仍然可以观察到细微的变化。图 7.17 第一行中，使用同一身份引导图像的重建结果在下巴区域的表现更优；图 7.17 第二行中，眼部纹理较平滑的引导图像生成的重建图像，在对应区域产生的纹理细节也较少。因此，在重建任务中，引导图像的身份选择会对重建结果在特征及纹理的表达产生不同程度的影响，但当待重建对象无法找到合适的同身份引导图像时，使用特征相近的其他身份，同样能够获得良好效果。

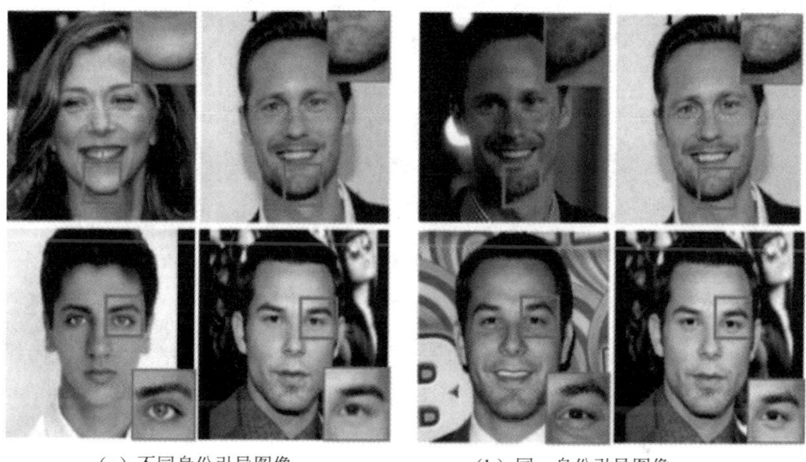

（a）不同身份引导图像　　（b）同一身份引导图像

图 7.17　使用不同身份的引导图像的重建效果

3. 和已有方法对比

本节使用 4 倍放大因子对 Bicubic 放大后的低分辨率人脸图像进行重建，并从量化指标与视觉效果上与分辨率重建方法 SRGAN[16]、SRResNet[16]、VDSR[4]、DBPN[32]进行对比。由于以上方法未完全公开训练代码，因此本节使用以上方法提供的预训练模型与测试代码进行对比试验，其中量化结果取测试集的平均值。

图 7.18 与表 7.3 分别从视觉效果和量化指标上对比了以上方法与本节方法的重建效果。由表 7.3 可见，与图 7.18 的视觉效果类似，本节介绍的 GCFRnet 在 PSNR 和 SSIM 指标上都获得了最高值，次高值为 DBPN。图 7.18 中，SRGAN 与 SRResNet 的网络层次均不深，从输入图像中获得的高频信息不足，因此二者的重建图像过于平滑，由低分辨率导致的模糊效果依然存在，人脸五官特征

与边缘存在模糊不清等问题。而 VDSR 通过加深网络结构并拟合不同大小的图像，能够有效预测缺失像素，生成较为锐利的重建结果。但当放大显示时，可以明显发现图像中不自然的纹理过渡，重建图像真实度较低。DBPN 方法与 SRGAN 和 SRResNet 相比，清晰度及边缘纹理略有提高，但仍然存在模糊现象。而本节方法针对人脸的特殊性，主动为重建任务提供具有相同特征的高频信息，因此能够在五官、头发等面部区域重建具有丰富细节的图像及清晰的面部轮廓，恢复更接近原始图像的五官形状及更精致的纹理细节，图片真实度较高。

（a）引导图像 （b）Bicubic （c）SRGAN （d）SRResNet （e）VDSR （f）DBPN （g）GCFRnet

图 7.18 本节方法与 State-of-art 方法的视觉对比

表 7.3 本节方法与 state-of-art 方法的 PSNR 与 SSIM 的均值对比

算法	PSNR（dB）	SSIM
Bicubic	24.57	0.7189
SRGAN	27.72	0.8307
SRResNet	26.26	0.7392
VDSR	25.97	0.7619
DBPN	27.86	0.8556
GCFR	30.41	0.8863

7.3 本章小结

图像超分辨率重建方法能够跨越成像设备的硬件限制与成本限制，以信号处理、机器学习等方法快速提高图像的分辨率，增强图像及视频的视觉效果，在计算机视觉领域得到了广泛的研究与应用。人脸作为图像及视频媒体中重点关注的一类对象，对其进行超分辨率重建在安防监控、人物信息收集、人脸处理、图像美化等领域具有非常重要的意义。现有的图像超分辨率重建方法可划分为基于插值的方法、基于退化模型的方法及基于学习的方法。其中，基于学习的方法能够通过样本训练来学习高低分辨率图像之间的映射，并在近些年随着计算机运算能力的提升得到了极大发展。不同于其他对象，人脸具有独特的五官结构与相似的纹理细节。传统的基于学习的人脸超分辨率重建方法一般将人脸图像按照五官划分为多个区域，独立学习各区域的映射并进行图像重建，最后统一拼接为完整的人脸图像。这种方法在人脸五官区域表现优秀，但模型庞大且拼接痕迹较明显。随着神经网络的提出，基于卷积神经网络的人脸图像超分辨率重建方法已成为研究的主流。本节围绕基于卷积神经网络的人脸超分辨率重建方法展开研究，核心思想是向人脸图像超分辨率重建过程中加入人脸特有信息，提高重建准确度与视觉效果。本章主要介绍了两种超分辨率重建方法。

（1）介绍了一种基于双层级联网络的人脸超分辨率重建方法。该方法能够改善普通的基于卷积神经网络的人脸超分辨率重建方法未能结合人脸结构信息，重建图像易出现五官偏移、边缘模糊等问题。该方法由先验恢复网络与结构约束网络构成，通过向结构约束网络中加入面部先验信息估计模块，捕捉输入图像的面部关键点信息，约束重建图像与目标图像的空间一致性。仿真结果表明，该方法对正面人脸能够准确地重建面部五官，对侧面及遮挡人脸等也具有强鲁棒性。

（2）介绍了一种基于引导图像的级联人脸超分辨率重建方法，称为 GCFRnet。GCFRnet 由姿态变形模块与超分辨率重建网络组成，以低分辨率图像和高清人脸引导图像为共同输入。其中，姿态变形模块基于三维形变模型（3DMM）对输入图像进行 3D 拟合，并将引导图像转换为与低分辨率人脸图像相同的姿态。随后，引导图像与低分辨率图像一起输入超分辨率重建网络，通过两层级联逐步提取图像特征。重建过程中，引导图像能够主动提供真实的面部高频信息，有助于生成精细的面部纹理。重建网络的级联结构能够逐级增强图片清晰度并提高引导图像的利用率，恢复更多的图像细节。在 CASIA Web Face 数据集上的实验结果证明，该方法能够生成轮廓清晰、细节丰富的面部图像。

参考文献

[1] Jing G , Ge Y . Image Super-Resolution based on Multi-Convolution Neural Network[C]. 2019 IEEE 5th International Conference on Computer and Communications (ICCC). IEEE, 2019: 1803-1807.

[2] Niu X. An Overview of Image Super-Resolution Reconstruction Algorithm[C]. 2018 11th International Symposium on Computational Intelligence and Design (ISCID). 2018: 16-18.

[3] Seong Y M, Park H W. A high-resolution image reconstuction method from low-resolution image sequence[C]. IEEE International Conference on Image Processing. IEEE, 2010: 1181-1184.

[4] Kim J, Lee J K, Lee K M. Deeply-recursive convolutional network for image super-resolution[C]. IEEE Conference on Computer Vision and Pattern Recognition, 2016:1637-1645.

[5] J. Zhang and H. Hu Stacked Hourglass Network Joint with Salient Region Attention Refinement for Face Alignment[C]. 2019 14th IEEE International Conference on Automatic Face & Gesture Recognition (FG 2019), 2019: 1-7.

[6] Newell A, Yang K, Deng J. Stacked Hourglass Networks for Human Pose Estimation[C]. European Conference on Computer Vision, 2016:483-499.

[7] Yang J , Liu Q , Zhang K . Stacked Hourglass Network for Robust Facial Landmark Localisation[C]. IEEE Conference on Computer Vision & Pattern Recognition Workshops, 2017:2025-2033.

[8] Minmin Shen, Ping Xue, Ci Wang. Down-sampling based video coding with super-resolution technique[C]. IEEE International Symposium on Circuits & Systems. IEEE, 2010: 673-676.

[9] Johnson J, Alahi A, Fei-Fei L. Perceptual Losses for Real-Time Style Transfer and Super-Resolution[C]. European Conference on Computer Vision, 2016: 694-711.

[10] A. Nosratinia, M. Ahmadi and M. Sridhar. Performance analysis and improvements on a hybrid cascade architecture for multi-layer neural networks[C]. Proceedings of the 35th Midwest Symposium on Circuits and Systems, 1992, 2: 1214-1217.

[11] He K, Zhang X, Ren S, et al. Deep residual learning for image recognition[C]. IEEE Conference on Computer Vision and Pattern Recognition, 2016:770-778.

[12] Chen Y, Tai Y, Liu X, et al. FSRNet: End-to-End Learning Face Super-Resolution with Facial Priors[C]. IEEE Conference on Computer Vision and Pattern Recognition, 2018:2492-2501.

[13] Simonyan K, Zisserman A. Very Deep Convolutional Networks for Large-Scale Image Recognition[C]. International Conference on Learning Representations, 2015:341-354.

[14] Goodfellow I J, Pouget-Abadie J, Mirza M, et al. Generative Adversarial Networks[J]. Advances in Neural Information Processing Systems, 2014, 3:2672-2680.

[15] Gulrajani I, Ahmed F, Arjovsky M, et al. Improved training of Wasserstein GANs[C]. Neural Information Processing Systems, 2016:5769-5779.

[16] Ledig C, Theis L, Huszar F, et al. Photo-Realistic Single Image Super-Resolution Using a Generative Adversarial Network[C]. IEEE Conference on Computer Vision and Pattern Recognition, 2017: 105-114.

[17] Baumgartner C F, Koch L M, Tezcan K C, et al. Visual Feature Attribution using Wasserstein GANs[J]. 2017: 8309-8319.

[18] Gaohua Liao, Quanguo Lu and Xunxiang Li. Research on fast super-resolution image reconstruction base on image sequence[C]. 2008 9th International Conference on Computer-Aided Industrial Design and Conceptual Design, 2008: 680-684.

[19] X. Hou and H. Liu. Super-resolution image reconstruction for video sequence[C]. Proceedings of 2011 International Conference on Electronic & Mechanical Engineering and Information Technology, 2011: 4600-4602.

[20] G. Wang, L. Li, Q. Li, K. Gu, Z. Lu and J. Qian. Perceptual evaluation of single-image super-resolution reconstruction[C]. 2017 IEEE International Conference on Image Processing (ICIP), 2017: 3145-3149.

[21] S. Gohshi and I. Echizen. Limitations of super resolution image reconstruction and how to overcome them for a single image[C]. 2013 International Conference on Signal Processing and Multimedia Applications (SIGMAP), 2013: 71-78.

[22] Sajjadi M S M , Vemulapalli R , Brown M. Frame-Recurrent Video Super-Resolution[C]. IEEE Conference on Computer Vision and Pattern Recognition, 2018:6626-6634.

[23] Blanz V, Vetter T. A morphable model for the synthesis of 3D faces[J]. Proceedings of the 26th Annual Conference on Computer Graphics and Interactive Techniques，1999:187-194.

[24] Li-An Tang and T. S. Huang. Automatic construction of 3D human face models based on 2D images[C]. Proceedings of 3rd IEEE International Conference on Image Processing, 1996, 3: 467-470.

[25] S. Chung, J. Bazin and I. Kweon. 2D/3D virtual face modeling[C]. 2011 18th IEEE International Conference on Image Processing, 2011: 1097-1100.

[26] Hassner T, Harel S, Paz E, et al. Effective face frontalization in unconstrained images[C]. IEEE Conference on Computer Vision and Pattern Recognition, 2014:4295-4304.

[27] Zhu X, Lei Z, Yan J, et al. High-fidelity pose and expression normalization for face recognition in the wild[C]. IEEE Conference on Computer Vision and Pattern Recognition, 2015: 787-796.

[28] Bruckstein A M, Holt R. J, Huang T S, et al. Optimum fiducials under weak perspective projection[J]. International Journal of Computer Vision, 1999, 35(3):223-244.

[29] P′erez P, Gangnet M, Blake A. Poisson image editing[J]. ACM Transactions on Graphics (TOG), 2003, 22:313-318.

[30] Ruder S . An overview of gradient descent optimization algorithms[J]. arXiv preprint, 2016.

[31] Tianyi Zhou, Dacheng Tao. GoDec: Randomized Lowrank & Sparse Matrix Decomposition in Noisy Case[C]. International Conference on Machine Learning, 2011: 33-40.

[32] Haris M, Shakhnarovich G, Ukita N. Deep Back-Projection Networks For Super-Resolution[C]. IEEE Conference on Computer Vision and Pattern Recognition, 2018:1664-1673.